应用随机过程

吕广迎　邹广安　主编

科学出版社

北　京

内 容 简 介

本书分为六个部分,在回顾了概率论知识和引入随机过程概念之后,重点介绍离散时间的 Markov 链、连续时间的 Markov 链、离散鞅、Brown 运动、随机积分和随机过程的应用. 本书利用案例引出基本概念,最终又回归应用,既突出了概念的背景,又体现了数学概念的建立过程,同时注重了学科交叉,旨在为读者提供一本小而精的应用随机过程读本.

本书可作为高等院校的数学、统计学、计算机、自动化、人工智能等专业的高年级本科生或低年级研究生的教材,也可供从事数据分析、控制等方面的专业技术人员参考阅读.

图书在版编目(CIP)数据

应用随机过程/吕广迎,邹广安主编. —北京:科学出版社,2024.6
ISBN 978-7-03-078424-7

I. ①应··· II. ①吕··· ②邹··· III. ①随机过程–高等学校–教材
IV. ①O211.6

中国国家版本馆 CIP 数据核字(2024)第 082253 号

责任编辑:许 蕾 沈 旭/责任校对:郝璐璐
责任印制:张 伟/封面设计:许 瑞

科学出版社 出版
北京东黄城根北街 16 号
邮政编码:100717
http://www.sciencep.com
北京富资园科技发展有限公司印刷
科学出版社发行 各地新华书店经销
*
2024 年 6 月第 一 版 开本:787×1092 1/16
2024 年 6 月第一次印刷 印张:12 1/4
字数:291 000
定价:69.00 元
(如有印装质量问题,我社负责调换)

前　　言

自 21 世纪以来, 随着统计学的蓬勃发展, 高等院校对相关课程的设置也提出了新的要求. 随机过程作为统计学的主干课程, 无论是理论上还是应用上均得到了飞速的发展, 目前已经成为高等院校数学、统计学、计算机、人工智能、自动化、管理科学等专业的必修课. 随机过程作为动态的概率论, 其理论基础对于刻画现实更贴切, 其应用范围非常之广, 不仅在金融中展现得淋漓尽致, 而且在社会学、控制论、人工智能、数据分析中大有用处. 随机过程所包含的内容丰富而深远, 针对不同的读者有着不同内容和难度, 比如: 俄罗斯教材《随机过程论》(Brynskim-Schlyaev 著) 着重从测度论的角度来展开随机过程的讲解; 美国教材《随机过程导论》(Lawler 著) 则强调随机过程的应用. 本教材是在南京信息工程大学"应用随机过程"课程讲义的基础上编写修订而成. 本教材的初衷是面向更广泛的需求者, 从概念的本质出发, 结合适当的案例来阐述随机过程的理论和应用. 本教材涉及测度论的知识非常少, 具备微积分和初等概率论知识的读者皆可以读懂此书. 同时, 我们通过例题的形式介绍随机过程的一些理论, 从而可以显示其在不同领域的应用, 也因此培养了读者在思考问题时所需的一些洞察力.

本教材整体分为六个部分, 在回顾了概率论知识和引入随机过程概念之后, 重点介绍离散时间的马尔可夫 (Markov) 链、连续时间的 Markov 链、离散鞅、布朗 (Brown) 运动、随机积分、随机过程的应用.

第 1 章回顾了概率论的基础知识. 重点介绍了数字特征、收敛性、独立性和条件期望, 特别强调了概率测度, 其目的是给出数字特征的定义. 在概率论中, 数字特征的定义往往是用值域来表达的 (即用勒贝格 (Lebesgue) 测度来计算); 我们这里强调从定义域出发给出定义 (即用概率测度给出).

第 2 章给出了随机过程的定义. 首先, 简单说明了随机变量和随机过程的区别与联系, 强调了随机过程的理论基础是科尔莫戈罗夫 (Kolmogorov) 关于给定的有限维分布族过程的存在性定理, 本章只给出了定理的内容. 其次, 根据变量的取值不同, 把随机过程分为离散随机序列、离散随机过程、连续随机序列、连续随机过程; 更进一步, 根据过程的性质可分为严平稳过程、宽平稳过程、独立增量过程.

第 3 章涵盖了离散时间的 Markov 链的基本内容. 通过与离散随机变量的结合, 状态的分类更自然.

第 4 章讨论了连续时间的 Markov 链, 此部分内容包括泊松 (Poisson) 过程和更新过程. 首先, 我们从计数过程入手, 通过引入合理的假设给出了 Poisson 过程的定义. 其次, 通过对时间间隔的分布的推广, 定义了更新过程, 从而可以更好地理解 Poisson 过程和更新过程.

鞅是随机积分的基础, 是随机过程中不可缺少的部分. 我们主要介绍了离散鞅, 给出了最优停时的定义和停时定理的内容, 并讲解了鞅收敛定理的内容. 此部分内容放在了第 5章, 为后面的 Brown 运动、随机积分奠定了基础.

第 6 章介绍 Brown 运动. 作为连续时间连续状态的随机过程, Brown 运动是一类非常重要的随机过程, 其重要性在于, 它不仅是高斯 (Gauss) (正态) 过程, 还是 Markov 过程、鞅过程. 此外, 我们还介绍了 Brown 运动的轨道性质.

第 7 章讲解随机积分. 为了和高等数学 (或数学分析) 中的 Lebesgue 积分相对应, 我们引入了随机积分的概念, 并讨论了其性质. 为了和高等数学中的微分相对应, 我们引入了伊藤 (Itô) 公式并将常微分方程的结论推广到了随机微分方程上.

本教材的最后, 我们将随机过程的理论应用在了数理金融、社会学、控制论中, 见第 8 章和第 9 章.

在编写过程中, 本教材从直观上出发, 利用案例引出基本概念, 既突出了概念的背景, 又体现了数学概念的建立过程, 同时也注意到了学科交叉. 整本教材涉及理论部分的内容并不多, 数学上浅显易懂, 每章还穿插了数学人物和相关历史的介绍, 科普了数学文化, 从而激发读者学习数学理论的激情.

本教材的出版得到了国家自然科学基金 (12171247)、南京信息工程大学教材基金和河南大学教材基金的资助. 在编写的过程中, 南京信息工程大学、河南大学的各级领导给予了大力支持和热心帮助, 提出了很多有益的建议与修改意见. 科学出版社的责任编辑许蕾女士倾注了很多心血, 做了大量辛勤的工作. 南京信息工程大学的硕士生吴燕玲、王欣瑶对教材做了仔细的校对. 在此我们一并表示衷心的感谢!

在资料汇集整理过程中, 尽管经常为如何引入某些概念而再三斟酌, 但由于编者学识有限, 书中难免出现疏漏与不妥, 衷心希望读者给予批评与指正, 以期改进.

编　者

2024 年 1 月

目　　录

扫码查看本书习题答案

第 1 章 概率论基础知识

为什么要学习随机过程? 在现实生活中, 无法逃脱时间的流逝, 且任何事物都不可能是永恒的 (我们所看到的物质状态都是瞬时的), 因而想要完整地理解一个物质的发展规律就必须要考虑时间因素. 例如: 我们考虑某个地点气温的变化, 这显然是关于时间的函数. 要想学好随机过程, 必须先学好概率论, 因为随机过程可以看作是 "动态" 的概率论.

在概率论的学习中, 我们所研究的随机变量都是 "静态的", 即与时间无关的. 一个很自然的推广便是当加入时间因素后, 研究事件发展变化的规律, 这便是本书研究的主题——随机过程. 总结一下, 随机过程 (stochastic process, SP) 相对于随机变量 (random variable, RV) 而言, 多了一个时间变量, 即

$$\text{随机变量}: \quad X : \Omega \to \mathbb{R}; \quad \text{随机过程}: \quad X_t : \Omega \times [0, T] \to \mathbb{R}.$$

随机过程是以概率论为基础的一门课程, 因此我们先对概率论的基础知识加以回顾.

1.1 概率空间的引入

在概率论中, 研究的对象是事件, 事件是由随机试验获得的. 因此, 我们先引入随机试验, 它具有如下三个特征:

(1) 可以在相同的条件下重复进行;

(2) 每次试验的结果不止一个, 但预先知道试验的所有可能的结果;

(3) 每次试验前不能确定哪个结果会出现.

随机试验的可能结果称为样本点 (或基本事件), 用 ω 来表示. 样本点的全体构成了样本空间 Ω. 样本空间 Ω 又称为必然事件, 空集 $\varnothing$ 称为不可能事件. Ω 的子集 A 称为随机事件, 简称事件. 为了引入概率空间, 我们首先定义可测空间, 而可测空间又由全集以及全集生成的 σ 代数组成. 故先引入下面的定义.

定义 1.1.1 设 Ω 是一个样本空间, $\mathscr{F}$ 是 Ω 的某些子集组成的集合族. 如果满足

(1) $\Omega \in \mathscr{F}$;

(2) 若 $A \in \mathscr{F}$, 则 $A^c = \Omega \backslash A \in \mathscr{F}$;

(3) 若 $A_n \in \mathscr{F}(n = 1, 2, \cdots)$, 则 $\bigcup_{n=1}^{\infty} A_n \in \mathscr{F}$,

则 $\mathscr{F}$ 称为 Ω 上的一个 σ 代数, $(\Omega, \mathscr{F})$ 称为可测空间.

在定义 1.1.1 中, Ω 可以换成任意一个集合, 这里为了引入概率空间, 我们只写了样本空间的情形. 由定义 1.1.1 可知, 若 $\mathscr{F}$ 是 Ω 上的一个 σ 代数, 则

(1) $\varnothing \in \mathscr{F}$;

(2) 若 $A_n \in \mathscr{F}(n = 1, 2, \cdots)$, 则 $\bigcap_{n=1}^{\infty} A_n \in \mathscr{F}$.

注意到, 可以称 $\mathscr{F}$ 是由 Ω 生成的, 即

$$\mathscr{F} = \sigma(\Omega) = \{A, \ A \subset \Omega\},$$

从而 $\mathscr{F}$ 是集合的集合. 显然, 最小的 σ 代数为 $\mathscr{F} = \{\varnothing, \Omega\}$. 特别地, 若 $\Omega = \mathbb{R}$, 则由所有半无限区间 $(-\infty, x)$, $x \in \mathbb{R}$, 生成的 σ 代数便是 $\mathbb{R}$ 上的博雷尔 (Borel) σ 代数, 记为 $\mathscr{B}(\mathbb{R})$.

因为概率论和集合论密切相关, 事件之间的运算等同于集合之间的运算. 下面我们给出上下极限的定义及刻画.

定义 1.1.2 设 $\{A_n, n = 1, 2, \cdots\}$ 为一集合序列. 令

$$\limsup_{n \to \infty} A_n = \bigcap_{n=1}^{\infty} \bigcup_{k=n}^{\infty} A_k, \quad \liminf_{n \to \infty} A_n = \bigcup_{n=1}^{\infty} \bigcap_{k=n}^{\infty} A_k,$$

分别称其为 $\{A_n\}$ 的上极限和下极限 (上极限有时也记为 $\{A_n, \text{i.o.}\}$). 上下极限也可描述为

$$\limsup_{n \to \infty} A_n = \{w | \forall n \in N, \exists k \geqslant n, \text{使 } w \in A_k\} = \{w | w \text{ 属于无穷多个 } A_n\},$$

$$\liminf_{n \to \infty} A_n = \{w | \exists n \in N, \forall k \geqslant n, \text{有 } w \in A_k\} = \{w | w \text{ 至多不属于有限多个 } A_n\}.$$

因为

$$\{w | w \text{ 至多不属于有限多个 } A_n\} \subset \{w | w \text{ 属于无穷多个 } A_n\},$$

所以恒有

$$\liminf_{n \to \infty} A_n \subset \limsup_{n \to \infty} A_n.$$

若

$$\liminf_{n \to \infty} A_n = \limsup_{n \to \infty} A_n,$$

则称 $\{A_n\}$ 的极限存在, 并用 $\lim_{n \to \infty} A_n$ 表示.

特别地, 若 $A_n \subset A_{n+1}$ (相应地, $A_n \supset A_{n+1}$), 则称 $\{A_n\}$ 为单调增 (相应地, 单调降) 序列. 对单调增或单调降序列 $\{A_n\}$, 我们分别令 $A = \bigcup_n A_n$ 或 $A = \bigcap_n A_n$, 称 A 为 $\{A_n\}$ 的极限, 通常记为 $A_n \uparrow A$ 或 $A_n \downarrow A$.

下面我们来看一个例子.

例 1.1.1 设某人反复地掷骰子, 记录骰子出现的点数. 则样本空间 $\Omega = \{1, 2, 3, 4, 5, 6\}$, $\mathscr{F} = \{\Omega \text{ 的所有子集}\}$, 记 A_n 为第 n 次掷的结果是 "6 点" 的事件, 则

$$\liminf_{n \to \infty} A_n = \{\text{ 有无限多个抛掷结果是 "6 点"}\},$$

$$\limsup_{n \to \infty} A_n = \{\text{ 除有限多个外, 抛掷结果都是 "6 点"}\}.$$

定义 1.1.3 设 Ω 是样本空间, $\mathscr{F}$ 是样本空间生成的 σ 代数, $\mathbb{P}(\cdot)$ 是定义在 $\mathscr{F}$ 上的实值函数. 若

(1) $\mathbb{P}(\Omega) = 1$;

(2) $\forall A \in \mathscr{F}, 0 \leqslant \mathbb{P}(A) \leqslant 1$;

(3) 对两两互不相容事件 $A_1, A_2, \cdots$ (即当 $i \neq j$ 时, $A_i \cap A_j = \varnothing$), 有

$$\mathbb{P}\left(\bigcup_{i=1}^{\infty} A_i\right) = \sum_{i=1}^{\infty} \mathbb{P}(A_i),$$

则称 $\mathbb{P}$ 是可测空间 $(\Omega, \mathscr{F})$ 上的概率测度, 且 $(\Omega, \mathscr{F}, \mathbb{P})$ 称为概率空间, $\mathscr{F}$ 中的元素称为事件, $\mathbb{P}(A)$ 称为事件 A 的概率.

由定义易知事件的概率有如下性质:

(1) 若 $A, B \in \mathscr{F}$, 则 $\mathbb{P}(A \cup B) + \mathbb{P}(A \cap B) = \mathbb{P}(A) + \mathbb{P}(B)$;

(2) 若 $A, B \in \mathscr{F}$, 且 $A \subset B$, 则 $\mathbb{P}(B - A) = \mathbb{P}(B) - \mathbb{P}(A)$ (可减性);

(3) 若 $A, B \in \mathscr{F}$, 且 $A \subset B$, 则 $\mathbb{P}(B) \geqslant \mathbb{P}(A)$ (单调性);

(4) 若 $A \in \mathscr{F}, n \geqslant 1$, 则 $\mathbb{P}\left(\bigcup\limits_{n \geqslant 1} A_n\right) \leqslant \sum\limits_{n \geqslant 1} \mathbb{P}(A_n)$ (次 σ 可加性);

(5) 若 $A_n \in \mathscr{F}$ 且 $A_n \uparrow A$, 则 $\mathbb{P}(A) = \lim\limits_{n \to \infty} \mathbb{P}(A_n)$ (从下连续);

(6) 若 $A_n \in \mathscr{F}$ 且 $A_n \downarrow A$, 则 $\mathbb{P}(A) = \lim\limits_{n \to \infty} \mathbb{P}(A_n)$ (从上连续).

如果概率空间 $(\Omega, \mathscr{F}, \mathbb{P})$ 的 $\mathbb{P}$ 零测集 (即零概率事件) 的每个子集仍为事件, 则称为**完备的概率空间**. 为了避免 $\mathbb{P}$ 零测集的子集不是事件的情形出现, 我们把概率测度完备化. 令 $\mathscr{N}$ 表示 Ω 的所有 $\mathbb{P}$ 零测集的子集的全体, 由 $\{\mathscr{F}, \mathscr{N}\}$ 生成的 σ 代数 (即包含 $\mathscr{F}$ 和 $\mathscr{N}$ 的最小 σ 代数) 称为 $\mathscr{F}$ 的完备化, 记为 $\overline{\mathscr{F}}$. $\overline{\mathscr{F}}$ 中的每个集合 B 都可以表示为 $B = A \cup N$, 其中 $A \in \mathscr{F}, N \in \mathscr{N}$, 且 $A \cap N = \varnothing$. 定义

$$\overline{\mathbb{P}}(B) = \overline{\mathbb{P}}(A \cup N) = \mathbb{P}(A),$$

则 $\mathbb{P}$ 就被扩张到 $\overline{\mathscr{F}}$ 上. 容易验证, $\overline{\mathbb{P}}$ 是 $\overline{\mathscr{F}}$ 上的概率测度, 集函数 $\overline{\mathbb{P}}$ 称为 $\mathbb{P}$ 的完备化.

1.2 随机变量

为了能把数学分析和概率论结合起来, 或者说为了 "量化", 引入了随机变量.

定义 1.2.1 设 $(\Omega, \mathscr{F}, \mathbb{P})$ 是 (完备的) 概率空间, X 是定义在 Ω 上的单值实值函数, 如果 $\forall x \in \mathbb{R}, \{\omega : X(\omega) \leqslant x\} \in \mathscr{F}$, 则称 X 是 $\mathscr{F}$ 上的**随机变量**. 函数 $F(x) = \mathbb{P}\{\omega : X(\omega) \leqslant x\}, -\infty < x < +\infty$, 称为随机变量 X 的**分布函数**.

随机变量是个映射, 把样本空间映射到了实空间. 如果不引入则只能利用集合论去处理事件之间的关系, 一旦引入我们就可以把 "数学分析" 的理论都搬过来. 在上面的定义中, 如果 X 可以取到 ∞, 则 X 是广义实值函数, 一般情况下会加上条件: X 是几乎处处有限的, 即 $\mathbb{P}\{\omega : |X(\omega)| = \infty\} = 0$. 定义中的 $\{\omega : X(\omega) \leqslant x\} \in \mathscr{F}, \forall x \in \mathbb{R}$, 可以换成 $\{\omega : X(\omega) > x\} \in \mathscr{F}, \forall x \in \mathbb{R}$, 或者 $\{\omega : X(\omega) < x\} \in \mathscr{F}, \forall x \in \mathbb{R}$. 通常情况下, 我们将 $\{\omega : X(\omega) \leqslant x\}$ 简记为 $\{X \leqslant x\}$.

为什么如此定义分布函数? 可不可以定义 $F(x) = \mathbb{P}\{\omega : X(\omega) > x\}, -\infty < x < +\infty$? 其原因是 $\{X \leqslant x\}$ 代表已经发生的事件, 是我们知道的, 而 $\{X > x\}$ 代表未来的事件, 是未知的. 更进一步, 可以从测度论的角度来证明经验测度依概率收敛于上面定义的分布函数, 参看文献 *Measure Theory, Probability, and Stochastic Processes* (Le Gall, 2022).

我们来考虑随机变量之间的关系, 首先给出变量等价的描述. 称两个随机变量 X 与 Y 是**等价的**, 如果 $\mathbb{P}\{\omega \in \Omega : X(\omega) \neq Y(\omega)\} = 0$. 等价的两个随机变量可视为同一个.

定理 1.2.1 (1) 若 X, Y 是随机变量, 则 $\{X < Y\}$, $\{X \leqslant Y\}$, $\{X = Y\}$, $\{X \neq Y\} \in \mathscr{F}$;

(2) 若 X, Y 是随机变量, 则 $X \pm Y$ 与 XY 也是随机变量;

(3) 若 $\{X_n\}$ 是随机变量序列, 则 $\sup\limits_{n} X_n$、$\inf\limits_{n} X_n$、$\varlimsup\limits_{n \to \infty} X_n$ 和 $\varliminf\limits_{n \to \infty} X_n$ 都是随机变量.

在概率论中, 重点学习了两种类型的随机变量: 离散型随机变量和连续型随机变量. 离散型随机变量的核心是分布律

$$p_k = \mathbb{P}\{X = x_k\}, \quad k = 1, 2, \cdots$$

由分布函数的定义可得

$$F(x) = \mathbb{P}\{\omega : X(\omega) \leqslant x\} = \sum_{x_k \leqslant x} p_k.$$

而连续型随机变量的核心是概率密度函数 $f \geqslant 0$, 满足 $\int_{-\infty}^{\infty} f(x)\mathrm{d}x = 1$, 其分布函数定义为

$$F(x) = \mathbb{P}\{\omega : X(\omega) \leqslant x\} = \int_{-\infty}^{x} f(t)\mathrm{d}t.$$

多维的随机变量也称随机向量. 对于随机向量 $\boldsymbol{X} = (X_1, X_2, \cdots, X_d)$, 它的联合分布函数定义为

$$F(x_1, x_2, \cdots, x_d) = \mathbb{P}\{X_1 \leqslant x_1, X_2 \leqslant x_2, \cdots, X_d \leqslant x_d\}.$$

其中 $d \geqslant 1$, $x_k \in \mathbb{R}(k = 1, 2, \cdots, d)$. 由分布函数的定义, 很容易证明联合分布函数满足: 对每个变量都是单调不减的; 对每个变量都是右连续的; 对 $i = 1, 2, \cdots, d$ 有

$$\lim_{x_i \to -\infty} F(x_1, x_2, \cdots, x_i, \cdots, x_d) = 0, \quad \lim_{x_1, x_2, \cdots, x_d \to +\infty} F(x_1, x_2, \cdots, x_d) = 1.$$

设 $F(x_1, x_2, \cdots, x_d)$ 为 $X_1, X_2, \cdots, X_d$ 的联合分布函数, $1 \leqslant k_1 < k_2 < \cdots < k_n \leqslant d$, 则 $X_1, X_2, \cdots, X_{k_n}$ 的边缘分布函数定义为

$$F_{k_1, k_2, \cdots, k_n}(x_{k_1}, x_{k_2}, \cdots, x_{k_n})$$
$$= F(\infty, \cdots, \infty, x_{k_1}, \infty, \cdots, \infty, x_{k_2}, \infty, \cdots, \infty, x_{k_n}, \infty, \cdots, \infty).$$

下面罗列出常见的分布:

1. 退化分布

若随机变量 X 以概率 1 取常数 c, 即

$$\mathbb{P}\{X = c\} = 1,$$

则 X 并不随机, 但我们把它看作随机变量的退化情况更为方便, 因此称之为退化分布, 又称单点分布.

从单点分布的定义可知, 任意的常数都服从单点分布. 单点分布有个重要的性质: 单点分布与任一随机变量均独立. 请看课后习题 1.2.

2. Bernoulli 分布 (两点分布)

在一次试验中, 设事件 A 出现的概率为 $p(0 < p < 1)$, 不出现的概率为 $1 - p$, 若以 X 记事件 A 出现的次数, 则 X 的可能取值仅为 $0, 1$, 其对应的概率为

$$\mathbb{P}\{X = k\} = p^k(1 - p)^{1-k}, \quad k = 0, 1.$$

这个分布称为伯努利 (Bernoulli) 分布, 又称两点分布.

3. 二项分布

在 n 重 Bernoulli 试验中, 设事件 A 在每次试验中出现的概率均为 $p(0 < p < 1)$, 以 X 记在 n 次试验中事件 A 出现的次数, 则 X 的可能取值为 $0, 1, \cdots, n$, 其对应的概率为

$$\mathbb{P}\{X = k\} = \binom{n}{k} p^k(1 - p)^{n-k}, \quad k = 0, 1, \cdots, n,$$

称为以 n 和 p 为参数的二项分布, 简记为 $X \sim B(n, p)$.

若 $n = 1$, 则二项分布便是 Bernoulli 分布.

4. Poisson 分布

若随机变量 X 可取一切非负整数值, 且

$$\mathbb{P}\{X = k\} = \mathrm{e}^{-\lambda} \frac{\lambda^k}{k!}, \quad k = 0, 1, \cdots,$$

其中 $\lambda > 0$, 称 X 服从参数为 λ 的泊松 (Poisson) 分布, 简记为 $X \sim P(\lambda)$.

5. 几何分布

在 Bernoulli 试验序列中, 设事件 A 在每次试验中出现的概率均为 $p(0 < p < 1)$, 以 X 记事件 A 首次出现的试验次数, 则 X 的可能取值为 $1, 2, \cdots$, 其对应的概率为

$$\mathbb{P}\{X = k\} = p(1 - p)^{k-1}, \quad k = 1, 2, \cdots,$$

称为几何分布. 几何分布是一种等待分布, 具有无记忆性. 在离散型分布中, 只有几何分布具有这种特殊的性质.

6. Pascal 分布

在 Bernoulli 试验序列中, 设事件 A 在每次试验中出现的概率均为 $p(0 < p < 1)$, 以 X 记事件 A 第 r 次出现的试验次数, 则 X 的可能取值为 $r, r + 1, \cdots$, 其对应的概率为

$$\mathbb{P}\{X = k\} = \binom{k-1}{r-1} p^r(1 - p)^{k-r}, \quad k = r, r + 1, \cdots,$$

称其为帕斯卡 (Pascal) 分布.

对 Pascal 分布略加推广, 即去掉 r 是正整数的限制, 就得到负二项分布.

7. 负二项分布

对于任意实数 $r > 0$, 称

$$\mathbb{P}\{X = k\} = \binom{k+r-1}{r-1} p^r(1 - p)^k, \quad k = 0, 1, 2, \cdots$$

为负二项分布.

注　负二项分布包含两个参数, 且方差大于均值, 故通常用于替换 Poisson 分布, 比 Poisson 分布更灵活.

8. 连续均匀分布 (简称均匀分布)

若随机变量 X 的密度函数为

$$f(x) = \begin{cases} b-a, & 若\ a \leqslant x \leqslant b, \\ 0, & 其他, \end{cases}$$

其中 $a < b$, 则称 X 在区间 $[a,b]$ 上服从均匀分布.

9. 正态分布

若随机变量 X 的密度函数为

$$f(x) = \frac{1}{\sigma\sqrt{2\pi}} \cdot \exp\{-(x-\mu)^2/2\sigma^2\}, \quad x \in \mathbb{R},$$

则称随机变量 X 服从参数为 μ 和 σ 的正态分布, 也称为高斯 (Gauss) 分布, 记为 $X \sim N(\mu, \sigma^2)$.

更进一步, 设 $\boldsymbol{X} = (X_1, X_2, \cdots, X_d)$, $\boldsymbol{\mu} = (\mu_1, \mu_2, \cdots, \mu_d)$, $\boldsymbol{\Sigma}$ 是 d 阶正定矩阵, 并且其行列式为 $|\boldsymbol{\Sigma}|$. 若联合密度函数为

$$f(x) = (2\pi)^{-\frac{d}{2}} |\boldsymbol{\Sigma}|^{-\frac{1}{2}} \exp\left\{ -\frac{1}{2}(x-\boldsymbol{\mu})'\boldsymbol{\Sigma}^{-1}(x-\boldsymbol{\mu}) \right\},$$

则称随机变量 $\boldsymbol{X}$ 服从 d 维正态分布, 记为 $\boldsymbol{X} \sim N_d(\boldsymbol{\mu}, \boldsymbol{\Sigma})$.

10. Γ 分布

若随机变量 X 的密度函数为

$$f(x) = \begin{cases} \dfrac{\lambda^s}{\Gamma(s)} x^{s-1} \mathrm{e}^{-\lambda x}, & x \geqslant 0, \\ 0, & x < 0, \end{cases}$$

则称随机变量 X 服从参数为 $s > 0, \lambda > 0$ 的 Γ 分布.

11. 指数分布

如果在 Γ 分布中令 $s = 1$, 即密度函数为

$$f(x) = \begin{cases} \lambda\mathrm{e}^{-\lambda x}, & x \geqslant 0, \\ 0, & x < 0, \end{cases}$$

则称随机变量 X 服从指数分布.

12. χ^2 分布

如果在 Γ 分布中取 $s = \dfrac{n}{2}$, n 是正整数, $\lambda = \dfrac{1}{2}$, 即

$$f(x) = \frac{1}{2^{\frac{n}{2}}\Gamma\left(\dfrac{n}{2}\right)} x^{\frac{n}{2}-1} \mathrm{e}^{-\frac{x}{2}}, \quad x > 0,$$

则称随机变量 X 服从自由度是 n 的 χ^2 分布.

1.3 数 字 特 征

随机变量完全由它的概率分布决定, 而确定分布函数一般来说是比较困难的. 但在实际问题中, 往往只需要随机变量的某些数字特征就够了. 本节介绍数字特征的定义及性质, 首先注意到, 对一个随机变量而言, 把它的随机性去掉等同于考虑了所有的情况, 因此我们有下面的定义.

定义 1.3.1 (1) 假设随机变量 X 是离散型随机变量, 其分布律为 $\mathbb{P}\{X = s_k\} = p_k$. 如果 $\sum |s_k| p_k < \infty$, 则 X 的数学期望定义为

$$\mathbb{E}(X) = \sum_k s_k \mathbb{P}\{X = s_k\} = \sum_k s_k p_k.$$

(2) 假设随机变量 X 是连续型随机变量, 其分布函数和概率密度函数分别为 $F(x)$ 和 $f(x)$. 如果 $\int_{-\infty}^{+\infty} |x| \mathrm{d}F(x) < +\infty$, 则随机变量 X 的数学期望定义为

$$\mathbb{E}(X) = \int_{-\infty}^{+\infty} x \mathrm{d}F(x) = \int_{-\infty}^{+\infty} x f(x) \mathrm{d}x.$$

综上, 我们可以给出随机变量期望的统一表达式

$$\mathbb{E}(X) = \int_{-\infty}^{+\infty} x \mathrm{d}F(x).$$

(3) 设 X 为任一随机变量, 对正整数 k, 称 $m_k = \mathbb{E}(X^k)$ 为 X 的 k 阶原点矩. 数学期望是一阶原点矩.

(4) 设 X 为任一随机变量, 对正整数 k, 称 $c_k = \mathbb{E}[X - \mathbb{E}(X)]^k$ 为 X 的 k 阶中心矩. 方差是二阶中心矩.

(5) 设 X, Y 为两个随机变量, 对正整数 k, l, 称 $\mathbb{E}[X - \mathbb{E}(X)]^k [Y - \mathbb{E}(Y)]^l$ 为 X 的 $k+l$ 阶混合中心矩. 协方差是二阶混合中心矩.

注 我们上面给出的定义是从值域出发给出的, 因此所有的积分都是勒贝格 (Lebesgue) 积分. 一个自然的问题: 能不能从定义域给出期望的定义呢? 在下一小节中, 我们将回答这个问题.

1.3.1 关于概率测度的积分

为回答上一小节的问题, 我们首先注意到定义域是样本空间 Ω, 对于样本空间而言就不能用 Lebesgue 测度来描述了, 而是概率测度. 为了更好地理解数字特征, 有必要引入概率测度的积分. 有兴趣的读者可以参考俄罗斯教材《随机过程论》(布林斯基和施利亚耶夫, 2008). 首先, 我们引出可测空间和可测映射的定义.

定义 1.3.2 设 $(\Omega, \mathscr{F})$ 为一可测空间, $\mathbb{R}$ 为实数域, $\bar{\mathbb{R}} = \mathbb{R} \cup \{-\infty, \infty\}$, 分别用 $\mathscr{B}(\mathbb{R})$ 及 $\mathscr{B}(\bar{\mathbb{R}})$ 表示 $\mathbb{R}$ 及 $\bar{\mathbb{R}}$ 上的 Borel σ 代数, 令 f 为 Ω 到 $\bar{\mathbb{R}}$ 中的一个映射, 如果

$$f^{-1}[\mathscr{B}(\bar{\mathbb{R}})] \subset \mathscr{F},$$

则称 f 为 Borel 可测函数, 简称可测函数. 若进一步 f 只取实值, 则称 f 为实值可测函数.

如果存在实数 $a_k(1 \leqslant k \leqslant n)$ 和 Ω 的分割 $A_k \in \mathscr{F}(1 \leqslant k \leqslant n)$ $\left(\text{即} \bigcup\limits_{k=1}^{n} A_k = \Omega, \text{且}\right.$ $\left. A_i \cap A_j = \varnothing, i \neq j, 1 \leqslant i, j \leqslant n\right)$, 使得 $f = \sum\limits_{k=1}^{n} a_k I_{A_k}$, 则称 f 为简单可测函数, 这里 $I_A(\cdot)$ 表示集合 A 的示性函数. 若 f 还可以表示为 $f = \sum\limits_{j=1}^{m} b_j I_{B_j}$, 则当 $B_j \cap A_k \neq \varnothing$ 时, $b_j = a_k$. 于是, 通过将分割中的集合合并可以得到 f 的最简单表达式, 即表达式中的系数 a_k 互不相同. 以下给定一个完备的概率空间 $(\Omega, \mathscr{F}, \mathbb{P})$. 用 $\mathscr{S}^+$ 表示 Ω 上非负简单可测函数全体, $\mathscr{L}^+$ 表示 Ω 上非负可测函数全体, $\mathscr{L}$ 表示 Ω 上可测函数全体. 首先我们定义非负简单可测函数关于概率测度的积分.

定义 1.3.3   设 $f = \sum\limits_{k=1}^{n} a_k I_{A_k} \in \mathscr{S}^+$, 其中 $a_k \in \mathbb{R}_+$, $A_k \in \mathscr{F}$. 令

$$\int_{\Omega} f \mathrm{d}\mathbb{P} = \sum_{k=1}^{n} a_k \mathbb{P}(A_k),$$

称 $\displaystyle\int_{\Omega} f \mathrm{d}\mathbb{P}$ 为 f 关于概率测度 $\mathbb{P}$ 的积分.

定理 1.3.1 (简单函数逼近定理)   设 $(\Omega, \mathscr{F})$ 为一可测空间, $f \in \mathscr{L}$, 则存在一简单可测函数序列 $\{f_n, n \geqslant 1\}$, 使得对一切 $n \geqslant 1$, 有 $|f_n| \leqslant |f|$, 且 $\lim\limits_{n \to \infty} f_n = f$.

若 f 非负, 则存在非负简单可测函数的增序列 $\{f_n, n \geqslant 1\}$, 使得 $\lim\limits_{n \to \infty} f_n = f$.

接下来, 我们给出非负可测函数的测度积分.

定义 1.3.4   设 $f \in \mathscr{L}^+$. 任取 $f_n \in \mathscr{S}^+$ 使得 $f_n \uparrow f$, 令

$$\int_{\Omega} f \mathrm{d}\mathbb{P} = \lim_{n \to \infty} \int_{\Omega} f_n \mathrm{d}\mathbb{P}.$$

若上述极限存在, 且不依赖于序列 $\{f_n\}$ 的选取, 称 $\displaystyle\int_{\Omega} f \mathrm{d}\mathbb{P}$ 为 f 关于概率测度 $\mathbb{P}$ 的积分.

最后, 我们给出可测函数的测度积分.

定义 1.3.5   设 $f \in \mathscr{L}$. 令 $f^+ = \max\{f, 0\}$ 及 $f^- = \max\{-f, 0\}$, 注意 $f^+ \geqslant 0, f^- \geqslant 0$, $f = f^+ - f^-$, $|f| = f^+ + f^-$. 如果 $\displaystyle\int_{\Omega} f^+ \mathrm{d}\mathbb{P} < \infty$ 或 $\displaystyle\int_{\Omega} f^- \mathrm{d}\mathbb{P} < \infty$, 则称 f 关于 $\mathbb{P}$ 的积分存在. 令

$$\int_{\Omega} f \mathrm{d}\mathbb{P} = \int_{\Omega} f^+ \mathrm{d}\mathbb{P} - \int_{\Omega} f^- \mathrm{d}\mathbb{P},$$

称 $\displaystyle\int_{\Omega} f \mathrm{d}\mathbb{P}$ 为 f 关于概率测度 $\mathbb{P}$ 的积分. 如果 $\displaystyle\int_{\Omega} f^+ \mathrm{d}\mathbb{P} < \infty$ 且 $\displaystyle\int_{\Omega} f^- \mathrm{d}\mathbb{P} < \infty$, 则称 f 关于 $\mathbb{P}$ 绝对可积.

于是, 当随机变量 X 可积时, 它的期望就可以定义为

$$\mathbb{E}(X) = \int_{\Omega} X \mathrm{d}\mathbb{P}.$$

若 $\mathbb{E}(|X|^p) < \infty, p \geqslant 1$, 则称 X 是 L^p 可积的, 记为 $X \in L^p$.

如果一个事件发生的概率为 1, 我们通常会描述为这个事件几乎必然会发生. 这里的 "几乎必然" (almost surely) 简记为 "a.s.".

定理 1.3.2 设 f, g 积分存在.

(1) $\forall a \in \mathbb{R}$, af 的积分也存在, 且 $\int_\Omega af\mathrm{d}\mathbb{P} = a\int_\Omega f\mathrm{d}\mathbb{P}$;

(2) 若 $f + g$ 处处有定义, 且 $\int_\Omega f\mathrm{d}\mathbb{P} + \int_\Omega g\mathrm{d}\mathbb{P}$ 处处有意义 (即不出现 $\infty - \infty$), 则 $f + g$ 的积分存在, 且有 $\int_\Omega (f+g)\mathrm{d}\mathbb{P} = \int_\Omega f\mathrm{d}\mathbb{P} + \int_\Omega g\mathrm{d}\mathbb{P}$;

(3) 若取非负整数值的随机变量 X 的期望存在, 则 $\mathbb{E}(X) = \sum\limits_{k=1}^\infty \mathbb{P}\{X \geqslant k\}$;

(4) 若 N 为一零测集, 则 $\int_\Omega fI_N\mathrm{d}\mathbb{P} = 0$;

(5) 若 $f \leqslant g$, a.s., 则 $\int_\Omega f\mathrm{d}\mathbb{P} \leqslant \int_\Omega g\mathrm{d}\mathbb{P}$;

(6) $\left|\int_\Omega f\mathrm{d}\mathbb{P}\right| \leqslant \int_\Omega |f|\mathrm{d}\mathbb{P}$;

(7) 设 $X \in \mathscr{L}^+$, 则 $\mathbb{E}(X) = 0$ 当且仅当 $X = 0$, a.s..

1.3.2 矩母函数

在计算随机变量的各阶原点矩时, 用矩母函数会很方便.

定义 1.3.6 若随机变量 X 的分布函数为 $F(x)$, 则称

$$\phi(t) = \mathbb{E}(\mathrm{e}^{tX}) = \int_\Omega \mathrm{e}^{tX(w)}\mathbb{P}(\mathrm{d}\omega) = \int_{-\infty}^{+\infty} \mathrm{e}^{tx}\mathrm{d}F(x) \tag{1.1}$$

为 X 的矩母函数.

假设对 $\phi(t)$ 求导时, 求导运算与求期望运算可以交换次序. 对 $\phi(t)$ 逐次求导并计算在 $t = 0$ 点的值能得到 X 的各阶矩, 即

$$\phi'(t) = \mathbb{E}(X\mathrm{e}^{tX}), \quad \phi''(t) = \mathbb{E}(X^2\mathrm{e}^{tX}), \quad \cdots, \quad \phi^{(n)}(t) = \mathbb{E}(X^n\mathrm{e}^{tX}).$$

从而 X 的 n 阶原点矩可由在 $t = 0$ 点的 n 阶导数值得到

$$\phi^{(n)}(0) = \mathbb{E}(X^n).$$

当矩母函数存在时, 它唯一地和随机变量相对应, 但矩母函数不一定存在, 而特征函数是始终存在且与随机变量一一对应的, 故特征函数会更方便.

1.3.3 特征函数

首先给出特征函数的定义.

定义 1.3.7 若随机变量 X 的分布函数为 $F(x)$, 则称

$$\psi(t) = \mathbb{E}(\mathrm{e}^{\mathrm{i}tX}) = \int_\Omega \mathrm{e}^{\mathrm{i}tX(\omega)}\mathbb{P}(\mathrm{d}\omega) = \int_{-\infty}^{+\infty} \mathrm{e}^{\mathrm{i}tx}\mathrm{d}F(x)$$

为 X 的特征函数. 如果 $F(x)$ 有密度 $f(x)$, 则 $\psi(t)$ 就是 $f(x)$ 的傅里叶 (Fourier) 变换

$$\hat{f}(t) = \int_{-\infty}^{+\infty} \mathrm{e}^{\mathrm{i}tx} f(x)\mathrm{d}x.$$

特征函数是一个实变量的复值函数, 因为 $\mathbb{E}(\mathrm{e}^{\mathrm{i}tx}) = 1$, 所以它对一切实数 t 都有定义. 特征函数有如下常用性质:

(1) 有界性: $|\psi(t)| \leqslant 1 = \psi(0)$.

(2) 共轭对称性: $\psi(-t) = \overline{\psi}(t)$.

(3) 一致连续性: $|\psi(t+h) - \psi(t)| \leqslant \int_{-\infty}^{+\infty} |\mathrm{e}^{\mathrm{i}hx} - 1|\mathrm{d}F(x)$.

(4) 线性变换的作用: 设 $Y = aX + b$, 则 Y 的特征函数是 $\psi_Y(t) = \mathrm{e}^{\mathrm{i}bt}\psi_X(at)$.

(5) 两个相互独立的随机变量之和的特征函数等于它们的特征函数之积.

(6) 非负定性: 对于任意正整数 n, 任意 $t_k \in \mathbb{R}$ 及 $\lambda_k \in \mathbb{C}$, $k = 1, 2, \cdots, n$, 有

$$\sum_{k=1}^{n} \sum_{j=1}^{n} \psi(t_k - t_j)\lambda_k \overline{\lambda}_j \geqslant 0.$$

(7) 设随机变量 X 的 n 阶矩存在, 则它的特征函数可微分 n 次, 且当 $k \leqslant n$ 时, 有

$$\psi^{(k)}(0) = \mathrm{i}^k \mathbb{E}(X^k).$$

特别地, 特征函数有如下的泰勒 (Taylor) 展开:

$$\psi(t) = 1 + \mathrm{i}t\mathbb{E}(X) + \frac{(\mathrm{i}t)^2}{2!}\mathbb{E}(X^2) + \cdots + \frac{(\mathrm{i}t)^n}{n!}\mathbb{E}(X^n) + o(t).$$

例 1.3.1 设 X 服从几何分布, 即 $\mathbb{P}\{X = k\} = pq^{k-1}$, $k = 1, 2, \cdots$, $q = 1 - p$, 试求 X 的特征函数.

解 由定义可知

$$\psi(t) = \mathbb{E}[\mathrm{e}^{\mathrm{i}tX}] = \sum_{k=1}^{\infty} \mathrm{e}^{\mathrm{i}tk}pq^{k-1} = p\mathrm{e}^{\mathrm{i}t}\sum_{k=1}^{\infty}\left(\mathrm{e}^{\mathrm{i}t}q\right)^{k-1} = \frac{p\mathrm{e}^{\mathrm{i}t}}{1 - q\mathrm{e}^{\mathrm{i}t}}.$$ □

例 1.3.2 求标准正态分布 $N(0,1)$ 和 $N(\mu, \sigma^2)$ 的特征函数.

解 由定义可得

$$\begin{aligned}
\psi'(t) &= \frac{1}{\sqrt{2\pi}} \int_{-\infty}^{\infty} \mathrm{i}x\mathrm{e}^{\mathrm{i}tx}\mathrm{e}^{-\frac{x^2}{2}}\mathrm{d}x \\
&= \frac{1}{\sqrt{2\pi}} \int_{-\infty}^{\infty} \mathrm{i}\mathrm{e}^{\mathrm{i}tx}\mathrm{d}(-\mathrm{e}^{-\frac{x^2}{2}}) \\
&= -\frac{1}{\sqrt{2\pi}}\mathrm{i}(\mathrm{e}^{\mathrm{i}tx-x^2/2})|_{-\infty}^{\infty} - \frac{t}{\sqrt{2\pi}} \int_{-\infty}^{\infty} \mathrm{e}^{\mathrm{i}tx}\mathrm{e}^{-\frac{x^2}{2}}\mathrm{d}x,
\end{aligned}$$

即等价于 $\psi'(t) + t \times \psi(t) = 0$, 注意到 $\psi(0) = 1$, 解得 $\psi(t) = \mathrm{e}^{-\frac{1}{2}t^2}$. 更进一步, 设 $Y \sim N(\mu, \sigma^2)$, 则存在 $X \sim N(0,1)$, 使得 $Y = \sigma X + \mu$. 利用性质 (4), 有 $\psi_Y(t) = \mathrm{e}^{\mathrm{i}t\mu}\psi_X(\sigma t) = \mathrm{e}^{\mathrm{i}\mu t - \frac{1}{2}\sigma^2 t^2}$. □

由于特征函数只与分布函数有关, 所以也称为分布的特征函数.

定理 1.3.3 (唯一性定理)　分布函数由其特征函数唯一决定.

定理 1.3.3 表明: 特征函数与分布函数是相互唯一确定的. 又因随机变量和分布函数一一对应, 从而随机变量和特征函数一一对应.

对于随机向量 $\boldsymbol{X} = (X_1, X_2, \cdots, X_n)'$ 而言, 我们可以类似地定义其特征函数. 假设其分布函数为 $F(x_1, x_2, \cdots, x_n)$, 则其特征函数为

$$\psi(t_1, t_2, \cdots, t_n) = \int_{-\infty}^{\infty} \int_{-\infty}^{\infty} \cdots \int_{-\infty}^{\infty} \mathrm{e}^{\mathrm{i}(t_1 x_1 + t_2 x_2 + \cdots + t_n x_n)} \mathrm{d}F(x_1, x_2, \cdots, x_n).$$

特别地, 若随机向量 $\boldsymbol{X}$ 的特征函数为

$$\psi_X(\boldsymbol{t}) = \exp\left(\mathrm{i}\boldsymbol{t}'\boldsymbol{\mu} - \frac{1}{2}\boldsymbol{t}'\boldsymbol{\Sigma}\boldsymbol{t}\right),$$

则称 $\boldsymbol{X}$ 服从多元正态分布 $N(\boldsymbol{\mu}, \boldsymbol{\Sigma})$. 这里 $(\cdot)'$ 表示 $(\cdot)$ 的转置, $\boldsymbol{t} = (t_1, t_2, \cdots, t_d)'$, $\boldsymbol{\mu} = (\mu_1, \mu_2, \cdots, \mu_d)'$, $\boldsymbol{\Sigma}$ 是非负定 $d \times d$ 矩阵. 当 $\boldsymbol{\mu} = \boldsymbol{0}$, $\boldsymbol{\Sigma} = \boldsymbol{I}_d$ 时, 称为多元标准正态分布, 记为 $\boldsymbol{X} \sim N(\boldsymbol{0}, \boldsymbol{I}_d)$.

1.4　收　敛　性

本小节将给出随机变量之间的收敛性, 为此先引出如下定义.

定义 1.4.1　(1) 设 $\{X_n, n \geqslant 1\}$ 是随机变量序列, 若存在随机变量 X 使得 $\mathbb{P}\{\omega \in \Omega : X(\omega) = \lim_{n \to \infty} X_n(\omega)\} = 1$, 则称随机变量序列 $\{X_n, n \geqslant 1\}$ 几乎必然收敛 (或以概率 1 收敛) 于 X, 记为 $X_n \to X$ a.s. 或 $X_n \xrightarrow{\text{a.s.}} X$.

(2) 设 $\{X_n, n \geqslant 1\}$ 是随机变量序列, 若存在随机变量使得对 $\forall \varepsilon > 0$ 有

$$\lim_{n \to \infty} \mathbb{P}\{|X_n - X| \geqslant \varepsilon\} = 0,$$

则称随机变量序列 $\{X_n, n \geqslant 1\}$ 依概率收敛于 X, 记为 $X_n \xrightarrow{\mathbb{P}} X$.

(3) 设随机变量序列 $\{X_n\} \subset L^p, X \in L^p, p \geqslant 1$ 若有

$$\lim_{n \to \infty} \mathbb{E}\{|X_n - X|^p\} = 0,$$

则称随机变量序列 $\{X_n, n \geqslant 1\}$ p 次平均收敛于 X, 或称 X_n 在 L^p 中强收敛于 X. 当 $p = 2$ 时, 称为均方收敛.

(4) 设 $F_n(x)$ 是分布函数列, 如果存在一个单调不减函数 $F(x)$, 使得在 $F(x)$ 的所有连续点 x 上均有

$$\lim_{n \to \infty} F_n(x) = F(x),$$

则称 $F_n(x)$ 弱收敛于 $F(x)$, 记为 $F_n(x) \xrightarrow{W} F(x)$.

设随机变量 X_n, X 的分布函数分别为 $F_n(x)$ 及 $F(x)$, 若 $F_n(x) \xrightarrow{W} F(x)$, 则称 X_n 依分布收敛于 X, 记为 $X_n \xrightarrow{L} X$.

定理 1.4.1　(1) 随机变量序列 $X_n \xrightarrow{\text{a.s.}} X$ 的充分必要条件是 $\forall \varepsilon > 0$,

$$\mathbb{P}\left\{\limsup_{n\to\infty}|X_n - X| \geqslant \varepsilon\right\} = 0.$$

(2) 随机变量序列 $X_n \xrightarrow{\mathbb{P}} X$ 的充分必要条件是 X_n 的任意子序列都包含几乎必然收敛于 X 的子序列.

此定理的证明, 可参看文献 *Measure Theory, Probability and Stochastic Processes* (Le Gall, 2022).

随机变量序列的这四种收敛性之间的关系可以总结如下:

$$\text{几乎必然收敛} \Longrightarrow \text{依概率收敛} \Longrightarrow \text{依分布收敛}$$
$$p \text{ 次平均收敛} \Longrightarrow \text{依概率收敛} \Longrightarrow \text{依分布收敛}$$

还需指出的是, 几乎必然收敛与 p 次平均收敛之间没有蕴含关系. 请看课后习题 1.5.

下面我们给出积分号下取极限的三大基本定理.

定理 1.4.2 (单调收敛定理)　设 $f_n \in \mathscr{L}$ 的积分存在, $n \geqslant 1$, 则

(1) 设 $f_n \uparrow f$, a.s., 若 $\displaystyle\int_\Omega f_1 \mathrm{d}\mathbb{P} > -\infty$, 则 f 的积分存在, 且 $\displaystyle\int_\Omega f_n \mathrm{d}\mathbb{P} \uparrow \int_\Omega f \mathrm{d}\mathbb{P}$;

(2) 设 $f_n \downarrow f$, a.s., 若 $\displaystyle\int_\Omega f_1 \mathrm{d}\mathbb{P} < \infty$, 则 f 的积分存在, 且 $\displaystyle\int_\Omega f_n \mathrm{d}\mathbb{P} \downarrow \int_\Omega f \mathrm{d}\mathbb{P}$.

定理 1.4.3 (法图 (Fatou) 引理)　设随机变量序列 X_n 的期望存在, $n \geqslant 1$, 则

$$\mathbb{E}\left(\liminf_{n\to\infty} X_n\right) \leqslant \liminf_{n\to\infty} \mathbb{E}(X_n) \leqslant \limsup_{n\to\infty} \mathbb{E}(X_n) \leqslant \mathbb{E}\left(\limsup_{n\to\infty} X_n\right).$$

定理 1.4.4 (Lebesgue 控制收敛定理)　设 $f_n, f \in \mathscr{L}$, $f_n \xrightarrow{\text{a.s.}} f$ 或 $f_n \xrightarrow{\mathbb{P}} f$. 若存在一非负可积函数 g, 使得对 $\forall n \geqslant 1$ 有 $|f_n| \leqslant g$, a.s., 则 f 可积, 且有 $\displaystyle\lim_{n\to\infty} \int_\Omega f_n \mathrm{d}\mathbb{P} = \int_\Omega f \mathrm{d}\mathbb{P}$.

对于概率中的一些不等式, 请有兴趣的读者参看文献《随机过程》(Ross, 2013).

1.5　独立性与条件期望

在概率论的学习中, 独立性是非常重要的性质, 因为它可以简化很多运算.

1.5.1　独立性

定义 1.5.1　(1) 设 A, B 为两个事件, 若 $\mathbb{P}(A \cap B) = \mathbb{P}(A)\mathbb{P}(B)$ (或者 $\mathbb{P}(A|B) = \mathbb{P}(A)$), 则称 A 与 B 独立. 更一般地, 设 $A_1, A_2, \cdots, A_n$ 为 n 个事件, 如果对任何 $m \leqslant n$ 及 $1 \leqslant k_1 < \cdots < k_m \leqslant n$ 有

$$\mathbb{P}\left(\bigcap_{j=1}^{m} A_{k_j}\right) = \prod_{j=1}^{m} \mathbb{P}(A_{k_j}),$$

则称 $A_1, A_2, \cdots, A_n$ 相互独立. 显然, 相互独立一定两两独立, 反之不对.

(2) 设 $\{A_i, i \in I\}$ 是一族事件, 若对 I 的任意有限子集 $\{i_1, i_2, \cdots, i_k\} \neq \varnothing$. 有

$$\mathbb{P}\left(\bigcap_{j=1}^{k} A_{i_j}\right) = \prod_{j=1}^{k} \mathbb{P}(A_{i_j}), \tag{1.2}$$

则称 $\{A_i, i \in I\}$ 是相互独立的.

(3) $\{\mathscr{A}_i, i \in I\}$ 是一族事件类, 如果对 I 的任意有限子集 $\{i_1, i_2, \cdots, i_k\} \neq \varnothing$, 任意 $A_{i_j} \in \mathscr{A}_{i_j}$ 有式 (1.2) 成立, 则称 $\{\mathscr{A}_i, i \in I\}$ 是独立事件类.

(4) 设 $\{X_i, i \in I\}$ 是 Ω 上的一族随机变量. 如果 σ 代数族 $\{\sigma(X_i), i \in I\}$ 是独立事件类, 则称 $\{X_i, i \in I\}$ 相互独立. 容易证明随机变量 $X_1, X_2, \cdots, X_n$ 独立的充分必要条件是它们的联合分布函数可以分解为边际分布函数的乘积, 即

$$F(x_1, x_2, \cdots, x_n) = \prod_{i=1}^n F_{X_i}(x_i).$$

定理 1.5.1 (1) 设随机变量 $X_1, X_2, \cdots, X_n \in \mathscr{L}^1$ 是独立的, 则 $\mathbb{E}\left(\prod_{k=1}^n X_k\right) = \prod_{k=1}^n \mathbb{E}(X_k)$.

(2) 设随机变量 $X_1, X_2, \cdots, X_n \in \mathscr{L}^2$ 是独立的, 则 $\mathrm{Var}\left(\sum_{k=1}^n X_k\right) = \sum_{k=1}^n \mathrm{Var}(X_k)$.

引理 1.5.1 (博雷尔-坎泰利 (Borel-Cantelli) 第一引理) 设 $\{A_n, n \geqslant 1\}$ 是一事件列, 若 $\sum\limits_{n=1}^\infty \mathbb{P}(A_n) < \infty$, 则 $\mathbb{P}(A_n, \text{i.o.}) = 0$.

引理 1.5.2 (Borel-Cantelli 第二引理) 设 $\{A_n, n \geqslant 1\}$ 是独立的事件列, 若 $\sum\limits_{n=1}^\infty \mathbb{P}(A_n) = \infty$, 则 $\mathbb{P}(A_n, \text{i.o.}) = 1$.

注 这里的 i.o. 的意思为 infinitely often (无穷多次). Borle-Cantelli 第一引理的逆定理不成立, 反例参看文献 *Brownian Motion, Martingales, and Stochastic Calculus* (Le Gall, 2016).

定义 1.5.2 设 $\{X_n, n \geqslant 1\}$ 是随机变量序列, $D_k = \sigma(X_k, X_{k+1}, \cdots)$ 是由 $X_k, X_{k+1}, \cdots$ 生成的 σ 代数, 则 D_k 是非增序列, 它们的交 $D = \bigcap\limits_{n \geqslant 1} D_n$ 称为序列 $\{X_n, n \geqslant 1\}$ 的尾 σ 代数, D 中的元素称为 $\{X_n, n \geqslant 1\}$ 的尾事件.

定理 1.5.2 (科尔莫戈罗夫 (Kolmogorov) 0-1 律) 独立随机变量序列的尾事件的概率为 0 或 1.

1.5.2 条件期望

若要对两个 (或两个以上) 随机变量求期望, 最常用的办法是固定一个变量求另一个变量的期望, 即要引入条件期望的概念. 为了引入条件期望, 我们先回忆一下条件概率的概念.

定义 1.5.3 (条件概率) 设 B 是一个事件, 且 $\mathbb{P}(B) > 0$. 则事件 B 发生的条件下事件 A 发生的条件概率为

$$\mathbb{P}(A|B) = \frac{\mathbb{P}(A \cap B)}{\mathbb{P}(B)}.$$

要定义条件期望, 需要条件分布. 对于离散型随机变量, 非常自然. 如果 X 与 Y 是离散型随机变量, 对一切使得 $\mathbb{P}\{Y = y\} > 0$ 的 y, 给定 $Y = y$ 时, X 的条件分布函数定义为

$$F(x|y) = \mathbb{P}\{X \leqslant x | Y = y\},$$

从而, X 的条件期望定义为

$$\mathbb{E}[X|Y=y] = \int x\mathrm{d}F(x|y) = \sum_x x\mathbb{P}\{X=x|Y=y\}.$$

然而对于连续型随机变量 X, Y, 由于 $\mathbb{P}\{Y=y\} = 0$, 从而不能像离散型那么直接. 假设 X 与 Y 的联合概率密度函数为 $f(x,y)$, 则对一切使得 $f_Y(y) > 0$ 的 y, 在给定 $Y=y$ 时, X 的条件概率密度定义为 $f(x|y) = \dfrac{f(x,y)}{f_Y(y)}$. 因此, X 的条件分布函数定义为

$$F(x|y) = \mathbb{P}\{X \leqslant x|Y=y\} = \int_{-\infty}^{x} f(u|y)\mathrm{d}u,$$

故 X 的条件期望定义为

$$\mathbb{E}[X|Y=y] = \int x\mathrm{d}F(x|y) = \int xf(x|y)\mathrm{d}x.$$

注意到 $\mathbb{E}(X|Y)$ 依然是随机变量, 且是随机变量 Y 的函数. 条件期望的一个重要性质是对一切随机变量 X 和 Y, 当期望存在时, 有

$$\mathbb{E}[X] = \mathbb{E}[\mathbb{E}(X|Y)] = \int \mathbb{E}[X|Y=y]\mathrm{d}F_Y(y).$$

下面给出条件期望的定义.

定义 1.5.4 (条件期望)   设 X 是随机变量且 $\mathbb{E}[|X|] < \infty$. 若对每个子 σ 代数 $\mathscr{G} \subset \mathscr{F}$, 存在唯一的 (几乎必然相等的意义下) 随机变量 X^*, 有 $\mathbb{E}[|X^*|] < \infty$, 使得 X^* 是 $\mathscr{G}$ 可测随机变量, 且

$$\mathbb{E}[X^*I_B] = \mathbb{E}[XI_B], \quad \forall B \in \mathscr{G},$$

则称随机变量 X^* 为 X 在给定 $\mathscr{G}$ 下的条件期望, 记为 $X^* = \mathbb{E}[X|\mathscr{G}]$, 即

$$\int_B \mathbb{E}[X|g]\mathrm{d}\mathbb{P} = \int_B X\mathrm{d}\mathbb{P}, \forall B \in \mathscr{G}.$$

定理 1.5.3   条件期望有如下基本性质:

(1) $\mathbb{E}[\mathbb{E}[X|\mathscr{G}]] = \mathbb{E}[X]$;

(2) 若 X 是 $\mathscr{G}$ 可测, 则 $\mathbb{E}[X|\mathscr{G}] = X$, a.s.;

(3) 设 $\mathscr{G} = \{\varnothing, \Omega\}$, 则 $\mathbb{E}[X|\mathscr{G}] = \mathbb{E}[X]$, a.s.;

(4) $\mathbb{E}[X|\mathscr{G}] = \mathbb{E}[X^+|\mathscr{G}] - \mathbb{E}[X^-|\mathscr{G}]$, a.s.;

(5) 若 $X \leqslant Y$, a.s., 则 $\mathbb{E}(X|\mathscr{G}) \leqslant \mathbb{E}(Y|\mathscr{G})$, a.s.;

(6) 若 a, b 为实数, $X, Y, aX+bY$ 的期望存在, 且 $\mathbb{E}[X|\mathscr{G}] < \infty$, $\mathbb{E}[Y|\mathscr{G}] < \infty$, 则

$$\mathbb{E}[aX+bY|\mathscr{G}] = a\mathbb{E}[X|\mathscr{G}] + b\mathbb{E}[Y|\mathscr{G}], \text{a.s.};$$

(7) $|\mathbb{E}[X|\mathscr{G}]| \leqslant \mathbb{E}[|X||\mathscr{G}]$, a.s.;

(8) 设 $0 \leqslant X_n \uparrow X$, a.s., 则 $\mathbb{E}[X_n|\mathscr{G}] \uparrow \mathbb{E}[X|\mathscr{G}]$, a.s.;

(9) 设 X 及 XY 的期望存在, 且 Y 为 $\mathscr{G}$ 可测, 则

$$\mathbb{E}[XY|\mathscr{G}] = Y\mathbb{E}[X|\mathscr{G}], \text{ a.s.};$$

(10) 若 X 与 $\mathscr{G}$ 相互独立 (即 $\sigma(X)$ 与 $\mathscr{G}$ 相互独立), 则有

$$\mathbb{E}[X|\mathscr{G}] = \mathbb{E}[X], \text{a.s.};$$

(11) 若 $\mathscr{G}_1, \mathscr{G}_2$ 是两个子 σ 代数, 使得 $\mathscr{G}_1 \subset \mathscr{G}_2 \subset \mathscr{F}$, 则

$$\mathbb{E}[\mathbb{E}[X|\mathscr{G}_2]|\mathscr{G}_1] = \mathbb{E}[X|\mathscr{G}_1], \text{a.s.};$$

(12) 若 X, Y 是两个独立的随机变量, 函数 $g(x,y)$ 满足 $\mathbb{E}[|g(X,Y)|] < +\infty$, 则有

$$\mathbb{E}[g(X,Y)|Y] = \mathbb{E}[g(X,y)]|_{y=Y}, \text{a.s.},$$

这里 $\mathbb{E}[g(X,y)]|_{y=Y}$ 的意义是, 先将 y 视为常数, 求得数学期望 $\mathbb{E}[g(X,y)]$ 后再将随机变量 Y 代入到 y 的位置. 因此, $\mathbb{E}[g(X,y)]|_{y=Y}$ 依然是随机变量.

此定理的证明参考文献 *Stochastic Differential Equations: An Introduction with Applications* (Øksendal, 2003).

引入条件期望的目的是把两种不同类型的变量分开: 一是利用可测性; 二是利用独立性. 最典型的例子是如何证明 $B_t^2 - t$ 相对于 σ 代数 $\mathscr{F}_t = \sigma(B_t)$ 是鞅, 请参看后面的布朗 (Brown) 运动部分.

现实中, 取条件期望的含义可解释为: 当你毕业了想买房子, 没钱怎么办? 最好的答案就是贷款. 银行先借给你钱让你去买房, 然后让你分期还款. 等你还完了款, 房子就变成了你的. 对应的数学表达可写为

$$\mathbb{E}[\mathbb{E}[X|\mathscr{F}]] = \mathbb{E}[X].$$

从哲学的角度来讲, 上面的等式可描述为: 没有条件创造条件. 或者, 欲取之必先给之.

例 1.5.1 设随机变量 N 服从参数为 λ 的 Poisson 分布, $X_1, X_2, \cdots, X_n, \cdots$ 是相互独立具有相同特征函数 $\phi(t)$ 的随机变量, 且与 N 独立, 令 $Z = \sum_{i=1}^{N} X_i$, 试求 Z 的特征函数.

解 由定义可知 Z 的特征函数为

$$\phi_Z(t) = \mathbb{E}[e^{itZ}] = \mathbb{E}\left[\exp\left(it\sum_{k=1}^{N} X_k\right)\right] = \mathbb{E}\left[\mathbb{E}\left[\exp\left(it\sum_{k=1}^{N} X_k\right)|N\right]\right]$$

$$= \sum_{m=0}^{\infty} \mathbb{E}\left[\exp\left(it\sum_{k=1}^{N} X_k\right)|N=k\right]\mathbb{P}(N=k)$$

$$= \sum_{m=0}^{\infty} \mathbb{E}\left[\exp\left(it\sum_{k=1}^{k} X_k\right)\right]\mathbb{P}(N=k)$$

$$= \sum_{m=0}^{\infty} (\phi(t))^k \frac{\lambda^k}{k!} e^{-\lambda}$$

$$= e^{\lambda\phi(t)}e^{-\lambda} = e^{\lambda(\phi(t)-1)}. \qquad \square$$

例 1.5.2 考虑电子管中电子发射问题. 设单位时间内到达阳极的电子数目 N 服从参数为 λ 的 Poisson 分布, 每个电子携带的能量构成一个随机变量序列 $X_1, X_2, \cdots, X_n, \cdots$. 已知 $\{X_n, n \geqslant 1\}$ 与 N 相互独立, $\{X_n, n \geqslant 1\}$ 之间互不相关且具有相同的期望和方差, 即

$$\mathbb{E}[X_k] = \mu, \quad \text{Var}(X_k) = \sigma^2, \ k = 1, 2, \cdots.$$

单位时间内阳极接收到的能量为

$$S = \sum_{k=1}^{N} X_k.$$

求 S 的均值 $\mathbb{E}[S]$ 和方差 $\mathrm{Var}(S)$.

　　解　利用例 1.5.1 的结果, 很容易可得

$$\mathbb{E}[S] = \mu\lambda; \quad \mathrm{Var}(S) = \lambda[(1-\lambda)\mu^2 + \sigma^2].$$

细节留给有兴趣的读者.　　　　　　　　　　　　　　　　　　　　　　　　　　　　□

历史介绍

概率学的 "出身"

　　现在, 我们讲讲概率学这门科学的发源过程.

　　先介绍一个赌徒给大家认识, 这个人就是贵族公子德·梅尔, 一个职业赌徒. 他最擅长的就是用骰子进行赌博. 早在 1651 年, 德·梅尔在一次旅行中偶然遇到了天才数学家帕斯卡. 一开始, 他向帕斯卡叙述自己的赌博经历, 以此打发时间, 后来他便向帕斯卡询问自己在一次赌博中遇到的难题, 希望可以获得数学解释.

　　问题是: 他和另一个赌徒玩一场游戏, 每人要押 32 枚金币, 两人在一场游戏中首先赢得 3 局者为胜. 但是在德·梅尔赢得 2 局, 赌友赢得 1 局时, 恰巧此时德·梅尔要去面见国王, 不得不中断赌博. 那么, 问题出现了, 现在应该怎么处理这 64 枚金币呢? 德·梅尔和他的赌友各执一词, 都期望获得更多的金币.

　　这个问题不仅让德·梅尔念念不忘, 甚至引发了帕斯卡的强烈兴趣, 他开始研究这个问题. 这个看似简单的问题居然让帕斯卡想了 3 年才终于有点眉目, 他随后与费马通信, 一同讨论一些赌博问题. 1654 年 7 月 29 日, 他们最初通信的日子被视为概率学的诞生日, 帕斯卡和费马被视为概率学的创始人, 数学家对概率学的研究就这样拉开了帷幕.

　　由于他们两人的影响力极大, 概率学的问题很快就为更多的科学家所知道. 概率学中有趣的命题、刺激的不确定性, 让许许多多的数学家深深喜爱着它.

　　荷兰科学家惠更斯从海牙远赴巴黎参加他们两人的讨论, 当时惠更斯才 25 岁. 3 年后, 即 1657 年, 惠更斯在帕斯卡和费马的研究基础上加上自己的成果, 发表了一篇论文——《论赌博中的计算》, 这是概率学第一篇正式的学科论文.

课后习题

　　1.1　对随机变量序列 $\{X_n, n \geqslant 1\}$, 若记 $Y_n = \dfrac{1}{n}\sum\limits_{k=1}^{n} X_k$, $\mu_n = \dfrac{1}{n}\sum\limits_{k=1}^{n} \mathbb{E}[X_k]$, 证明 $\{X_n, n \geqslant 1\}$ 服从大数定律的充要条件是

$$\lim_{n \to \infty} \mathbb{E}\left[\frac{(Y_n - \mu_n)^2}{1 + (Y_n - \mu_n)^2}\right] = 0.$$

　　1.2　证明单点分布与任意随机变量均独立.

1.3 证明切比雪夫 (Chebyshev) 不等式 (提示: $\mathbb{P}(A) = \mathbb{E}[1_A]$).

1.4 若 $\psi(t)$ 是特征函数, 证明 $\phi(t) = e^{\psi(t)-1}$ 也是特征函数.

1.5 试举例说明 p 次平均收敛和几乎必然收敛的关系.

1.6 设 $X_1, X_2, \cdots$ 是一列独立同分布的随机变量, N 为一个非负整值随机变量, 且与序列 $X_1, X_2, \cdots$ 独立. 求 $Y = \sum\limits_{i=1}^{N} X_i$ 的均值和方差.

1.7 一矿工被困在有三个门的矿井中, 第一个门通一隧道, 沿此隧道走 2h 可到达安全区; 第二个门通一隧道, 沿此隧道走 3h 可回到原矿井中; 第三个门通一隧道, 沿此隧道走 5h 可回到原矿井中. 假定此矿工总是等可能地在三个门中选择一个, 用 X 表示矿工到达安全区所用的时间, 求 X 的均值及矩母函数.

1.8 丽丽和美美同时进入美容院, 丽丽去修指甲, 美美去理发. 假设修指甲 (理发) 的时间服从指数分布, 平均服务时间为 20(30)min.

(1) 丽丽先完成修指甲的概率有多大?

(2) 丽丽和美美完成修指甲和理发, 预计需要多长时间?

第 2 章　随机过程的基本概念与分类

在概率论中, 我们引入了随机变量的概念, 随机变量仅是样本点的函数. 随着物理、工程的需要, 我们需要引入 "动态" 的随机变量, 即依赖于时间变量 t 的随机变量. 其次, 概率论中的随机变量主要涉及有限多个. 虽然在极限定理中涉及无穷多个随机变量, 但它们之间是相互独立的. 本章我们将研究的无穷多个 (可能不是相互独立的) 随机变量, 称为随机过程.

随机过程的历史可以追溯到 20 世纪初吉布斯 (Gibbs)、玻尔兹曼 (Boltzman) 和庞加莱 (Poincaré) 等在统计力学中的研究工作, 以及后来爱因斯坦 (Einstein)、维纳 (Wiener) 和莱维 (Lévy) 等对布朗运动 (Brownian motion) 的研究. 而整个学科的理论基础是由科尔莫戈罗夫 (Kolmogorov) 和杜布 (Doob) 奠定的, 并由此开始了随机过程理论与应用研究的蓬勃发展阶段.

2.1　基 本 概 念

首先, 我们给出随机过程的定义, 即是含有时间参数的随机变量.

定义 2.1.1　　随机过程 $\{X(t), t \in T\}$ 是定义在概率空间 $(\Omega, \mathscr{F}, \mathbb{P})$ 上的一族随机变量, 其中 T 称为时间指标集.

因为随机过程包含了时间变量, 从而可解释物理现象中的演变规律. 而 $X(t)$ 本身表示 t 时刻所处的状态, 我们把所有的状态空间 (state space) 记为 S. 因为状态空间可以是离散的, 也可以是连续的, 且时间也可以是离散或连续的, 从而最简单的分类便出现了:

$$\left.\begin{array}{l}\text{离散时间}\\\text{离散状态}\end{array}\right\} \Rightarrow \text{离散随机序列;} \qquad \left.\begin{array}{l}\text{离散时间}\\\text{连续状态}\end{array}\right\} \Rightarrow \text{离散随机过程;}$$

$$\left.\begin{array}{l}\text{连续时间}\\\text{离散状态}\end{array}\right\} \Rightarrow \text{连续随机序列;} \qquad \left.\begin{array}{l}\text{连续时间}\\\text{连续状态}\end{array}\right\} \Rightarrow \text{连续随机过程.}$$

一般情况下, 我们用 T 表示时间指标集, 它既可以是离散的点集, 也可以是某些区间或者是正实数集 $\mathbb{R}_+$. 同时, 注意到随机过程 $\{X(t, w), t \in T, w \in \Omega\}$ 是定义在 $T \times \Omega$ 上的二元函数, 从而可得

$$\text{随机变量} \xrightarrow{\text{加上时间 } t} \text{随机过程} \xrightarrow{\text{固定时间 } t} \text{随机变量.}$$

另外, 随机过程相比于随机变量要复杂得多, 其原因在于: 时间上用的是 Lebesgue 测度; 随机事件用的是概率测度. 而这两个测度有着很大的区别, 比如: Lebesgue 测度是绝对连续的, 而概率测度则不然, 但概率测度是有限测度. 在引入随机积分时, 我们将重点讨论概率测度的不同, 请看第 7 章的内容.

下面是常见随机过程的例子.

例 2.1.1 (随机游动) 一个粒子在一维直线上跳动, 以概率 p 向右移一步, 以概率 $1-p$ 向左移一步 (假定其步长相同). 以 $X(t)$ 记录它在时刻 t 的位置, 则 $\{X(t)\}$ 就是直线上的随机游动.

例 2.1.2 (白噪声) 白噪声来源于物理学, 其含义为接收到的信号中没有信息, 全部为噪声. 其定义为: 如果时间序列 $\{\varepsilon_t, t = 1, 2, \cdots, T\}$ 满足:

(1) $\mathbb{E}[\varepsilon_t] = 0$, $\mathrm{Var}(\varepsilon_t) = \sigma^2$;

(2) 对任意的 $s \neq t$, ε_t 和 ε_s 不相关, 即 $\mathbb{E}[\varepsilon_t \varepsilon_s] = 0$,

则称 $\{\varepsilon_t, t = 1, 2, \cdots, T\}$ 为白噪声序列, 简称白噪声 (white noise).

白噪声序列的特点表现在任何两个时间点的随机变量都不相关, 序列中没有任何可以利用的动态规律, 因此不能用历史数据对未来进行预测和推断.

例 2.1.3 (Brown 运动) 英国植物学家 Brown 观察到悬浮在液体中的微小花粉粒不断进行无规则的运动, 此运动被称为 Brown 运动. 若以 $X(t)$ 表示花粉粒在直线上的位置, 则它是一维的 Brown 运动; 若以 $(X(t), Y(t))$ 表示花粉粒在平面上的位置, 则它是二维的 Brown 运动.

2.2 有限维分布与分类

对于随机变量而言, 一定存在唯一的分布与之相对应 (因为随机变量和概率分布是一一对应的). 类似地, 对于随机过程而言, 也一定存在唯一动态的分布与之相对应. 类似于概率论的分布函数, 引入随机过程 $\{X(t), t \in T\}$ 的分布函数族

$$F(t, x) = \mathbb{P}\{X(t) \leqslant x\}.$$

显然, 相较于随机变量的分布函数, 在上式中, 多了时间变量. 同时注意到, 若我们把时间固定, 随机过程就变成了随机变量. 因此类似于多维随机变量的分布函数, 引入下面的 n 维分布函数: 对任意有限个 $t_1, t_2, \cdots, t_n \in T$, 称

$$F_{t_1, t_2, \cdots, t_n}(x_1, x_2, \cdots, x_n) = \mathbb{P}\{X(t_1) \leqslant x_1, X(t_2) \leqslant x_2, \cdots, X(t_n) \leqslant x_n\}$$

为随机过程 $\{X(t), t \in T\}$ 的 **n 维分布**. 更进一步, 称所有的有限维分布组成的集合

$$\{F_{t_1, t_2, \cdots, t_n}(x_1, x_2, \cdots, x_n), t_1, t_2, \cdots, t_n \in T, n \geqslant 1\}$$

为随机过程 $\{X(t), t \in T\}$ 的**有限维分布族**.

由于随机过程和有限维分布族一一对应, 因此有限维分布族的研究变得尤为重要. 容易看出 (利用集合的性质和概率论的性质), 随机过程的有限维分布族具有下述两个性质.

(1) 对称性: 对 $1, 2, \cdots, n$ 的任一排列 $j_1, j_2, \cdots, j_n$, 有

$$
\begin{aligned}
& F_{t_{j_1}, t_{j_2}, \cdots, t_{j_n}}(x_{j_1}, x_{j_2}, \cdots, x_{j_n}) \\
&= \mathbb{P}\{X(t_{j_1}) \leqslant x_{j_1}, X(t_{j_2}) \leqslant x_{j_2}, \cdots, X(t_{j_n}) \leqslant x_{j_n}\} \\
&= \mathbb{P}\{X(t_1) \leqslant x_1, X(t_2) \leqslant x_2, \cdots, X(t_n) \leqslant x_n\} \\
&= F_{t_1, t_2, \cdots, t_n}(x_1, x_2, \cdots, x_n).
\end{aligned}
$$

(2) 相容性: 对于 $m < n$, 有

$$F_{t_1, t_2, \cdots, t_m, t_{m+1}, \cdots, t_n}(x_1, x_2, \cdots, x_m, \infty, \cdots, \infty) = F_{t_1, t_2, \cdots, t_m}(x_1, x_2, \cdots, x_m).$$

上述对称性用到了集合论中的集合性质, 即集合具有无序、确定、唯一等性质; 相容性用到了概率论的性质, 即必然事件的概率为 1. 利用有限维分布族来对应随机过程的结论是下面的 Kolmogorov 定理, 它是研究随机过程理论的基本定理. 鉴于证明复杂, 我们忽略了证明.

定理 2.2.1 设分布函数族 $\{F_{t_1, t_2, \cdots, t_n}(x_1, x_2, \cdots, x_n), t_1, t_2, \cdots, t_n \in T, n \geqslant 1\}$ 满足上述对称性和相容性, 则必存在一个随机过程 $\{X(t), t \in T\}$, 使得

$$\{F_{t_1, t_2, \cdots, t_n}(x_1, x_2, \cdots, x_n), t_1, t_2, \cdots, t_n \in T, n \geqslant 1\}$$

恰好是 $\{X(t), t \in T\}$ 的有限维分布族.

Kolmogorov 定理蕴含了随机过程的有限维分布族可以很好地刻画随机过程, 利用此定理可以证明随机过程存在性. 但由于有限维分布族含有无数个分布, 不可能把每一个分布都搞清楚. 因此, 借用概率论的思想, 可以利用某些数字特征来刻画. 首先, 给出如下定义.

定义 2.2.1 设 $\{X(t), t \in T\}$ 是一随机过程.

(1) 若 $\mathbb{E}[|X(t)|] < \infty$, 则称 $\mu_X(t) = \mathbb{E}[X(t)]$ 为 $X(t)$ 的期望或均值函数.

(2) 若 $\forall t \in T, \mathbb{E}[X^2(t)] < \infty$, 则称随机过程 $\{X(t), t \in T\}$ 为二阶矩过程; 称函数

$$\gamma(t_1, t_2) = \mathbb{E}\{[X(t_1) - \mu_X(t_1)][X(t_2) - \mu_X(t_2)]\}$$

为随机过程 $\{X(t), t \in T\}$ 的协方差函数; 称 $\mathrm{Var}[X(t)] = \gamma(t, t)$ 为随机过程 $\{X(t), t \in T\}$ 的方差函数; 称 $R_X(s, t) = \mathbb{E}[X(s)X(t)](s, t \in T)$ 为随机过程 $\{X(t), t \in T\}$ 的自相关函数.

(3) 特征函数: 称 $\{\phi(t_1, \cdots, t_n; \theta_1, \cdots, \theta_n), n \geqslant 1, t_1, \cdots, t_n \in T\}$ 为随机过程 $\{X(t), t \in T\}$ 的有限维特征函数族, 其中

$$\phi(t_1, \cdots, t_n; \theta_1, \cdots, \theta_n) = \mathbb{E}[\exp(\mathrm{i}(\theta_1 X(t_1) + \cdots + \theta_n X(t_n)))]$$

$$= \int_{-\infty}^{\infty} \cdots \int_{-\infty}^{\infty} \exp(\mathrm{i}(\theta_1 x(t_1) + \cdots + \theta_n x(t_n)))$$

$$\times F(t_1, \cdots, t_n; \mathrm{d}x_1, \cdots, \mathrm{d}x_n).$$

易知, 施瓦兹 (Schwartz) 不等式暗含了若一个过程是二阶矩过程, 则它的协方差函数和自相关函数存在, 且有 $\gamma_X(s, t) = R_X(s, t) - \mu_X(s)\mu_X(t)$.

例 2.2.1 假设 $X(t) = A \cos t, t \in \mathbb{R}$, A 是一个随机变量且满足

$$\mathbb{P}(A = i) = \frac{1}{3}, \quad i = 1, 2, 3.$$

(a) 计算一维分布 $F\left(\dfrac{\pi}{4}, x\right)$;

(b) 计算二维分布 $F\left(0, \dfrac{\pi}{3}; x_1, x_2\right)$.

解 (a) 由定义可知

$$F\left(\frac{\pi}{4}, x\right) = \mathbb{P}\left\{X\left(\frac{\pi}{4}\right) \leqslant x\right\} = \mathbb{P}\{A \leqslant \sqrt{2}x\}$$

$$
=\begin{cases}
0, & x < \dfrac{\sqrt{2}}{2}, \\[2mm]
\dfrac{1}{3}, & \dfrac{\sqrt{2}}{2} \leqslant x < \sqrt{2}, \\[2mm]
\dfrac{2}{3}, & \sqrt{2} \leqslant x < \dfrac{3\sqrt{2}}{2}, \\[2mm]
1, & x \geqslant \dfrac{3\sqrt{2}}{2}.
\end{cases}
$$

(b) 同理

$$
F\left(0, \frac{\pi}{3}; x_1, x_2\right) = \mathbb{P}\left\{X(0) \leqslant x_1, X\left(\frac{\pi}{3}\right) \leqslant x_2\right\} = \mathbb{P}\{A \leqslant x_1, A \leqslant 2x_2\}
$$

$$
=\begin{cases}
0, & x_1 < 1 \text{ 或 } x_2 < \dfrac{1}{2}, \\[2mm]
\dfrac{1}{3}, & 1 \leqslant x_1 < 2, \dfrac{1}{2} \leqslant x_2 < 1, \\[2mm]
\dfrac{2}{3}, & 2 \leqslant x_1 < 3, 1 \leqslant x_2 < \dfrac{3}{2}, \\[2mm]
1, & x_1 \geqslant 3, x_2 \geqslant \dfrac{3}{2}.
\end{cases}
$$

接下来, 我们考虑几类特殊的随机过程. 首先, 随机过程是概率论的延伸, 加入了时间变量, 学习随机过程的第一反应是有没有一类随机过程, 其变化与时间无关? 为此我们引入下面的特殊过程.

2.2.1 平稳过程

现考虑一类特殊的随机过程, 其主要的统计特性不会随时间推移而改变, 这样的过程称为**平稳过程**. 例如, 一台稳定工作的纺纱机纺出的纱的直径大小, 受各种随机因素影响, 在某一标准值周围波动, 在任意若干时刻处, 直径之间的统计依赖关系仅与这些时刻之间的相对位置有关, 而与其绝对位置无关, 因而直径的变化过程可以看作一个平稳过程. 具有近似于这种性质的随机过程, 在实际中是大量存在的. 平稳过程的基本理论是在 20 世纪 30 ~ 40 年代建立和发展起来的, 截至目前已相当完善, 其后的研究主要是向某些特殊类型, 以及多维平稳过程、平稳广义过程和齐次随机场等方面发展. 我们先给出如下的定义.

定义 2.2.2 如果随机过程 $\{X(t), t \in T\}$ 对任意的 $t_1, t_2, \cdots, t_n \in T$ 和任意的 h (使得 $t_i + h \in T, i = 1, 2, \cdots, n$) 有随机向量 $(X(t_1 + h), X(t_2 + h), \cdots, X(t_n + h))$ 与随机向量 $(X(t_1), X(t_2), \cdots, X(t_n))$ 具有相同的联合分布, 即

$$
(X(t_1 + h), X(t_2 + h), \cdots, X(t_n + h)) \stackrel{d}{=} (X(t_1), X(t_2), \cdots, X(t_n)), \tag{2.1}
$$

则称 $\{X(t), t \in T\}$ 为**严平稳过程**.

对于严平稳过程而言, 式 (2.1) 暗含了有限维分布关于时间是平移不变的. 注意到式 (2.1) 的要求很强, 且不容易验证 (即要验证对所有的 $t_1, t_2, \cdots, t_n \in T$ 和任意的 h 均成立, 几乎是不可能的), 所以引入另一种所谓的宽平稳过程或弱平稳过程.

定义 2.2.3 如果随机过程 $X(t)$ 的所有二阶矩均存在, 即 $\mathbb{E}[X^2(t)] < \infty$ 对任意的

$t \in T$ 均成立, 且 $\mathbb{E}[X(t)] = \mu$, 协方差函数 $\gamma(t,s)$ 只与时间差 $t-s$ 有关, 则称 $\{X(t), t \in T\}$ 为**宽平稳过程**或**弱平稳过程**.

注意宽平稳过程和严平稳过程的关系: 在二阶矩存在的前提下, 严平稳可以推出宽平稳, 反之不成立. 事实上, 考虑特殊的有限维分布便可得到宽平稳的定义. 不妨假设 $T = \mathbb{R}$, 由严平稳的定义可知: $X(t_1 + h) \overset{d}{=} X(t_1)$ 对于任意的 $h \in \mathbb{R}$ 均成立. 取 $h = -t_1$, 得 $X(0) \overset{d}{=} X(t_1)$, 从而可得

$$\mathbb{E}[X(t)] = \mathbb{E}[X(0)] := \mu,$$

即均值与时间 t 无关. 其次, 考虑二维有限分布. 由严平稳定义可知, $(X(t_1 + h), X(t_2 + h)) \overset{d}{=} (X(t_1), X(t_2))$, 特别地取 $h = -t_1$, 则可得 $(X(0), X(t_2 - t_1)) \overset{d}{=} (X(t_1), X(t_2))$, 从而由期望的定义可得

$$\begin{aligned}
\gamma(t,s) &= \mathbb{E}[(X(t) - \mu)(X(s) - \mu)] \\
&= \mathbb{E}[X(t)X(s)] - \mu^2 \\
&= \mathbb{E}[X(t+h)X(s+h)] - \mu^2 \\
&= \mathbb{E}[X(t-s)X(0)] - \mu^2 \quad (\text{取 } h = -s).
\end{aligned}$$

上面的期望仅依赖于 $t - s$, 故得出宽平稳的定义.

考虑宽平稳过程, 我们有 $\gamma(t,s) = \gamma(0, t-s), s,t \in \mathbb{R}$, 因此记 $\gamma(t,s) = \gamma(t-s)$. 由于 $\gamma(t,s) = \gamma(s,t)$, 从而对所有 $t \in T$, 我们有 $\gamma(-t) = \gamma(t)$, 即 $\gamma(t)$ 是偶函数. 注意到 $\gamma(0) = \gamma(t,t)$ 以及 $\gamma(t,t) = \mathrm{Var}(X(t))$, 故有 $\gamma(0) = \mathrm{Var}(X(t))$, 并且 $\max_{t \in T} \gamma(t) = \gamma(0)$. 此外, $\gamma(t)$ 具有非负定性, 即对任意时刻 $t_k \in T$ 和实数 $a_k (k = 1, 2, \cdots, N)$, 有

$$\sum_{i=1}^{N} \sum_{j=1}^{N} a_i a_j \gamma(t_i - t_j) \geqslant 0.$$

在定义 2.2.3 中, 若 T 是离散的时间点, 则称平稳过程为平稳序列. 下面我们给两个著名的例子.

例 2.2.2 假设 $X_n = \xi \cos(nw) + \eta \sin(nw), n \in \mathbb{Z}$, 其中 $w \in [0, \pi]$ 为角频率, $\mathbb{E}[\xi] = \mathbb{E}[\eta] = 0$, $\mathbb{E}[\xi^2] = \mathbb{E}[\eta^2] = \sigma^2$, 且 $\mathbb{E}[\xi\eta] = 0$, 称 X_n 为**随机简谐运动**. 显然 $\mathbb{E}[X_n] = 0$ 且

$$\begin{aligned}
\gamma(n, n+r) &= \mathbb{E}[X_n X_{n+r}] \\
&= \mathbb{E}[(\xi \cos(nw) + \eta \sin(nw))(\xi \cos[(n+r)w] + \eta \sin[(n+r)w])] \\
&= \sigma^2 (\cos[(n+r)w] \cos(nw) + \sin[(n+r)w] \sin(nw)) \\
&= \sigma^2 \cos(rw) =: \gamma(r),
\end{aligned}$$

所以 X_n 是宽平稳过程. $\square$

例 2.2.3 (平稳白噪声序列) 设 $\xi = \{\xi_n, n \in \mathbb{Z}\}$ 为实的随机变量序列, 满足 $\mathbb{E}[\xi_n] = 0$, $\mathbb{E}[\xi_n^2] = \sigma^2 < \infty$ 且

$$\mathbb{E}[\xi_m \xi_n] = \begin{cases} 0, & m \neq n, \\ \sigma^2, & m = n, \end{cases}$$

则 $\xi = \{\xi_n, n \in \mathbb{Z}\}$ 为宽平稳序列. 这是因为协方差函数 $\mathrm{Cov}(\xi_m, \xi_n) = \mathbb{E}[\xi_m \xi_n]$ 只与 $m-n$ 有关. 人们称 $\xi = \{\xi_n, n \in \mathbb{Z}\}$ 为**白噪声**. □

上面的定义表明随机过程对时间有免疫, 即时间对随机过程的影响相对于一般的随机过程有点小. 大数定律告诉我们, 对独立同分布的随机序列 $\{X_n\}_{n \geqslant 0}$, $\mathbb{E}[X_n^2] < \infty$, $\mathbb{E}[X_n] = \mu (n = 0, 1, \cdots)$, 则有 $\dfrac{1}{n}(X_0 + X_1 + \cdots + X_{n-1})$ 以概率 1 收敛于常数 μ. 若把 $\{X_n\}_{n \geqslant 0}$ 中的 n 看作时间, 试问这个结论能否推广到随机过程上去? 换种提问: 在何种条件下, 随机过程对时间的平均值可以等于过程的均值? 对于一般的随机过程这是不可能的, 但是对于宽平稳过程, 只要加上一些条件, 就可以从一次观察中得到 μ 的较好估计, 这就是遍历性定理. 这一问题称为宽平稳过程的遍历性问题.

首先给出宽平稳过程均值遍历性的定义.

定义 2.2.4 设 $X = \{X(t), -\infty < t < \infty\}$ 为一宽平稳过程 (或宽平稳序列), 均值为 μ, 如果

$$\lim_{T \to \infty} \mathbb{E}\left[\left|\frac{1}{2T}\int_{-T}^{T} X(t)\mathrm{d}t - \mu\right|^2\right] = 0$$

$$\lim_{T \to \infty} \mathbb{E}\left[\left|\frac{1}{2N+1}\sum_{k=-N}^{N} X(k) - \mu\right|^2\right] = 0,$$

则称 X 的均值具有遍历性.

类似地, 可以定义 X 协方差的遍历性, 参看文献《应用随机过程》(张波, 2001). 若随机过程 (或随机序列) 的均值和协方差函数都具有遍历性, 则称此随机过程具有遍历性. 我们这里仅仅给出均值遍历性的判断.

定理 2.2.2 (均值遍历性定理) (1) 设 $X = \{X_n, n = 0, \pm 1, \pm 2, \cdots\}$ 是宽平稳序列, 其协方差函数为 $\gamma(\tau)$, 则 X 的均值具有遍历性的充分必要条件是

$$\lim_{N \to \infty} \frac{1}{N}\sum_{\tau=0}^{N-1} \gamma(\tau) = 0.$$

(2) 设 $X = \{X_t, -\infty < t < \infty\}$ 是宽平稳过程, 其协方差函数为 $\gamma(\tau)$, 则 X 的均值具有遍历性的充分必要条件是

$$\lim_{T \to \infty} \frac{1}{T}\int_{0}^{2T} \left(1 - \frac{\tau}{2T}\right)\gamma(\tau)\mathrm{d}\tau = 0.$$

证明 我们仅给出 (2) 的证明, 因为 (1) 的证明类似. 令

$$\bar{X}_T = \frac{1}{2T}\int_{-T}^{T} X(t)\mathrm{d}t,$$

则简单计算得

$$\mathbb{E}(\bar{X}) = \mathbb{E}(\lim_{T \to \infty} \bar{X}_T) = \lim_{T \to \infty} \mathbb{E}(\bar{X}_T) = \lim_{T \to \infty} \frac{1}{2T}\int_{-T}^{T} \mathbb{E}[X(t)]\mathrm{d}t = \mu.$$

同理有

$$
\begin{aligned}
\mathrm{Var}(\bar{X}) &= \mathbb{E}\{[\bar{X} - \mathbb{E}(\bar{X})]^2\} \\
&= \mathbb{E}\left\{ \lim_{T\to\infty} \left[\frac{1}{2T} \int_{-T}^{T} (X(t)-\mu)\mathrm{d}t \right]^2 \right\} \\
&= \lim_{T\to\infty} \frac{1}{4T^2} \mathbb{E}\left\{ \left[\int_{-T}^{T} [X(t)-\mu]\mathrm{d}t \right]^2 \right\} \\
&= \lim_{T\to\infty} \frac{1}{4T^2} \int_{-T}^{T}\int_{-T}^{T} \mathbb{E}\{[X(t)-\mu][X(s)-\mu]\}\mathrm{d}t\mathrm{d}s \\
&= \lim_{T\to\infty} \frac{1}{4T^2} \int_{-T}^{T}\int_{-T}^{T} \gamma(t-s)\mathrm{d}t\mathrm{d}s.
\end{aligned}
\tag{2.2}
$$

为了交换积分次序, 做变换

$$
\begin{cases}
\tau = t - s, \\
v = t + s.
\end{cases}
$$

易知, 其雅可比 (Jacobi) 行列式值为

$$
J = \begin{vmatrix} 1 & -1 \\ 1 & 1 \end{vmatrix}^{-1} = \frac{1}{2}.
$$

注意积分区域由正方形变成了顶点分别在 τ 轴和 v 轴上的菱形区域 $D: -2T \leqslant \tau \pm v \leqslant 2T$. 由于 $\gamma(\tau)$ 是偶函数, 故式 (2.2) 可写为

$$
\begin{aligned}
\lim_{T\to\infty} \frac{1}{4T^2} \cdot \frac{1}{2} \iint_D \gamma(\tau)\mathrm{d}\tau\mathrm{d}v &= \lim_{T\to\infty} \frac{1}{8T^2} \int_{-2T}^{2T} \gamma(\tau)\mathrm{d}\tau \int_{-(2T-|\tau|)}^{2T-|\tau|} \mathrm{d}v \\
&= \lim_{T\to\infty} \frac{1}{4T^2} \int_{-2T}^{2T} \gamma(\tau)(2T-|\tau|)\mathrm{d}\tau \\
&= \lim_{T\to\infty} \frac{1}{2T^2} \int_{0}^{2T} \gamma(\tau)(2T-\tau)\mathrm{d}\tau \\
&= \lim_{T\to\infty} \frac{1}{T} \int_{0}^{2T} \gamma(\tau)\left(1 - \frac{\tau}{2T}\right)\mathrm{d}\tau.
\end{aligned}
\tag{2.3}
$$

由均值的遍历性定义可知, X 的均值具有遍历性等价于上式极限趋于零. 定理结论得证. □

　　均值遍历性定理的含义: 和大数定律相比较, 均值遍历性是对一个随机过程不同时刻取平均得到的, 而大数定律则是 n 个独立同分布的随机变量的平均. 一个不恰当的比喻: 大数定律是不考虑时间因素, 让 n 个人同时独立地做一件事, 而均值遍历性告诉我们对于特殊的随机过程也可以让一个人在不同的时刻去完成.

　　由此定理可以推出一些判断平稳过程的均值有遍历性的充分条件.

推论 2.2.1　若 $\displaystyle\int_{-\infty}^{\infty} |\gamma(\tau)|\mathrm{d}\tau < \infty$, 则均值遍历性定理成立.

证明 由于当 $0 \leqslant \tau \leqslant 2T$ 时, $|(1 - \tau/2T)\gamma(\tau)| \leqslant |\gamma(\tau)|$, 因此

$$\frac{1}{T}\left|\int_0^{2T}\left(1 - \frac{\tau}{2T}\right)\gamma(\tau)\mathrm{d}\tau\right| \leqslant \frac{1}{T}\int_0^{2T}|\gamma(\tau)|\mathrm{d}\tau$$

$$\leqslant \frac{1}{T}\int_0^{\infty}|\gamma(\tau)|\mathrm{d}\tau \to 0, \text{当 } T \to \infty. \qquad \square$$

推论 2.2.2 对于平稳序列而言, 若 $\gamma(\tau) \to 0(\tau \to \infty)$, 则均值遍历性定理成立.

证明 因为当 $\tau \to \infty$ 时, $\gamma(\tau) \to 0$, 故由施笃兹 (Stolz) 定理知

$$\lim_{N\to\infty}\frac{1}{N}\sum_{\tau=0}^{N-1}\gamma(\tau) = \lim_{N\to\infty}\gamma(N-1) = 0,$$

从而序列的均值有遍历性. $\qquad \square$

2.2.2 独立增量过程

在概率论中, 独立性特别重要, 对于随机过程而言, 会如何呢? 虽然 $X(t)$ 之间往往不是独立的, 但增量很有可能是相互独立的. 由此, 我们给出了下面独立增量过程的定义.

定义 2.2.5 如果对任意 $t_1, t_2, \cdots, t_n \in T$, $t_1 < t_2 < \cdots < t_n$, 随机变量 $X(t_2) - X(t_1), X(t_3) - X(t_2), \cdots, X(t_n) - X(t_{n-1})$ 是相互独立的, 则称 $\{X(t), t \in T\}$ 是独立增量过程.

如果对任意 $t_1, t_2 \in T$, 任意的 h 使得 $t_1 + h, t_2 + h \in T$, 有 $X(t_1 + h) - X(t_1) \stackrel{d}{=} X(t_2 + h) - X(t_2)$, 则称 $\{X(t), t \in T\}$ 是平稳增量过程.

如果既是独立增量过程, 又是平稳增量过程, 则称为平稳独立增量过程.

随机过程 $X(t)$ 的特征函数为 $\psi_{X(t)}(a) = \mathbb{E}[\mathrm{e}^{\mathrm{i}aX(t)}]$, 则有如下定理.

定理 2.2.3 设 $\{X(t), t \geqslant 0\}$ 是一个独立增量过程, 则 $X(t)$ 具有平稳增量的充分必要条件为: 其特征函数具有可乘性, 即

$$\psi_{X(t+s)}(a) = \psi_{X(t)}(a)\psi_{X(s)}(a). \tag{2.4}$$

证明 必要性显然, 下证充分性.

独立增量性暗含了

$$\psi_{X(t)}(a)\psi_{X(s)}(a) = \psi_{X(t+s)}(a)$$
$$= \mathbb{E}[\mathrm{e}^{\mathrm{i}aX(t+s)}]$$
$$= \mathbb{E}\left[\mathrm{e}^{\mathrm{i}a[X(t+s)-X(s)]}\right]\mathbb{E}[\mathrm{e}^{\mathrm{i}aX(s)}]$$
$$= \mathbb{E}\left[\mathrm{e}^{\mathrm{i}a[X(t+s)-X(s)]}\right]\psi_{X(s)}(a),$$

从而可得

$$\mathbb{E}[\mathrm{e}^{\mathrm{i}a[X(t+s)-X(s)]}] = \psi_{X(t)}(a) = \mathbb{E}[\mathrm{e}^{\mathrm{i}aX(t)}],$$

即该过程具有平稳的增量. $\qquad \square$

不难证明, 平稳独立增量过程的均值函数一定是时间 t 的线性函数. 事实上, 设

$$f(t) = \mathbb{E}[X(t) - X(0)].$$

由平稳增量可得 $X(s) - X(0) \stackrel{d}{=} X(t+s) - X(t)$, 从而有

$$f(s) = \mathbb{E}[X(s) - X(0)] = \mathbb{E}[X(t+s) - X(t)].$$

所以

$$f(t+s) = \mathbb{E}[X(t+s) - X(0)] = \mathbb{E}[X(t+s) - X(t)] + \mathbb{E}[X(t) - X(0)]$$
$$= f(s) + f(t).$$

故结论成立.

　　本小节仅仅给出了一个框架, 具体的过程将在后面逐一给出, 在后面的学习中会逐渐验证哪些过程是宽平稳过程, 哪些过程是独立增量过程.

历史介绍

随机过程的发展

　　一些特殊的随机过程早已引起人们的注意, 例如 1907 年前后, 马尔可夫 (Markov) 研究过一列有特定相依性的随机变量, 后人称之为马尔可夫链; 又如 1923 年维纳给出了布朗运动的数学定义 (后人也称数学上的布朗运动为维纳过程), 这种过程至今仍是重要的研究对象. 虽然如此, 随机过程一般理论的研究通常认为开始于 20 世纪 30 年代.

　　1931 年, 科尔莫戈罗夫发表了《概率论的解析方法》; 三年后, 辛钦发表了《平稳过程的相关理论》. 这两篇重要论文为马尔可夫过程与平稳过程奠定了理论基础. 稍后, 莱维出版了两本关于布朗运动与可加过程的书 (《随机变量的可加理论》和《随机过程与布朗运动》), 其中蕴含着丰富的概率思想.

　　1951 年, 伊藤清建立了关于布朗运动的随机微分方程的理论, 为研究马尔可夫过程开辟了新的道路. 1953 年, 杜布的名著《随机过程论》问世, 系统且严格地叙述了随机过程的基本理论.

　　20 世纪 60 年代, 法国学派基于马尔可夫过程和位势理论中的一些思想与结果, 在相当大的程度上发展了随机过程的一般理论, 包括截口定理与过程的投影理论等, 中国学者在平稳过程、马尔可夫过程、鞅论、极限定理、随机微分方程等方面也做出了较好的工作.

　　由于鞅论的进展, 人们讨论了关于半鞅的随机微分方程; 而流形上的随机微分方程的理论, 方兴未艾.

课 后 习 题

　　2.1　假设 $X(t) = A\sin t$, $t \in \mathbb{R}$, A 是一个随机变量满足

$$\mathbb{P}(A=i) = \frac{1}{3}, \quad i=1,2,3.$$

求二维分布 $F\left(0, \frac{\pi}{3}; x_1, x_2\right)$ 并计算 $\mathbb{P}\left\{X\left(\frac{\pi}{2}\right) > 1 \mid X\left(\frac{\pi}{4}\right) \leqslant \sqrt{2}\right\}$.

2.2 假设 $X(t) = A \sin t$, $t \in \mathbb{R}$, A 是一个随机变量满足

$$\mathbb{P}(A = i) = \frac{1}{4}, \quad i = 1, 2, 3, 4.$$

求二维分布 $F\left(0, \frac{\pi}{3}; x_1, x_2\right)$ 并计算 $\mathbb{P}\left\{X\left(\frac{\pi}{2}\right) > 1 \mid X\left(\frac{\pi}{4}\right) \leqslant \sqrt{2}\right\}$.

2.3 对给定的随机过程 $\{X(t), t \in T\}$ 及实数 x, 定义随机过程

$$Y(t) = \begin{cases} 1, & X(t) \leqslant x, \\ 0, & X(t) > x. \end{cases}$$

试将 $\{Y(t), t \in T\}$ 的均值函数和相关函数用 $\{X(t), t \in T\}$ 的一维和二维分布函数来表示.

2.4 假设 $\{X(t) = A\cos(\omega t) + B\sin(\omega t)\}$ (ω 是一个常数) 是一个随机过程, 其中 A, B 是独立同分布的随机正态变量, 满足均值为 0 和方差为 σ^2. 请问 $X(t)$ 是宽平稳过程吗? 为什么?

2.5 设随机过程 $\{Z(t) = X\sin t + Y\cos t, t \geqslant 0\}$, 其中 X 和 Y 是独立同分布的随机变量, 且分别以 $\frac{2}{3}$ 的概率取 -1, 以 $\frac{1}{3}$ 的概率取 2. 试计算讨论 $Z(t)$ 的宽平稳性.

2.6 (滑动平均序列) 设 $\{\varepsilon_n, n = 0, \pm 1, \cdots\}$ 为一列两两互不相关且有相同均值 μ 和相同方差的随机变量序列, $a_1, a_2, \cdots, a_k$ 为任意 k 个实数. 考虑如下定义的序列:

$$X_n = a_1 \varepsilon_n + a_2 \varepsilon_{n-1} + \cdots + a_k \varepsilon_{n-k+1}, n = 0, \pm 1, \pm 2, \cdots,$$

证明序列 $\{X_n\}$ 是平稳序列.

2.7 随机过程由下述三个样本函数组成, 且等概率发生

$$X(t, \omega_1) = 1, \quad X(t, \omega_2) = \sin t, \quad X(l, \omega_3) = \cos t.$$

(1) 计算均值 $\mu_X(t)$ 和自相关函数 $R_X(t_1, t_2)$;

(2) 该随机过程 $\{X(t)\}$ 是否平稳?

2.8 证明: 当且仅当 U 与 V 是不相关的随机变量, 并且均值都是 0, 方差相等时, 过程 $X(t) = U\cos(\omega t) + V\sin(\omega t)$ 是宽平稳过程.

2.9 证明: 设 $X(t) = a\cos(wt + \theta)$, $\theta \sim U(0, 2\pi)$, $w \neq 0$, 则 $X = \{X_t, -\infty < t < \infty\}$ 的均值有遍历性.

第 3 章 离散时间的 Markov 链

一个例子: 如何描述我们在上网查找资料时连续搜索的过程? 我们发现, 将要访问的页面, 只和当前页面相关联, 与之前浏览的页面没有关系. 如何用数学的语言来描述这一现象呢?

上面的过程是一类特殊的随机过程, 它具备所谓的 "无后效性" (Markov 性), 即要确定它将来的状态, 只需要知道它此刻的状态就够了, 并不需要对它以往状况的认识, 这类过程称为 Markov 过程. 我们将介绍 Markov 过程最简单的两种类型: 离散时间的 Markov 链 (简称马氏链) 及连续时间的 Markov 链. 本章考虑离散时间的 Markov 链.

3.1 基 本 概 念

3.1.1 定义及例子

先将 "一个例子" 数学化, 记 $\{X_n\}$ 为在时刻 n 所在的状态, 则 X_n 的取值是可数个且下一个的状态仅和当前状态有关, 它是一个 Markov 链. 我们再看另一个例子.

例 3.1.1 (赌徒破产问题) 考虑一个赌博游戏, 在任何回合中, 赌徒小 D 以概率 $p = 0.4$ 赢得 1 美元或以概率 $1 - p = 0.6$ 输掉 1 美元. 进一步假设小 D 采用这样的规则: 如果小 D 的财富达到 N 美元, 小 D 就停止玩游戏. 当然, 如果小 D 的财富达到 0 美元, 赌场就会让小 D 停止.

令 X_n 为小 D 玩 n 次游戏后所拥有的财富, 小 D 的财富 X_n 具有 "Markov 性质". 换句话说, 这意味着在目前的状态下, X_n 关于过去的任何其他信息与预测下一个状态 X_{n+1} 无关. 为了检查赌徒的破产链, 我们注意到如果小 D 在时刻 n 仍在玩, 即小 D 的财富 $X_n = i$, 其中 $0 < i < N$, 那么对于小 D 的任何可能的历史财富 $i_{n-1}, i_{n-2}, \cdots, i_1, i_0$,

$$\mathbb{P}(X_{n+1} = i + 1 | X_n = i, X_{n-1} = i_{n-1}, \cdots, X_0 = i_0)$$
$$= \mathbb{P}(X_{n+1} = i + 1 | X_n = i) = 0.4,$$

因为要使小 D 的财富增加一个单位, 他必须赢得下一次赌注. 在这里, 我们使用 $\mathbb{P}(B|A)$ 表示事件 A 发生时事件 B 的条件概率. 回想一下, 这是由以下定义的

$$\mathbb{P}(B|A) = \frac{\mathbb{P}(B \cap A)}{\mathbb{P}(A)}.$$

现在我们将给出严格的定义.

定义 3.1.1 随机过程 $\{X_n, n = 0, 1, 2, \cdots\}$ 称为 Markov 链, 若它只取有限或可列个状态 (若不另外说明, 以非负整数集 $\{0, 1, 2, \cdots\}$ 来表示) , 并且对任意的 $n \geqslant 0$ 及任意状态 $i, j, i_0, i_1, \cdots, i_{n-1}$, 有

$$\mathbb{P}\{X_{n+1} = j | X_n = i, X_{n-1} = i_{n-1}, \cdots, X_1 = i_1, X_0 = i_0\}$$
$$= \mathbb{P}\{X_{n+1} = j | X_n = i\}, \tag{3.1}$$

其中 $\{X_n = i\}$ 表示过程在时刻 n 处于状态 i, 称 $\{X_n, n = 0, 1, 2, \cdots\}$ 为该过程的状态空间, 记为 S. 式 (3.1) 刻画了 Markov 链的特性, 称其为 Markov 性. 对 Markov 链, 给定过去的状态 $X_0, X_1, \cdots, X_{n-1}$ 及现在的状态 X_n, 将来的状态 X_{n+1} 的条件分布与过去的状态独立, 只依赖于现在的状态. 换句话说, 在已知 "现在" 的条件下, "将来" 和 "过去" 是独立的.

推广: 我们可将此定义抽象化. 假设过程 X_n 相对于滤基 $(\mathscr{F}_n)_{n \in T}$ 是适应的, 若对每个 $n \in T$ 和任意事件 $A \in \mathscr{F}_n$, 几乎处处有

$$\mathbb{P}\{A|\mathscr{F}_n\} = \mathbb{P}\{A|X_n\}.$$

定义 3.1.2 称式 (3.1) 中的条件概率 $\mathbb{P}\{X_{n+1} = j | X_n = i\}$ 为 Markov 链 $\{X_n, n = 0, 1, 2, \cdots\}$ 的一步转移概率, 简称转移概率, 记为 p_{ij}, 它代表处于状态 i 的过程下一步转移到状态 j 的概率.

此时, 我们把 $p_{ij}^{(1)}$ 中的 (1) 省略了. 转移概率一般情况下与状态 i, j 和时刻 n 有关.

定义 3.1.3 当 Markov 链的转移概率 $p_{ij} = \mathbb{P}\{X_{n+1} = j | X_n = i\}$ 只与状态 i, j 有关, 而与 n 无关时, 称为时齐 Markov 链; 否则, 称为非时齐的.

在本书中, 为了简单起见, 只讨论时齐 Markov 链, 并且简称为 Markov 链.

当 Markov 链的状态空间是有限个值时, 称为有限链; 否则, 称为无限链. 但无论状态有限还是无限, 我们都可以将 $p_{ij} (i, j \in S)$ 排成一个矩阵的形式, 令

$$\boldsymbol{P} = (p_{ij}) = \begin{pmatrix} p_{00} & p_{01} & p_{02} & \cdots \\ p_{10} & p_{11} & p_{12} & \cdots \\ \vdots & \vdots & \vdots & \\ p_{i0} & p_{i1} & p_{i2} & \\ \vdots & \vdots & \vdots & \cdots \end{pmatrix}, \tag{3.2}$$

称 $\boldsymbol{P}$ 为转移概率矩阵, 简称为转移矩阵. 由于概率是非负的, 且过程必须转移到某种状态, 所以容易看出 $p_{ij} (i, j \in S)$ 有以下性质:

(1) $$p_{ij} \geqslant 0, \quad i, j \in S;$$

(2) $$\sum_{j \in S} p_{ij} = 1, \quad \forall i \in S. \tag{3.3}$$

对于性质 (2):

$$\sum_{j \in S} p_{ij} = \mathbb{P}\left\{\bigcup_{j \in S} X_{n+1} = j | X_n = i\right\} = 1, \quad \forall n \in \mathbb{N}.$$

由满足以上两条性质的矩阵, 我们引出了一类特殊矩阵.

定义 3.1.4 称矩阵为随机矩阵, 若矩阵元素具有式 (3.3) 中的两条性质.

易见随机矩阵每一行元素的和都为 1, 且转移矩阵是随机矩阵.

学习 Markov 链, 最重要的是能从现实的例子中找到具体的 Markov 链.

例 3.1.2 (两状态的 Markov 链) 考虑电话模型: $X_n = 0$ 表示在时刻 n 空闲; $X_n = 1$ 表示在时刻 n 繁忙. 假设在每个时间间隔内有一个电话打进来的概率为 p, 且在任意一个特定的时间间隔内至多有一个电话打进来. 当电话繁忙时, 打不进电话. 进一步假设前一

时间间隔内繁忙的电话在下一时间间隔空闲的概率为 q. 此模型构成了一个状态空间为 $S = \{1, 2\}$ 的 Markov 链, 其转移矩阵为

$$P = \begin{pmatrix} 1-p & p \\ q & 1-q \end{pmatrix}.$$

例 3.1.3 (流行病模型)   假设一种流行病把人类分为三类: 易感人群、感染人群、免疫人群. 现假设易感人群被感染的概率为 p, 不被感染的概率为 $1-p$; 感染人群获得免疫能力的概率为 r, 依然是感染者的概率为 $1-r$; 获得免疫的人群不会再次被感染. 易见这是一个 Markov 链模型, 转移矩阵为

$$P = \begin{pmatrix} 1-p & p & 0 \\ 0 & 1-r & r \\ 0 & 0 & 1 \end{pmatrix}.$$

例 3.1.4   (1) (**带吸收壁的随机游动**)   系统的状态是 $0 \sim n$, 反映赌博者在赌博期间拥有的金钱数额, 当他输光或拥有钱数为 n 时, 赌博停止, 否则他将持续赌博. 每次以概率 p 赢得 1, 以概率 $q = 1-p$ 输掉 1. 这个系统的转移矩阵为

$$P = \begin{pmatrix} 1 & 0 & 0 & 0 & \cdots & 0 & 0 & 0 \\ q & 0 & p & 0 & \cdots & 0 & 0 & 0 \\ \vdots & \vdots & \vdots & \vdots & & \vdots & \vdots & \vdots \\ 0 & 0 & 0 & 0 & \cdots & q & 0 & p \\ 0 & 0 & 0 & 0 & \cdots & 0 & 0 & 1 \end{pmatrix}_{(n+1) \times (n+1)}.$$

(2) (**带反射壁的随机游动**)   假设当赌博者输光时将获得赞助 1, 让他继续赌下去, 就如同一个在直线上做随机游动的球在到达左侧 0 点处立刻反弹回 1 一样, 这就是一个一侧带有反射壁的随机游动. 此时转移矩阵为

$$P = \begin{pmatrix} 0 & 1 & 0 & 0 & \cdots & 0 & 0 & 0 \\ q & 0 & p & 0 & \cdots & 0 & 0 & 0 \\ 0 & q & 0 & p & \cdots & 0 & 0 & 0 \\ \vdots & \vdots & \vdots & \vdots & & \vdots & \vdots & \vdots \\ 0 & 0 & 0 & 0 & \cdots & q & 0 & p \\ 0 & 0 & 0 & 0 & \cdots & 0 & 0 & 1 \end{pmatrix}_{(n+1) \times (n+1)}.$$

(3) (**自由随机游动**)   设一个球在全直线上做无限制的随机游动, 它的状态为 $0, \pm 1, \pm 2, \cdots$. 它仍是一个 Markov 链, 转移矩阵为

$$P = \begin{pmatrix} \vdots & \vdots & \vdots & \vdots & & \vdots & \vdots & \vdots & \vdots & \\ \cdots & q & 0 & p & 0 & \cdots & 0 & 0 & 0 & 0 & \cdots \\ \cdots & 0 & q & 0 & p & \cdots & 0 & 0 & 0 & 0 & \cdots \\ \vdots & \vdots & \vdots & \vdots & & \vdots & \vdots & \vdots & \vdots & \\ \cdots & 0 & 0 & 0 & 0 & \cdots & q & 0 & p & 0 & \cdots \\ \cdots & 0 & 0 & 0 & 0 & \cdots & 0 & q & 0 & p & \cdots \\ \vdots & \vdots & \vdots & \vdots & & \vdots & \vdots & \vdots & \vdots & \end{pmatrix}.$$

例 3.1.5 (遗传学模型) 染色体是生物遗传的要素, 基因是遗传性质的携带者. 基因决定着生物的特征, 且成对出现. 决定同一特征的不同基因称为等位基因, 有着显性和隐性之分, 记作 A 和 a. 一个总体中基因 A 和 a 出现的频率称为基因频率, 分别记为 p 和 $1-p$.

设总体中的个体数为 N, 每个个体的基因按基因 A 频率大小, 在下一代中转移成为基因 A. 因此, 繁殖出的第二代的基因类型是由试验次数为 N 的 Bernoulli 试验所确定的, 即如果在第 n 代母体中基因 A 出现了 i 次, 基因 a 出现了 $N-i$ 次, 则下一代出现基因 A 的概率为 $p_i = \dfrac{i}{N}$, 出现基因 a 的概率为 $1-p_i$. 试找出一 Markov 链.

解 记 X_n 为第 n 代中携带基因 A 的个体数, 则易知 $\{X_n\}$ 是一个状态空间为 $S = \{0, 1, \cdots, N\}$ 的时齐 Markov 链, 其转移概率矩阵为 $\boldsymbol{P} = (p_{ij})$, 其中

$$p_{ij} = \mathbb{P}\{X_{n+1} = j \,|\, X_n = i\} = \mathrm{C}_N^j p_i^j (1-p_i)^{N-j}$$

$$= \mathrm{C}_N^j \left(\frac{i}{N}\right)^j \left(1 - \frac{i}{N}\right)^{N-j}. \qquad \square$$

下面我们再给出几个所谓 "嵌入 Markov 链" 的例子, 在这些情况下模型的 Markov 性不明显.

例 3.1.6 ($M/G/1$ 排队系统) 设顾客服从参数为 λ 的 Poisson 过程 (此定义将由第 4 章给出) 并在一个只有一名服务员的服务站办理业务, 若服务员空闲则顾客能立刻得到服务, 否则要排队等待直至轮到他. 设每名顾客接受服务的时间是独立的随机变量, 服从共同的分布 G, 且与来到过程独立. 这个系统称为 $M/G/1$ 排队系统, M 代表顾客来到的间隔服从指数分布, G 代表服务时间的分布, 数字 1 表示只有 1 名服务员. 试寻找一 Markov 链.

分析: 若以 $X(t)$ 表示时刻 t 系统中的顾客人数, 则 $\{X(t), t \geqslant 0\}$ 是不具备 Markov 性的. 因为若已知时刻 t 系统中的人数, 要预测未来, 虽然可以不用关心从最近的一位顾客到来又过去了多长时间 (因为过程的无记忆性, 所以这段时间不影响下一位顾客的到来), 但要注意此刻在服务中的顾客已经接受了多长时间的服务 (因为不是指数的, 不具备 "无记忆性", 所以已经接受服务的时间将影响到他何时离去).

解 令 X_n 表示第 n 位顾客走后剩下的顾客数, $n \geqslant 1$. 再令 Y_n 记第 $n+1$ 位顾客接受服务期间到来的顾客数, 则

$$X_{n+1} = \begin{cases} X_n - 1 + Y_n, & X_n > 0, \\ Y_n, & X_n = 0. \end{cases} \tag{3.4}$$

可见 X_{n+1} 可由 X_n 和 Y_n 得到, 那么 Y_n 是否会依赖于 $Y_{n-1}, Y_{n-2}, \cdots$ 呢? 我们要证明 Y_n ($n \geqslant 1$) 都是相互独立的.

事实上, 因为 $\{Y_n : n \geqslant 1\}$ 代表的是在不相重叠的服务时间内到来的人数, 到来过程又是 Poisson 过程, 这就很容易证明 Y_n ($n \geqslant 1$) 的独立性, 并且是同分布的.

$$\mathbb{P}\{Y_n = j\} = \int_0^\infty \mathbb{P}\{Y_n = j | X = x\} \, \mathrm{d}G(x) = \int_0^\infty \mathrm{e}^{-\lambda x} \frac{(\lambda x)^j}{j!} \mathrm{d}G(x), \tag{3.5}$$

其中 $j = 0, 1, 2, \cdots$, X 表示服务时间. 由式 (3.4) 和式 (3.5) 得 $\{X_n, n = 1, 2, \cdots\}$ 是

Markov 链, 转移概率为

$$\begin{cases} p_{0j} = \displaystyle\int_0^\infty \mathrm{e}^{-\lambda x}\frac{(\lambda x)^j}{j!}\mathrm{d}G(x), & j \geqslant 0, \\[2mm] p_{ij} = \displaystyle\int_0^\infty \mathrm{e}^{-\lambda x}\frac{(\lambda x)^{j-i+1}}{(j-i+1)!}\mathrm{d}G(x), & j \geqslant i-1; i \geqslant 1, \\[2mm] p_{ij} = 0, & \text{其他}. \end{cases}$$ □

例 3.1.7 (策略问题) 假设某百货店使用 (m, M) 订货策略: 每天早上某商品的剩余量为 x, 则订购量为

$$\begin{cases} 0, & x \geqslant m, \\ M-x, & x < m. \end{cases}$$

假设订货和进货时间忽略, 每天的需求量 Y_n 独立同分布且 $\mathbb{P}\{Y_n = j\} = a_j\, (j = 0, 1, 2, \cdots)$. 试从上述问题中寻找一个 Markov 链.

解 令 X_n 为第 n 天结束时的存货量, 则

$$X_{n+1} = \begin{cases} X_n - Y_{n+1}, & X_n \geqslant m, \\ M - Y_{n+1}, & X_n < m. \end{cases}$$

因此 $\{X_n, n \geqslant 1\}$ 是 Markov 链, 转移概率为

$$p_{ij} = \begin{cases} a_{i-j}, & i \geqslant m, \\ a_{M-j}, & i < m. \end{cases}$$ □

3.1.2 C-K 方程

我们知道了一步转移概率, 一个自然的问题是: n 步转移概率与一步转移概率之间的关系是什么? 首先, 我们将给出 n 步转移概率的定义; 其次, 探讨两者之间的关系.

定义 3.1.5 称条件概率

$$p_{ij}^{(n)} = \mathbb{P}\{X_{m+n} = j \,|\, X_m = i\}, i, j \in S; m \geqslant 0; n \geqslant 1 \tag{3.6}$$

为 Markov 链的 n 步转移概率, 相应地称 $\boldsymbol{P}^{(n)} = \left(p_{ij}^{(n)}\right)$ 为 n 步转移概率矩阵.

当 $n = 1$ 时, $p_{ij}^{(1)} = p_{ij}$, $\boldsymbol{P}^{(1)} = \boldsymbol{P}$, 此外规定

$$p_{ij}^{(0)} = \begin{cases} 0, & i \neq j, \\ 1, & i = j. \end{cases} \tag{3.7}$$

显然, n 步转移概率 $p_{ij}^{(n)}$ 指的就是系统从状态 i 经过 n 步后转移到状态 j 的概率, 它对中间的 $n-1$ 步转移经过的状态无要求. 下面的定理给出了 $p_{ij}^{(n)}$ 和 p_{ij} 的关系.

定理 3.1.1 (查普曼-科尔莫戈罗夫 (Chapman-Kolmogorov) 方程, 简称 C-K 方程) 对一切 $n, m \geqslant 0, i, j \in S$, 有

(1) $\quad p_{ij}^{(m+n)} = \displaystyle\sum_{k \in S} p_{ik}^{(m)} p_{kj}^{(n)};$ \hfill (3.8)

(2) $\boldsymbol{P}^{(n)} = \boldsymbol{P} \cdot \boldsymbol{P}^{(n-1)} = \boldsymbol{P} \cdot \boldsymbol{P} \cdot \boldsymbol{P}^{(n-2)} = \cdots = \boldsymbol{P}^n$. (3.9)

证明 根据定义和 Markov 性, 可得

$$
\begin{aligned}
p_{ij}^{(m+n)} &= \mathbb{P}\{X_{m+n} = j \,|\, X_0 = i\} \\
&= \frac{\mathbb{P}\{X_{m+n} = j, X_0 = i\}}{\mathbb{P}\{X_0 = i\}} \\
&= \frac{\mathbb{P}\left\{X_{m+n} = j, \bigcup_{k \in S} X_m = k, X_0 = i\right\}}{\mathbb{P}\{X_0 = i\}} \\
&= \sum_{k \in S} \frac{\mathbb{P}\{X_{m+n} = j, X_m = k, X_0 = i\}}{\mathbb{P}\{X_0 = i\}} \\
&= \sum_{k \in S} \frac{\mathbb{P}\{X_{m+n} = j, X_m = k, X_0 = i\}}{\mathbb{P}\{X_0 = i\}} \cdot \frac{\mathbb{P}\{X_m = k, X_0 = i\}}{\mathbb{P}\{X_m = k, X_0 = i\}} \\
&= \sum_{k \in S} \mathbb{P}\{X_{m+n} = j, X_m = k, X_0 = i\} \, \mathbb{P}\{X_m = k, X_0 = i\} \\
&= \sum_{k \in S} p_{ik}^{(m)} p_{kj}^{(n)}.
\end{aligned}
$$

式 (3.9) 是式 (3.8) 的矩阵形式, 利用矩阵乘法易得. □

历史介绍

1931 年, 安德烈·科尔莫戈罗夫在对扩散问题的研究中将 Markov 链推广至连续指数集得到了连续时间的 Markov 链, 并推出了其联合分布函数的计算公式. 独立于科尔莫戈罗夫, 1926 年, 西德尼·查普曼在研究 Brown 运动时也得到了该计算公式, 即后来的 Chapman-Kolmogorov 等式.

例 3.1.8 设例 3.1.4(1) 中, $n = 3$, $p = q = \frac{1}{2}$. 赌博者从 2 元赌金开始赌博, 求他经过 4 次赌博之后输光的概率.

解 这个概率为 $p_{20}^{(4)} = \mathbb{P}\{X_4 = 0 \,|\, X_0 = 2\}$, 一步转移矩阵为

$$
\boldsymbol{P} = \begin{pmatrix}
1 & 0 & 0 & 0 \\
\frac{1}{2} & 0 & \frac{1}{2} & 0 \\
0 & \frac{1}{2} & 0 & \frac{1}{2} \\
0 & 0 & 0 & 1
\end{pmatrix}.
$$

利用矩阵乘法, 得

$$
\boldsymbol{P}^{(4)} = \boldsymbol{P}^4 = \begin{pmatrix}
1 & 0 & 0 & 0 \\
\frac{5}{8} & \frac{1}{16} & 0 & \frac{5}{16} \\
\frac{5}{16} & 0 & \frac{1}{16} & \frac{5}{8} \\
0 & 0 & 0 & 1
\end{pmatrix},
$$

故 $p_{20}^{(4)} = \dfrac{5}{16}$ ($\boldsymbol{P}^{(4)}$ 中的第 3 行第 1 列).　　　　　　　　　　　　　　　　　　　　□

注　这里也可以不用转移矩阵得到这个结果. 根据假设, 有如下两种情况:

$$2 \to 1 \to 0 \to 0 \to 0, \quad 2 \to 1 \to 2 \to 1 \to 0.$$

从而可得概率为 $\dfrac{1}{2} \times \dfrac{1}{2} \times 1 \times 1 + \left(\dfrac{1}{2}\right)^4 = \dfrac{5}{16}$. 但如果步数变成 400, 就必须用转移矩阵了.

例 3.1.9　假设 A, B 两人进行某种比赛, 每局 A 胜的概率是 p, B 胜的概率是 q, 和局的概率是 r, $p + q + r = 1$. 设每局比赛后, 胜者记 "+1" 分, 负者记 "−1" 分, 和局不记分, 且当两人中有一人获得 2 分时结束比赛. 以 X_n 表示比赛至第 n 局时 A 获得的分数, 则 $\{X_n, n = 0, 1, 2, \cdots\}$ 为时齐 Markov 链, 求在 A 获得 1 分的情况下, 不超过两局可结束比赛的概率.

解　由题可知: 需要计算 $p_{1,2}^{(2)} + p_{1,-2}^{(2)}$. 类似于例 3.1.8, 我们可以直接计算得

$$\left. \begin{array}{l} p_{1,2}^{(2)} = p + pr \\ p_{1,-2}^{(2)} = 0 \end{array} \right\} \Rightarrow p_{1,2}^{(2)} + p_{1,-2}^{(2)} = p + pr.$$

此外, 我们也可以利用 C-K 方程解得 $\{X_n, n = 0, 1, 2, \cdots\}$ 的一步转移概率矩阵为

$$\boldsymbol{P} = \begin{pmatrix} 1 & 0 & 0 & 0 & 0 \\ q & r & p & 0 & 0 \\ 0 & q & r & p & 0 \\ 0 & 0 & q & r & p \\ 0 & 0 & 0 & 0 & 1 \end{pmatrix},$$

两步转移概率矩阵为

$$\boldsymbol{P}^{(2)} = \boldsymbol{P} \cdot \boldsymbol{P} = \begin{pmatrix} 1 & 0 & 0 & 0 & 0 \\ q + rq & r^2 + pq & 2pr & p^2 & 0 \\ q^2 & 2rq & r^2 + 2pq & 2pr & p^2 \\ 0 & q^2 & 2qr & r^2 + pq & p + pr \\ 0 & 0 & 0 & 0 & 1 \end{pmatrix}.$$

故在 A 获得 1 分的情况下, 不超过两局可结束比赛的概率为

$$p_{1,2}^{(2)} + p_{1,-2}^{(2)} = p + pr.　　　　　　　　　　　　□$$

例 3.1.10 (竞选模型)　假设某公司有三位董事长候选人 A, B, C, 最初的支持率为 (0.35, 0.4, 0.25). 假设候选人 A 想在半年后的竞选中获得胜利, 于是候选人 A 改变了宣传方式和力度, 经调查发现支持候选人 A 及另外两位候选人 B, C 的人群每两个月的平均转换率如下:

$$A \to A\,(0.95) \quad B\,(0.02) \quad C\,(0.03)$$
$$B \to A\,(0.30) \quad B\,(0.60) \quad C\,(0.10)$$
$$C \to A\,(0.20) \quad B\,(0.10) \quad C\,(0.70)$$

试问候选人 A 能赢得竞选胜利吗?

解 令 $\boldsymbol{P}$ 为一步转移概率矩阵, 则显然有

$$\boldsymbol{P} = \begin{pmatrix} 0.95 & 0.02 & 0.03 \\ 0.30 & 0.60 & 0.10 \\ 0.20 & 0.10 & 0.70 \end{pmatrix}.$$

令

$$\boldsymbol{\mu} = (\mu_1, \mu_2, \mu_3) = (0.35, 0.40, 0.25).$$

计算半年后的转移概率矩阵 $\boldsymbol{P}^{(3)}$, 由 C-K 方程可知

$$\boldsymbol{P}^{(3)} = \boldsymbol{P}^3 = \begin{pmatrix} 0.8893 & 0.0438 & 0.0669 \\ 0.6014 & 0.2492 & 0.1494 \\ 0.4834 & 0.1382 & 0.3784 \end{pmatrix}.$$

我们关心候选人 A 半年后的支持率, 即从 A, B, C 经 3 次转移后转到 A 的概率为

$$v = (0.35, 0.40, 0.25) \begin{pmatrix} 0.8893 \\ 0.6014 \\ 0.4834 \end{pmatrix} = 0.6727,$$

从而可知候选人 A 能赢得竞选. □

3.2 状态的分类

这一节我们将对 Markov 链的状态进行分类, 并讨论这些分类的标准. 首先我们看个例子.

例 3.2.1 假设系统有三个可能的状态 $S = \{1, 2, 3\}$, 其中 1 表示系统运行良好, 2 表示系统运行正常, 3 表示系统故障 (良好、正常、故障是根据产品的优劣程度来分的). 令 X_n 表示系统在时刻 n 的状态, 并设 $\{X_n, n \geqslant 0\}$ 是一个 Markov 链. 在没有维修的情况下, 其转移概率矩阵为

$$\boldsymbol{P} = \begin{pmatrix} 0.7 & 0.2 & 0.1 \\ 0 & 0.8 & 0.2 \\ 0 & 0 & 1 \end{pmatrix}.$$

由转移概率矩阵可知, 从状态 1 或 2 出发经有限步转移总要到达状态 3, 一旦到达状态 3 则会永远停在状态 3. 显然状态 1、2 和 3 是不同的. 由此我们引入如下定义.

定义 3.2.1 若存在 $n \geqslant 0$ 使得 $p_{ij}^{(n)} > 0$, 则称状态 i 可达状态 j $(i, j \in S)$, 记为 $i \to j$. 若 $i \to j$ 且 $j \to i$, 则称 i 与 j 互通, 记为 $i \leftrightarrow j$.

显然, 互通是一种等价关系, 即满足自返性、对称性和传递性. 我们把任何两个互通的状态归为一类, 即同在一类的状态都是互通的, 并且任何一个状态不能同时属于两个不同的类.

定义 3.2.2 若 Markov 链只存在一个类, 则称它是不可约的; 否则, 称为可约的.

例 3.2.2　假设状态空间 $S = \{1, 2, 3, 4\}$, 其转移矩阵为

$$\boldsymbol{P} = \begin{pmatrix} 0.8 & 0.2 & 0 & 0 \\ 0.4 & 0.3 & 0.3 & 0 \\ 0 & 0 & 0.7 & 0.3 \\ 0.1 & 0 & 0.4 & 0.5 \end{pmatrix}.$$

试对其分类.

解　由转移矩阵可知

$$1 \to 2, 2 \to 1; 1 \to 3, 3 \nrightarrow 1; 2 \to 3, 3 \nrightarrow 2; 3 \to 4, 4 \to 3; 4 \to 1, 1 \nrightarrow 4,$$

从而可知状态可分为两类 $\{1, 2\}$, $\{3, 4\}$.　　　　　　　　　　　　　　　　　　□

下面我们给出状态的一些性质, 然后证明同在一类的状态具有相同的性质.

为了研究状态 i 的常返性, 我们给出如下首达时和首达概率的定义.

定义 3.2.3 (首达时)　首达时为

$$T_{ij} = \min\{n : n \geqslant 1, X_n = j, X_0 = i\}.$$

若右边集合为空, 则令 $T_{ij} = \infty$. T_{ij} 表示从状态 i 出发首次到达状态 j 的时间, T_{ii} 表示从状态 i 出发首次返回到状态 i 的时间.

定义 3.2.4 (首达概率)　对于任何状态 $i, j \in S$, 以 $f_{ij}^{(n)}$ 表示从 i 出发经 n 步后首次到达 j 的概率, 则有

$$\begin{aligned} f_{ij}^{(0)} &= \delta_{ij}, \\ f_{ij}^{(n)} &= \mathbb{P}\{X_n = j, X_k \neq j, k = 1, \cdots, n-1 | X_0 = i\}, \quad n \geqslant 1. \end{aligned} \tag{3.10}$$

首达概率也可以通过**首达时**来定义. 从而**首达概率**可表示为

$$f_{ij}^{(n)} = \mathbb{P}\{T_{ij} = n | X_0 = i\}.$$

令 $f_{ij} = \sum\limits_{n=1}^{\infty} f_{ij}^{(n)}$, 则 f_{ij} 表示从状态 i 出发经过**有限步**首次到达状态 j 的概率. 事实上, 令 $A_n = \{X_n = j, X_k \neq j, k = 1, 2, \cdots, n-1 | X_0 = i\}$, 则在 n 不同时 A_n 互不相容, 且 $\bigcup\limits_{n=1}^{\infty} A_n$ 表示总有一个 n 使得过程从 i 经 n 步后可到达 j, 所以

$$\mathbb{P}\left(\bigcup_{n=1}^{\infty} A_n\right) = \sum_{n=1}^{\infty} \mathbb{P}(A_n) = \sum_{n=1}^{\infty} f_{ij}^{(n)} = f_{ij},$$

即表示从 i 出发, 在有限步内首次到达 j 的概率. 因此, 我们有下面的定义.

定义 3.2.5　若 $f_{jj} = 1$, 称状态 j 为**常返状态**; 若 $f_{jj} < 1$, 称状态 j 为**非常返状态**或**瞬过状态**.

定义了常返性后, 我们关心的是经过多少步可以返回. 于是我们引入了平均步数 μ_i. 对于常返状态 i, 令

$$\mu_i = \sum_{n=1}^{\infty} n f_{ii}^{(n)}.$$

其含义为由状态 i 出发首次返回到状态 i 所需的平均步数 (时间). 实际上, 它是一个离散型随机变量的期望

$$
\left(
\begin{array}{ccccc}
1 & 2 & \cdots & n & \cdots \\
f_{ii}^{(1)} & f_{ii}^{(2)} & \cdots & f_{ii}^{(n)} & \cdots
\end{array}
\right).
$$

基于 μ_i 的含义, 我们可以进一步地给出状态的分类.

定义 3.2.6 对于常返状态 i, 称 i 为**正常返状态**, 若 $\mu_i < +\infty$; 称 i 为**零常返状态**, 若 $\mu_i = +\infty$.

对于状态 i, 也可能会出现周期现象, 因而引入下面的定义.

定义 3.2.7 若集合 $\left\{ n : n \geqslant 1, p_{ii}^{(n)} > 0 \right\}$ 非空, 则称它的最大公约数 $d = d(i)$ 为状态 i 的周期. 若 $d > 1$, 称 i 是**周期的**; 若 $d = 1$, 称 i 是**非周期的**. 并且特别规定当上述集合为空集时, 称 i 的周期为无穷大.

由定义 3.2.7 知道, 虽然 i 有周期 d, 但并不是对所有的 n, $p_{ii}^{(nd)}$ 都大于 0. 例如: 集合 $\left\{ n : n \geqslant 1, p_{ii}^{(n)} > 0 \right\} = \{3, 12, 15, 21, \cdots\}$, 其最大公约数 $d = 3$, 即 3 是 i 的周期, 显然, $n = 6, 9, 18$ 都不属于此集合, 即 $p_{ii}^{(6)} = 0, p_{ii}^{(9)} = 0, p_{ii}^{(18)} = 0$. 但是可以证明, 当 n 充分大之后一定有 $p_{ii}^{(nd)} > 0$ (详见参考文献《随机过程》(申鼎煊, 1990)).

特别地, 若 i 为正常返状态, 且是非周期的, 则称 i 为**遍历状态**. 若 i 是遍历状态, 且 $f_{ii}^{(1)} = 1$, 则称 i 为**吸收状态**, 此时显然 $\mu_i = 1$.

例 3.2.3 设 Markov 链的状态空间为 $S = \{1, 2, 3\}$, 其一步转移概率矩阵为

$$
\boldsymbol{P} = \left(
\begin{array}{ccc}
\frac{1}{2} & \frac{1}{4} & \frac{1}{4} \\
\frac{1}{4} & 0 & \frac{3}{4} \\
0 & \frac{2}{3} & \frac{1}{3}
\end{array}
\right).
$$

试将状态进行分类.

解 由于所有状态均相通 (图 3.1), 组成了一个等价类. 故该 Markov 链为不可约链. □

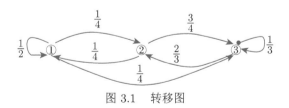

图 3.1 转移图

例 3.2.4 设 Markov 链的状态空间为 $S = \{1, 2, 3\}$, 其一步转移概率矩阵为

$$
\boldsymbol{P} = \left(
\begin{array}{ccc}
\frac{1}{2} & \frac{1}{2} & 0 \\
1 & 0 & 0 \\
0 & \frac{1}{3} & \frac{2}{3}
\end{array}
\right).
$$

试将状态进行分类.

解　由一步转移概率矩阵 $\boldsymbol{P}$ 知

$$f_{33}^{(1)} = \frac{2}{3},\ f_{33}^{(n)} = 0 (n \geqslant 2),$$

从而 $f_{33} = \sum\limits_{n=1}^{\infty} f_{33}^{(n)} = \frac{2}{3} < 1$, 故状态 3 是非常返状态. 因为

$$f_{11} = f_{11}^{(1)} + f_{11}^{(2)} = \frac{1}{2} + \frac{1}{2} = 1,$$

$$f_{22} = \sum_{n=1}^{\infty} f_{22}^{(n)} = 0 + \frac{1}{2} + \frac{1}{2^2} + \frac{1}{2^3} + \cdots = 1,$$

且

$$\mu_1 = \sum_{n=1}^{\infty} n f_{11}^{(n)} = 1 \times \frac{1}{2} + 2 \times \frac{1}{2} = \frac{2}{3} < \infty,$$

$$\mu_2 = \sum_{n=1}^{\infty} n f_{22}^{(n)} = 1 \times 0 + 2 \times \frac{1}{2} + 3 \times \frac{1}{2^2} + \cdots + n \times \frac{1}{2^{n-1}} + \cdots = 3 < \infty,$$

故状态 1 与 2 都是正常返状态, 又因其周期都是 1, 故它们都是遍历状态.　　□

下面我们首先给出常返性的另一种判定方法.

定理 3.2.1　(1) 状态 i 为常返的当且仅当 $\sum\limits_{n=0}^{\infty} p_{ii}^{(n)} = \infty$;

(2) 状态 i 为非常返状态时有 $\sum\limits_{n=0}^{\infty} p_{ii}^{(n)} = \dfrac{1}{1 - f_{ii}}$.

此定理的证明用到下面的引理, 它给出了转移概率 $p_{ij}^{(n)}$ 与首达概率 $f_{ij}^{(n)}$ 的关系.

引理 3.2.1　对任意状态 i, j 及 $1 \leqslant n < \infty$, 有

$$p_{ij}^{(n)} = \sum_{l=1}^{\infty} f_{ij}^{(l)} p_{jj}^{(n-l)}. \tag{3.11}$$

证明　利用归纳法证明. 当 $n = 1$ 时, 由定义可知 (3.11) 成立.

假设 $n - 1$ 时成立, 即下面等式成立

$$p_{ij}^{(n-1)} = \sum_{l=1}^{n-1} f_{ij}^{(l)} p_{jj}^{(n-1-l)}.$$

对 n 用 C-K 方程, 有

$$p_{ij}^{(n)} = \sum_{k \in S} p_{ik} p_{kj}^{(n-1)} = p_{ij}^{(1)} p_{jj}^{(n-1)} + \sum_{\substack{k \neq j \\ k \in S}} p_{ik} p_{kj}^{(n-1)}$$

$$= f_{ij}^{(1)} p_{jj}^{(n-1)} + \sum_{\substack{k \neq j \\ k \in S}} f_{ik}^{(1)} \left[\sum_{l=1}^{n-1} f_{kj}^{(l)} p_{jj}^{(n-1-l)} \right]$$

$$= f_{ij}^{(1)} p_{jj}^{(n-1)} + \sum_{l=1}^{n-1} \left[\sum_{\substack{k \neq j \\ k \in S}} f_{ik}^{(1)} f_{kj}^{(l)} \right] p_{jj}^{(n-1-l)}$$

$$= f_{ij}^{(1)} p_{jj}^{(n-1)} + \sum_{l=1}^{n-1} f_{ij}^{(l+1)} p_{jj}^{(n-1-l)}$$

$$= f_{ij}^{(1)} p_{jj}^{(n-1)} + \sum_{l=2}^{n} f_{ij}^{(l)} p_{jj}^{(n-l)}$$

$$= \sum_{l=1}^{n} f_{ij}^{(l)} p_{jj}^{(n-l)}.$$

证明中用到了等式 $f_{ij}^{(l+1)} = \sum_{k \neq l} f_{ik}^{(1)} f_{kj}^{(l)}$, 此等式的证明很容易得到, 只需要注意 $f_{ik}^{(1)} = p_{ik}^{(1)}$ 即可. □

利用引理 3.2.1, 现在可以证明定理 3.2.1.

定理 3.2.1 之证明: 由引理 3.2.1 可得

$$\sum_{n=0}^{\infty} p_{ii}^{(n)} = p_{ii}^{(0)} + \sum_{n=1}^{\infty} \left[\sum_{l=1}^{n} f_{ii}^{(l)} p_{ii}^{(n-l)} \right]$$

$$= 1 + \sum_{l=1}^{\infty} \sum_{n=l}^{\infty} f_{ii}^{(l)} p_{ii}^{(n-l)}$$

$$= 1 + \left[\sum_{l=1}^{\infty} f_{ii}^{(l)} \right] \left[\sum_{n=0}^{\infty} p_{ii}^{(n)} \right],$$

所以

$$\sum_{n=0}^{\infty} p_{ii}^{(n)} = \frac{1}{1 - f_{ii}}.$$

从而

$$\sum_{n=0}^{\infty} p_{ii}^{(n)} < \infty \Leftrightarrow f_{ii} < 1; \sum_{n=0}^{\infty} p_{ii}^{(n)} = \infty \Leftrightarrow f_{ii} = 1. \quad □$$

我们还可以由状态之间的关系来导出首达概率.

引理 3.2.2 (1) 若 $i \to j$ 且 i 为常返状态, 则 $f_{ji} = 1$;

(2) $i \to j \Leftrightarrow f_{ij} > 0$;

(3) $i \leftrightarrow j \Leftrightarrow f_{ij} > 0$ 且 $f_{ji} > 0$.

证明 (1) 利用反证法证明. 假如 $f_{ji} < 1$, 则表示以正概率 $1 - f_{ji} > 0$ 使得从 j 出发不能在有限步内回到 i. 这意味着系统中存在一个正概率, 使得它从 i 出发不能在有限步内回到 i, 从而 $f_{ii} < 1$, 与假设 i 是常返状态矛盾. 故只能有 $f_{ji} = 1$.

(2) 必要性: 当 $i \to j$ 时, 存在 $n > 0$ 使得 $p_{ij}^{(n)} > 0$. 取 $\tilde{n} = \min\{n : p_{ij}^{(n)} > 0\}$, 则

$$f_{ij}^{(\tilde{n})} = \mathbb{P}\{T_{ij} = \tilde{n} | X_0 = i\}$$

$$= \mathbb{P}\{X_{\tilde{n}} = j, X_k \neq j, k = 1, \cdots, \tilde{n} - 1 | X_0 = i\} = p_{ij}^{(\tilde{n})} > 0.$$

因此

$$f_{ij} = \sum_{n=1}^{\infty} f_{ij}^{(n)} > f_{ij}^{(\tilde{n})} > 0,$$

即 $i \to j$ 时, $f_{ij} > 0$. 反之, 当 $f_{ij} > 0$ 时, 存在 $\tilde{n}$ 使得 $f_{ij}^{(\tilde{n})} > 0$, 从而 $p_{ij}^{(\tilde{n})} > 0$, 得 $i \to j$.

(3) 同 (2) 可证 $j \to i$ 时, 有 $j \to i \Leftrightarrow f_{ji} > 0$, 故

$$i \leftrightarrow j \Leftrightarrow f_{ij} > 0 \ \text{且} \ f_{ji} > 0. \qquad \square$$

定理 3.2.1 有如下的推论.

推论 3.2.1 (1) 若 j 为非常返状态, 则对任意 $i \in S$ 有

$$\sum_{n=1}^{\infty} p_{ij}^{(n)} < \infty, \quad \lim_{n \to \infty} p_{ij}^{(n)} = 0.$$

(2) 若 j 为常返状态, 则当 $i \to j$ 时, 有 $\sum\limits_{n=1}^{\infty} p_{ij}^{(n)} = \infty$; 当 $i \nrightarrow j$ 时, 有 $\sum\limits_{n=1}^{\infty} p_{ij}^{(n)} = 0$.

此推论的证明结合定理 3.2.1 和 C-K 公式即可完成, 把细节留给有兴趣的读者 (或参考文献《应用随机过程》(林元烈, 2002)).

一个类里面的状态应该具有某些共性, 可以证明对于同属一类的状态 i, j, 它们同为常返状态或非常返状态, 并且当它们是常返状态时, 又同为正常返状态和零常返状态.

定理 3.2.2 若 $i \leftrightarrow j$, 则

(1) $d(i) = d(j)$;

(2) i 与 j 同为常返状态或非常返状态. 若为常返状态, 则它们同为正常返状态或同为零常返状态.

证明 (1) 由类的定义知 $i \leftrightarrow j$, 即存在 $m, n \geqslant 0$, 使得

$$p_{ij}^{(m)} > 0, \quad p_{ji}^{(n)} > 0,$$

则

$$p_{ii}^{(m+n)} = \sum_{k \in S} p_{ik}^{(m)} p_{ki}^{(n)} \geqslant p_{ij}^{(m)} p_{ji}^{(n)} > 0.$$

对所有使得 $p_{jj}^{(s)} > 0$ 的 s, 有

$$p_{ii}^{(m+s+n)} \geqslant p_{ij}^{(m)} p_{jj}^{(s)} p_{ji}^{(n)} > 0.$$

根据定义可知 $d(i)$ 应同时整除 $n + m$ 和 $n + m + s$, 则它必整除 s, 而 $d(j)$ 是状态 j 的周期, 所以也有 $d(i)$ 整除 $d(j)$. 反之也可证明 $d(j)$ 整除 $d(i)$, 于是 $d(i) = d(j)$.

(2) 若 $i \leftrightarrow j$, 则 i, j 同为常返或非常返状态. 由 $i \leftrightarrow j$ 知, 存在 $n, m \geqslant 0$ 使得

$$p_{ij}^{(n)} > 0, \quad p_{ji}^{(m)} > 0.$$

由 C-K 方程可得

$$p_{ii}^{(n+m+l)} \geqslant p_{ij}^{(n)} p_{jj}^{(l)} p_{ji}^{(m)},$$

$$p_{jj}^{(n+m+l)} \geqslant p_{ji}^{(m)} p_{ii}^{(l)} p_{ij}^{(n)},$$

则求和得到

$$\sum_{l=0}^{\infty} p_{ii}^{(n+m+l)} \geqslant p_{ij}^{(n)} p_{ji}^{(m)} \sum_{l=0}^{\infty} p_{jj}^{(l)},$$

$$\sum_{l=0}^{\infty} p_{jj}^{(n+m+l)} \geqslant p_{ij}^{(n)} p_{ji}^{(m)} \sum_{l=0}^{\infty} p_{ii}^{(l)}.$$

由此可见

$$\sum_{l=0}^{\infty} p_{jj}^{(l)} = (<)\infty \Leftrightarrow \sum_{l=0}^{\infty} p_{ii}^{(l)} = (<)\infty,$$

即两者相互控制, 同为无穷或有限, 从而 i, j 同为常返或非常返状态.

当 i, j 同为常返状态时, 它们同为正常返状态或零常返状态. 证明将在下一节给出. □

例 3.2.5 继续考虑例 3.2.4, 由于状态 1, 2 是一个类, 从而只需要考虑状态 1 是正常返状态, 即可推出状态 2 也是正常返状态.

例 3.2.6 考虑直线上无限制的随机游动, 状态空间为 $S = \{0, \pm 1, \pm 2, \cdots\}$. 转移概率为 $p_{i,i+1} = 1 - p_{i,i-1} = p \, (i \in S)$. 对于状态 0, 可知 $p_{00}^{(2n+1)} = 0 \, (n = 1, 2, \cdots)$, 即从 0 出发奇数次不可能返回到 0. 而

$$p_{00}^{(2n)} = \binom{2n}{n} p^n (1-p)^n = \frac{(2n)!}{n!n!} [p(1-p)]^n,$$

即经过偶数次回到 0 当且仅当它向左、向右移动距离相同.

由斯特林 (Stirling) 公式知, 当 n 充分大时, $n! \sim n^{n+\frac{1}{2}} \mathrm{e}^{-n} \sqrt{2\pi}$ 则 $p_{00}^{(2n)} \sim \frac{[4p(1-p)]^n}{\sqrt{n\pi}}$. 而 $p(1-p) \leqslant \frac{1}{4}$ 且 $p(1-p) = \frac{1}{4} \Leftrightarrow p = \frac{1}{2}$. 于是 $p = \frac{1}{2}$ 时, $\sum_{n=0}^{\infty} p_{ii}^{(n)} = \infty$, 否则 $\sum_{n=0}^{\infty} p_{ii}^{(n)} < \infty$, 即当 $p \neq \frac{1}{2}$ 时状态 0 是瞬过状态, $p = \frac{1}{2}$ 时是常返状态. 显然, 过程的各个状态都是相通的, 故以此可得其他状态的常返性. (请读者自己考虑: 它们的周期是什么?)

名人介绍

马尔可夫 (一)

1856 年 6 月 14 日, 俄国梁赞省林业厅六等文官马尔可夫的妻子生下一个男孩, 这就是 19 世纪末至 20 世纪初对俄国科学和民主进步事业都做出巨大贡献的数学家安德烈·安德烈耶维奇·马尔可夫 (1856~1922 年).

中学时代, 马尔可夫被送到彼得堡第五中学. 这是一所完全按照东正教的规矩来治理的学校. 对于正在长身体和求知欲不断高涨的孩子们, 学校的要求是背诵连篇累牍的希腊文及拉丁文内容, 外加各种祈祷与忏悔仪式. 马尔可夫厌恶这种令

人窒息的环境, 除了数学以外, 他对学校里的其他课程都不感兴趣. 马尔可夫有两个姐姐也在这所学校读书, 她们总是得到老师的表扬, 唯独桀骜不驯的马尔可夫总是不能引起老师的好感.

但是马尔可夫绝不是那种除了数学就什么都不懂的怪胚子, 他对社会问题的关心以及对于人文科学的热爱贯穿其生命的始终. 正是在第五中学时, 他读了大量课外作品——那既不是教师推荐的罗马编年史, 也不是法国爱情小说, 而是一些高年级学生偷偷带到学校里来的进步读物. 为此父亲常被校长招到学校, 为他承受那令人难堪的嘲讽与训斥.

1874 年, 马尔可夫考入了神往已久的彼得堡大学数学系, 师从切比雪夫, 从此脱离那个令人感到压抑的环境, 开始在绚丽多姿的数学王国里自由地呼吸. 1878 年, 马尔可夫以优异成绩毕业并留校任教. 两年后他完成了《关于双正定二次型》的硕士论文, 并正式给学生开课. 他因提出马尔可夫链的概念而享有盛名, 这一概念发现后已在物理学、生物学和语言学获得广泛的应用.

3.3 P^n 的极限性态及平稳分布

在实际应用中, 人们常常关心的问题有两个:

(1) 当 $n \to \infty$ 时, $\mathbb{P}\{X_n = i\}$ 的极限是否存在?

(2) 在什么条件下, 一个 Markov 链是一个平稳序列?

对于前者, 由于

$$\mathbb{P}\{X_n = i\} = \sum_{i \in S} \mathbb{P}\{X_0 = i\} p_{ij}^{(n)},$$

故可转化为研究 $p_{ij}^{(n)}$ 的渐近性质, 即 $\lim\limits_{n \to \infty} p_{ij}^{(n)}$ 是否存在? 若存在, 其极限是否与 i 有关? 对于问题 (2) 实际上是一个平稳分布是否存在的问题. 我们首先来看问题 (1).

3.3.1 P^n 的极限性态

$p_{ij}^{(n)}$ 的渐近性态, 分为两种情形. 在讨论两种具体情形之前, 我们不加证明地引入下面的定理.

定理 3.3.1　若状态 i 是周期为 d 的常返状态, 则

$$\lim_{n \to \infty} p_{ii}^{(nd)} = \frac{d}{\mu_i}.$$

当 $\mu_i = \infty$ 时, $\frac{d}{\mu_i} = 0$.

定理 3.3.1 的证明参考文献《随机过程引论》(何声武, 1999).

1. j 为非常返状态或零常返状态

定理 3.3.2　若 j 为非常返状态或零常返状态, 则对 $\forall i \in S$, 有

$$\lim_{n \to \infty} p_{ij}^{(n)} = 0.$$

证明 由引理 3.2.1, 得

$$0 \leqslant p_{ij}^{(n)} = \sum_{l=1}^{n} f_{ij}^{(l)} p_{jj}^{(n-l)}. \tag{3.12}$$

由于式 (3.12) 等号右端让 $n \to \infty$ 时有两部分和 n 同时有关, 所以我们应该把这两部分分开. 对 $N < n$, 有

$$\sum_{l=1}^{n} f_{ij}^{(l)} p_{jj}^{(n-l)} \leqslant \sum_{l=1}^{N} f_{ij}^{(l)} p_{jj}^{(n-l)} + \sum_{l=N+1}^{n} f_{ij}^{(l)}. \tag{3.13}$$

先固定 N, 令 $n \to \infty$, 由于 $p_{jj}^{(n)} \to 0$, 所以式 (3.13) 右端第一项趋于 0. 再令 $N \to \infty$, 式 (3.13) 右端第二项因 $\sum\limits_{l=1}^{\infty} f_{ij}^{(l)} \leqslant 1$ 而趋于 0, 故

$$\lim_{n \to \infty} p_{ij}^{(n)} = 0. \qquad \square$$

推论 3.3.1 设 i 为常返状态, 则 i 为零常返状态 $\Leftrightarrow \lim\limits_{n \to \infty} p_{ii}^{(n)} = 0$.

证明 若 i 为零常返状态, 则 $\mu_i = \infty$, 从而 $\lim\limits_{n \to \infty} p_{ii}^{(nd)} = 0$. 而当 m 不是 d 的整数倍时, 由定义知 $p_{ii}^{(m)} = 0$, 故 $\lim\limits_{n \to \infty} p_{ii}^{(n)} = 0$.

反之, 若 $\lim\limits_{n \to \infty} p_{ii}^{(n)} = 0$, 我们用反证法证明. 设 i 为正常返状态, 则 $\mu_i < \infty$, 由定理 3.3.1 知 $\lim\limits_{n \to \infty} p_{ii}^{(nd)} > 0$, 矛盾. $\qquad \square$

利用推论 3.3.1, 我们给出定理 3.2.2 的补充证明.

进一步证明定理 3.2.2: 设 $i \leftrightarrow j$ 为常返状态且 i 为零常返状态, 则 j 为零常返状态.
考虑到

$$p_{ii}^{(n+m+l)} \geqslant p_{ij}^{(n)} p_{jj}^{(m)} p_{ji}^{(l)}. \tag{3.14}$$

对式 (3.14) 取极限, 即令 $m \to \infty$, 得

$$0 \geqslant \lim_{m \to \infty} p_{jj}^{(m)} \geqslant 0.$$

故 j 也为零常返状态. 反之, 由 j 为零常返状态也可推得 i 为零常返状态, 从而证明了 i, j 同为零常返状态或正常返状态. $\qquad \square$

推论 3.3.2 对 $\forall i, j \in S$, 若 j 为非常返状态或零常返状态, 则有

$$\lim_{n \to \infty} \frac{1}{n} \sum_{k=1}^{n} p_{ij}^{(k)} = 0.$$

推论 3.3.2 的证明可由广义洛必达法则给出.

推论 3.3.3 状态有限的 Markov 链, 不可能全为非常返状态, 也不可能有零常返状态, 从而不可约的有限 Markov 链是正常返的.

证明 设状态空间 $S = \{1, 2, \cdots, N\}$. 若全部 N 个状态均为非常返, 对状态 $i \to j$, 有 $p_{ij}^{(n)} \to 0$. 若 $i \nrightarrow j$, 即 i 不可达 j, $\forall n$, $p_{ij}^{(n)} = 0$. 于是当 $n \to \infty$ 时, $\sum\limits_{j=1}^{N} p_{ij}^{(n)} \to 0$, 但

$\sum\limits_{j=1}^{N} p_{ij}^{(n)} = 1$, 矛盾.

若 S 中有零常返状态, 设为 i, 令 $\mathcal{E} = \{j : i \to j\}$, 则有 $\sum\limits_{j \in \mathcal{E}} p_{ij}^{(n)} = 1$ 并且对 $j \in \mathcal{E}$, $j \to i$. 因为若 $j \nrightarrow i$, 则与 i 为常返状态矛盾. 故 $i \leftrightarrow j$, 从而 j 也为零常返状态, 则 $\lim\limits_{n \to \infty} p_{ij}^{(n)} = 0$, 从而 $\sum\limits_{j \in \mathcal{E}} p_{ij}^{(n)} \to 0 (n \to \infty)$, 矛盾. □

由推论 3.3.3 可直接得到如下推论.

推论 3.3.4 若 Markov 链有一个零常返状态, 则必有无限个零常返状态.

2. j 为正常返状态

定理 3.3.3 若 j 为正常返状态且周期为 d, 则 $\forall i \leftrightarrow j, i \in S$, 有

$$\lim_{n \to \infty} p_{ij}^{(nd)} = \frac{d}{\mu_i}.$$

证明 依然利用式 (3.12), 对于 $1 \leqslant N < n$, 有

$$\sum_{l=1}^{N} f_{ij}^{(l)} p_{jj}^{(n-l)} \leqslant p_{ij}^{(n)} \leqslant \sum_{l=1}^{N} f_{ij}^{(l)} p_{jj}^{(n-l)} + \sum_{l=N+1}^{n} f_{ij}^{(l)}.$$

先固定 N, 令 $n \to \infty$, 再令 $N \to \infty$, 由定理 3.3.1 得

$$\frac{d}{\mu_j} \leqslant \lim_{n \to \infty} p_{ij}^{(nd)} \leqslant \frac{d}{\mu_j},$$

即 $\lim\limits_{n \to \infty} p_{ij}^{(nd)} = \frac{d}{\mu_j}$. □

比较定理 3.3.2 和定理 3.3.3 可知, 对于正常返状态, 并不是所有的 $i \in S$, 都有当 $n \to \infty$ 时, $p_{ij}^{(nd)} \to \frac{d}{\mu_i}$ 成立. 换句话说, 需要加个条件 $i \leftrightarrow j$. 类似于推论 3.3.2, 我们有如下推论.

推论 3.3.5 对 $\forall i, j \in S$, 若 j 为正常返状态, 则有

$$\lim_{n \to \infty} \frac{1}{n} \sum_{k=1}^{n} p_{ij}^{(k)} = \frac{d}{\mu_j}.$$

例 3.3.1 设 Markov 链的转移矩阵为

$$\boldsymbol{P} = \begin{pmatrix} 1-p & p \\ q & 1-q \end{pmatrix}, 0 < p, q < 1.$$

考虑大时间行为, 即当 $n \to \infty$ 时, 求得 $\boldsymbol{P}^{(n)}$ 的极限. 由 C-K 方程知 $\boldsymbol{P}^{(n)} = \boldsymbol{P}^n$, 故只需计算 $\boldsymbol{P}$ 的 n 重乘积的极限. 记

$$\boldsymbol{Q} = \begin{pmatrix} 1 & -p \\ 1 & q \end{pmatrix}, \quad \boldsymbol{D} = \begin{pmatrix} 1 & 0 \\ 0 & 1-p-q \end{pmatrix},$$

则易得

$$\boldsymbol{P} = \boldsymbol{QDQ}^{-1}, \quad \boldsymbol{Q}^{-1} = \begin{pmatrix} \dfrac{q}{p+q} & \dfrac{p}{p+q} \\ -\dfrac{1}{p+q} & \dfrac{1}{p+q} \end{pmatrix}.$$

从而可得

$$\boldsymbol{P}^n = (\boldsymbol{QDQ}^{-1})^n = \boldsymbol{Q} \begin{pmatrix} 1 & 0 \\ 0 & 1-p-q \end{pmatrix}^n \boldsymbol{Q}^{-1}$$

$$= \begin{pmatrix} \dfrac{q+p(1-p-q)^n}{p+q} & \dfrac{p-p(1-p-q)^n}{p+q} \\ \dfrac{q-q(1-p-q)^n}{p+q} & \dfrac{p+q(1-p-q)^n}{p+q} \end{pmatrix}. \tag{3.15}$$

由于 $|1-p-q| < 1$, 式 (3.15) 的极限为

$$\lim_{n\to\infty} \boldsymbol{P}^{(n)} = \lim_{n\to\infty} \boldsymbol{P}^n = \begin{pmatrix} \dfrac{q}{p+q} & \dfrac{p}{p+q} \\ \dfrac{q}{p+q} & \dfrac{p}{p+q} \end{pmatrix}.$$

由此可见 Markov 链的 n 步转移概率有一个稳定的极限. □

在例 3.3.1 中, 注意到有两个状态且都是遍历状态.

例 3.3.2 在例 3.2.6 中令 $p = \dfrac{1}{3}$, 则

$$\lim_{n\to\infty} p_{00}^{(2n)} = \lim_{n\to\infty} \frac{\left(4 \times \dfrac{1}{3} \times \dfrac{2}{3}\right)^n}{\sqrt{n\pi}} = 0. \tag{3.16}$$

令 $p = \dfrac{1}{2}$, 则

$$\lim_{n\to\infty} p_{00}^{(2n)} = \lim_{n\to\infty} \frac{\left(4 \times \dfrac{1}{2} \times \dfrac{1}{2}\right)^n}{\sqrt{n\pi}} = 0. \tag{3.17}$$

由式 (3.16) 和式 (3.17) 可知, 从 0 出发经过无穷次的转移之后, 系统在某一规定时刻回到 0 的概率趋于 0.

注 在例 3.3.1 中, 所有状态是正常返状态且极限不是零; 而在例 3.3.2 中当 $p = \dfrac{1}{3}$ 时状态 0 是非常返状态, 当 $p = \dfrac{1}{2}$ 时 0 是零常返状态, 两者的极限均是零. 此结果验证了我们的结论.

例 3.3.3 (带有吸收壁的随机游动) 设 Markov 链的状态空间为 $S = \{0, 1, 2, 3, 4\}$, 转移矩阵为

$$\boldsymbol{P} = \begin{pmatrix} 1 & 0 & 0 & 0 & 0 \\ \dfrac{1}{2} & 0 & \dfrac{1}{2} & 0 & 0 \\ 0 & \dfrac{1}{2} & 0 & \dfrac{1}{2} & 0 \\ 0 & 0 & \dfrac{1}{2} & 0 & \dfrac{1}{2} \\ 0 & 0 & 0 & 0 & 1 \end{pmatrix}.$$

试通过极限矩阵确定常返状态、瞬过状态.

解 易得

$$\boldsymbol{P}^n \overset{n\to\infty}{\longrightarrow} \begin{pmatrix} 1 & 0 & 0 & 0 & 0 \\ 0.75 & 0 & 0 & 0 & 0.25 \\ 0.5 & 0 & 0 & 0 & 0.5 \\ 0.25 & 0 & 0 & 0 & 0.75 \\ 0 & 0 & 0 & 0 & 1 \end{pmatrix},$$

从而 $\{1,2,3\}$ 为非常返状态, $\{0,4\}$ 为吸收状态, 且 $p_{10}^{(n)} \to \dfrac{3}{4}$, $p_{14}^{(n)} \to \dfrac{1}{4}$, 这意味着从 1 开始的随机游动最终粘在 0 处的概率为 3/4, 而最终粘在 4 处的概率为 1/4. □

3.3.2 平稳分布

其次, 来研究问题 (2). 3.3.1 节只讨论了 Markov 链的转移概率 p_{ij} 的有关问题, 下面将就它的初始分布问题给出一些结论. 首先是关于 Markov 链的平稳分布和极限分布的概念.

定义 3.3.1 对于 Markov 链, 概率分布 $\{\pi_j, j \in S\}$ 称为平稳分布, 若

$$\pi_j = \sum_{i \in S} \pi_i p_{ij}.$$

平稳分布也称 Markov 链的不变测度. 对一个平稳分布 π, 显然有

$$\pi = \pi P = \pi P^2 = \cdots = \pi P^n.$$

定义 3.3.2 称 Markov 链是遍历的, 如果所有状态相通且均是周期为 1 的正常返状态. 对于遍历的 Markov 链, 极限

$$\lim_{n \to \infty} p_{ij}^{(n)} = \pi_j, j \in S$$

称为 Markov 链的极限分布.

由定理 3.3.3 知, $\pi_j = \dfrac{1}{\mu_j}$. 下面的定理说明对于遍历的 Markov 链, 极限分布就是平稳分布并且还是唯一的平稳分布.

定理 3.3.4 对于不可约非周期的 Markov 链:

(1) 若它是遍历的, 则 $\pi_j = \lim_{n \to \infty} p_{ij}^{(n)} > 0, j \in S$ 是平稳分布且是唯一的平稳分布;

(2) 若状态都是瞬过的或全为零常返的, 则平稳分布不存在.

证明 (1) 由定理 3.3.3 知, 极限 $\lim\limits_{n\to\infty} p_{ij}^{(n)} > 0$ 存在, 记为 π_j. 首先证明 $\{\pi_j, j \in S\}$ 是平稳分布. 因为 $\sum\limits_{j\in S} p_{ij}^{(n)} = 1$, 所以有

$$\lim_{n\to\infty} \sum_{j\in S} p_{ij}^{(n)} = 1. \tag{3.18}$$

由控制收敛定理知式 (3.18) 中极限与求和可交换, 从而有 $\sum\limits_{j\in S} \pi_j = 1$. 由 C-K 方程可得

$$p_{ij}^{(n+1)} = \sum_{k\in S} p_{ik}^{(n)} p_{kj},$$

两边取极限, 得

$$\pi_j = \lim_{n\to\infty} p_{ij}^{(n+1)} = \lim_{n\to\infty} \sum_{k\in S} p_{ik}^{(n)} p_{kj} = \sum_{k\in S} \left[\lim_{n\to\infty} p_{ik}^{(n)} \right] p_{kj} = \sum_{k\in S} \pi_k p_{kj},$$

所以 $\{\pi_j, j \in S\}$ 是平稳分布.

再证 $\{\pi_j, j \in S\}$ 是唯一的平稳分布. 假设另外还有一个平稳分布 $\{\tilde{\pi}_j, j \in S\}$, 则由 $\tilde{\pi}_j = \sum\limits_{k\in S} \tilde{\pi}_k p_{kj}$ 归纳得到

$$\tilde{\pi}_j = \sum_{k\in S} \tilde{\pi}_k p_{kj}^{(n)}, \quad n = 1, 2, \cdots.$$

令 $n \to \infty$, 对上式两端取极限, 有

$$\tilde{\pi}_j = \sum_{i\in S} \tilde{\pi}_i \lim_{n\to\infty} p_{ij}^{(n)} = \sum_{i\in S} \tilde{\pi}_i \pi_j.$$

因为 $\sum\limits_{j\in S} \tilde{\pi}_i = 1$, 所以 $\tilde{\pi}_j = \pi_j$, 得证平稳分布唯一.

(2) 假设存在一个平稳分布 $\{\pi_j, j \in S\}$, 则由 (1) 中证明知道

$$\pi_j = \sum_{i\in S} \pi_i p_{ij}^{(n)}, \quad n = 1, 2, \cdots$$

成立, 令 $n \to \infty$ 知 $p_{ij}^{(n)} \to 0$, 则推出 $\pi_j = 0, j \in S$, 这是不可能的. 于是对于非常返的或零常返的 Markov 链不存在平稳分布. □

对于状态有限的遍历 Markov 链, 定理确定了求解极限分布的方法, 即 $\pi_j\,(j \in S)$ 是方程 $\pi_j = \sum\limits_{i\in S} \pi_i p_{ij}$ 的解, 同时由 $\pi_j = \dfrac{1}{\mu_j}$ 给出了求解状态的平均回转时间的简单方法. 对于一般的 Markov 链, 其平稳分布是否存在? 若存在, 是否唯一? 为了解决此问题, 我们先给出随机闭集的概念.

定义 3.3.3 设 $C \subset S$, 若对任意 $i \in C$ 及 $j \notin C$, 都有 $p_{ij} = 0$, 称 C 为 (随机) **闭集**. 若 C 的状态相通, 闭集 C 称为不可约的.

定理 3.3.5 令 C_+ 为 Markov 链中全体正常返状态构成的集合, 则有

(1) 平稳分布不存在的充要条件为 $C_+ = \varnothing$;

(2) 平稳分布唯一存在的充要条件为只有一个基本正常返闭集 $C_a = C_+$;

(3) 有限状态 Markov 链的平稳分布总存在;

(4) 有限不可约非周期 Markov 链存在唯一的平稳分布.

此定理的证明参看《随机过程导论》(Lawler, 2010).

例 3.3.4 设 Markov 链的转移阵为

$$\boldsymbol{P} = \begin{pmatrix} 0.3 & 0.2 & 0.5 \\ 0.7 & 0.2 & 0.1 \\ 0 & 0.6 & 0.4 \end{pmatrix},$$

则它的平稳分布满足

$$\begin{cases} \pi_1 = 0.3\pi_1 + 0.7\pi_2, \\ \pi_2 = 0.2\pi_1 + 0.2\pi_2 + 0.6\pi_3, \\ \pi_3 = 0.5\pi_1 + 0.1\pi_2 + 0.4\pi_3. \end{cases}$$

求解 $\boldsymbol{\pi} = (\pi_1, \pi_2, \pi_3) = \left(\dfrac{1}{3}, \dfrac{1}{3}, \dfrac{1}{3}\right)$. 注意到此 Markov 链是不可约的有限 Markov 链, 从而可知极限分布和平稳分布相等, 因此有

$$\lim_{n\to\infty} p_{ij}^{(n)} = \lim_{n\to\infty} \mathbb{P}\{X_n = j \,|\, X_0 = i\} = \frac{1}{3},$$

即 0 时刻从 i 出发, 在很久的时间之后 Markov 链处于状态 $1, 2, 3$ 的概率均为 $\dfrac{1}{3}$, 即 X_n 的极限分布为离散均匀分布.

注   利用 $\boldsymbol{\pi} = \boldsymbol{\pi}\boldsymbol{P}$ 和 $\sum_i \pi_i = 1$, 求得 $\boldsymbol{\pi}$. 此时, $\boldsymbol{\pi}$ 为行向量.

例 3.3.5 假设

$$S = \{1, 2\}, \quad \boldsymbol{P} = \begin{pmatrix} \dfrac{3}{4} & \dfrac{1}{4} \\ \dfrac{5}{8} & \dfrac{3}{8} \end{pmatrix},$$

求平稳分布和极限 $\lim_{n\to\infty} \boldsymbol{P}^n$.

解   由 $\boldsymbol{\pi} = \boldsymbol{\pi}\boldsymbol{P}$ 得

$$\pi_1 = \frac{3}{4}\pi_1 + \frac{5}{8}\pi_2, \quad \pi_2 = \frac{1}{4}\pi_1 + \frac{3}{8}\pi_2, \quad \pi_1 + \pi_2 = 1,$$

解得 $\boldsymbol{\pi} = (5/7, 2/7)$. 由 $\lim_{n\to\infty} p_{ij}^n = \pi_j = \dfrac{1}{\mu_j}$ 可知

$$\mu_1 = \frac{5}{7}, \quad \mu_2 = \frac{2}{7},$$

因此我们有

$$\lim_{n\to\infty} \boldsymbol{P}^n = \lim_{n\to\infty} \begin{pmatrix} \dfrac{3}{4} & \dfrac{1}{4} \\ \dfrac{5}{8} & \dfrac{3}{8} \end{pmatrix}^n = \begin{pmatrix} 5/7 & 2/7 \\ 5/7 & 2/7 \end{pmatrix}. \qquad \square$$

例 3.3.6 假设有两个盒子 A, B, 盒子 A 中有 m 个白球和 1 个黑球, 盒子 B 中有 $m+1$ 个白球, 每次从两个盒子中各任取一球, 交换后放入盒中. 试证经过 n 次交换后, 黑

球仍在盒子 A 中的概率 p_n 满足 $\lim_{n\to\infty} p_n = \frac{1}{2}$.

解 令 X_n 表示第 n 次取球后盒子 A 的黑球数, 则 $\{X_n, n = 0, 1, \cdots\}$ 是状态空间为 $S = \{0, 1\}$ 的时齐 Markov 链, 一步转移概率矩阵为

$$\boldsymbol{P} = \begin{pmatrix} \dfrac{m}{m+1} & \dfrac{1}{m+1} \\[2mm] \dfrac{1}{m+1} & \dfrac{m}{m+1} \end{pmatrix},$$

则它的平稳分布满足

$$\begin{cases} \pi_0 = \dfrac{m}{m+1}\pi_0 + \dfrac{1}{m+1}\pi_1 \\[3mm] \pi_1 = \dfrac{1}{m+1}\pi_0 + \dfrac{m}{m+1}\pi_1 \end{cases}$$

且有 $\pi_0 + \pi_1 = 1$.

求解得 $\boldsymbol{\pi} = (\pi_0, \pi_1) = \left(\dfrac{1}{2}, \dfrac{1}{2}\right)$, 故经过 n 次交换后, 黑球仍在盒子 A 中的概率 p_n 满足

$$\lim_{n\to\infty} p_n = \lim_{n\to\infty} \mathbb{P}\{X_n = 1\} = \pi_1 = \frac{1}{2}. \qquad \square$$

例 3.3.7 (马氏链在钢琴销售储存策略中的应用) 钢琴销售量很小, 商店的库存量不能太大以免积压资金. 一家商店根据经验估计, 钢琴每周需求量服从 Poisson 分布且平均每周的钢琴需求为 1 架. 存储策略: 每周末检查库存量, 仅当库存量为零时, 才订购 3 架供下周销售; 否则, 不订购. 估计在这种策略下失去销售机会的可能性有多大, 以及每周的平均销售量是多少.

分析: 顾客的到来相互独立, 需求量近似服从 Poisson 分布, 其参数由需求均值为每周 1 架确定, 由此计算需求概率. 存储策略是周末库存量为零时订购 3 架: 周末的库存量可能是 0, 1, 2, 3, 周初的库存量可能是 1, 2, 3. 用马氏链描述不同需求导致的周初库存状态的变化. 动态过程中每周销售量不同, 失去销售机会 (需求超过库存) 的概率不同. 可按稳态情况 (时间充分长以后) 计算失去销售机会的概率和每周的平均销售量.

解 假设 X_n 为第 n 周需求量, 由题意可知

$$\mathbb{P}\{X_n = k\} = \frac{\mathrm{e}^{-1}}{k!} \quad k = 0, 1, 2, \cdots,$$

假设 S_n 为第 n 周库存量, 则 $S_n = \{1, 2, 3\}$ 且

$$S_{n+1} = \begin{cases} S_n - X_n, & X_n < S_n, \\ 3, & X_n \geqslant S_n. \end{cases}$$

由题意可知, 其转移概率为

$$p_{11} = \mathbb{P}\{S_{n+1} = 1 | S_n = 1\} = \mathbb{P}\{X_n = 0\} = 0.368,$$

$$p_{12} = \mathbb{P}\{S_{n+1} = 2 | S_n = 1\} = 0,$$

$$p_{13} = \mathbb{P}\{S_{n+1} = 3 | S_n = 1\} = \mathbb{P}\{X_n \geqslant 1\} = 0.632,$$

$$\vdots$$

$$p_{33} = \mathbb{P}\{S_{n+1} = 3 | S_n = 3\} = \mathbb{P}\{X_n = 0\} + \mathbb{P}\{X_n \geqslant 3\} = 0.448.$$

因此, 转移概率矩阵为

$$\boldsymbol{P} = \begin{pmatrix} 0.368 & 0 & 0.632 \\ 0.368 & 0.368 & 0.264 \\ 0.184 & 0.368 & 0.448 \end{pmatrix}.$$

记状态向量为

$$Y(n) = (Y_1(n), Y_2(n), Y_3(n)), \quad Y_i(n) = \mathbb{P}\{S_n = i\}, \quad i = 1, 2, 3,$$

则状态方程可写为

$$Y(n+1) = Y(n)\boldsymbol{P}.$$

已知初始状态, 可预测第 n 周初库存量 $S_n = i$ 的概率. 利用

$$\boldsymbol{\pi} = \boldsymbol{\pi}\boldsymbol{P}, \quad \boldsymbol{\pi} = (\pi_1, \pi_2, \pi_3),$$

可求得稳态概率分布为 $\boldsymbol{\pi} = (0.285, 0.263, 0.452)$, 即当 $n \to \infty$, 状态向量 $Y(n) \to (0.285, 0.263, 0.452)$. 第 n 周失去销售机会的概率为

$$\mathbb{P}\{X_n > S_n\} = \sum_{i=1}^{3} \mathbb{P}\{X_n > i | S_n = i\}\mathbb{P}\{S_n = i\}.$$

当 n 充分大时 $\mathbb{P}\{S_n = i\} = \pi_i$, 从而

$$\mathbb{P}\{X_n > S_n\} = \sum_{i=1}^{3} \mathbb{P}\{X_n > i\}\pi_i = \sum_{i=1}^{3} \frac{\mathrm{e}^{-1}}{i!}\pi_i = 0.105,$$

即从长远看, 失去销售机会的可能性大约为 0.105. □

名人介绍

马尔可夫 (二)

把概率论从濒临衰亡的境地挽救出来, 恢复其作为一门数学学科的地位, 并把它推进到现代化的门槛, 这是彼得堡数学学派为人类做出的伟大贡献. 切比雪夫、马尔可夫和李雅普诺夫师生三人为此付出了艰辛的劳动, 其中尤以马尔可夫的工作最多. 据统计, 他生平发表的概率论方面的文章或专著共有 25 篇 (部) 之多; 切比雪夫和李雅普诺夫在概率论方面的论文各为 4 篇和 2 篇.

1886 年, 经切比雪夫提名, 马尔可夫成为彼得堡科学院候补成员, 1890 年当选为副院士, 1896 年成为正院士. 对于这一俄国科学界的最高荣誉, 他抱着一种十分淡泊的态度, 而为了伸张真理与正义, 他可以抛弃一切功名利禄. 他不是一个把自己关在书斋里不问天下事的学者, 他提倡科学, 反对迷信, 关心哲学和社会问题, 憎恨教会与沙皇的专制统治. 在 19 世纪末 20 世纪初俄国先进知识分子争取科学与民主运动的潮流中, 他是一个勇敢无畏的斗士. 1921 年秋天, 马尔可夫的病情开始严重起来, 他只得离开心爱的大学. 在生命的最后一年里, 他还抓紧时间修订了《概率演

算》, 这不仅是概率论学科中不朽的经典文献, 而且可以看成是一篇唯物主义者的战斗檄文.

1922 年 7 月 20 日, 这位在众多数学分支里留下足迹和为科学与民主事业奋斗了一生的老人辞别了人世. 马尔可夫的遗体被安葬在彼得堡的米特罗方耶夫斯基公墓, 他的墓碑没有过多的修饰, 就像他的文章和讲课一样朴素无华. 然而他的思想、他的成就、他的品德就像一座巍峨的丰碑, 永远矗立在真理求索者的心中.

3.4 Markov 链的应用: 分支过程

本节研究群体增长的随机模型, 请参考文献《随机过程导论》(Lawler, 2010) 和《应用随机过程》(张波, 2001). 考虑一个能产生同类后代的个体组成的群体. 以 X_n 表示时刻 n 此群体中的个体数, 即第 n 代的总数. 在每个时间间隔内, 群体依下面规则变化: 每个个体产生后代的个数都是随机的, 且满足下面的假设:

(1) 每一个个体生命结束时以概率 $p_j (j = 0, 1, 2, \cdots)$ 产生了 j 个新的后代;

(2) 每个个体产生的后代个数相互独立.

X_0 表示初始的个体数, 即第 0 代的总数; 第 0 代的后代构成第 1 代, 其总数记为 X_1, 第 1 代的每个个体以同样的分布产生第 2 代 $\cdots\cdots$. 显然, $\{X_n, n = 0, 1, 2, \cdots\}$ 是 Markov 链, 此 Markov 链称为分支过程, 其状态空间为 $\{0, 1, 2, \cdots\}$. 假设 0 为吸收状态, 群体一旦灭绝, 就不会再有个体产生. 该 Markov 链的转移矩阵很难写出. 我们先来研究数字特征. 假设 $X_n = k$, 则 k 个个体产生的后代构成了第 $n + 1$ 代个体. 若假设 $Y_1, \cdots, Y_k$ 为独立同分布的随机变量, 且每个变量的分布为 $\mathbb{P}\{Y_i = j\} = p_j$. 因此可得

$$p_{kj} = \mathbb{P}\{X_{n+1} = j | X_n = k\} = \mathbb{P}\{Y_1 + \cdots + Y_k = j\}.$$

注意到 $Y_1, \cdots, Y_k$ 独立同分布, 故 $Y_1 + \cdots + Y_k$ 的实际分布可以根据卷积公式给出, 但这里不需要知道它的具体分布形式. 令 μ 是每个个体的后代个数的均值, 则

$$\mu = \sum_{i=0}^{\infty} i p_i.$$

由假设可知

$$\mathbb{E}[X_n | X_{n-1}] = \mathbb{E}[Y_1 + \cdots + Y_k] = k\mu.$$

利用条件期望的性质可得

$$\begin{aligned}
\mathbb{E}[X_n] &= \mathbb{E}[\mathbb{E}(X_n | X_{n-1})] \\
&= \mu \mathbb{E}[X_{n-1}] \\
&= \mu^2 \mathbb{E}[X_{n-2}] \\
&\quad \vdots \\
&= \mu^n \mathbb{E}[X_0].
\end{aligned}$$

从上式可知: 若 $\mu < 1$, 则当 n 趋于无穷时, 后代个数的均值趋于 0. 利用

$$\mathbb{E}[X_n] = \sum_{k=0}^{\infty} k\mathbb{P}\{X_n = k\} \geqslant \sum_{k=0}^{\infty} \mathbb{P}\{X_n = k\} \geqslant \mathbb{P}\{X_n \geqslant 1\},$$

可推导出群体最终会灭绝, 即

$$\lim_{n\to\infty} \mathbb{P}\{X_n = 0\} = 1.$$

如果 $\mu = 1$, 则有可能群体规模保持不变. 当 $\mu > 1$ 时, 则规模有可能会逐渐变大. 在这些情形中, 并不能准确地得到群体是否以概率 1 灭绝 (虽然有 $\mathbb{E}[X_n]$ 不太小, 但 X_n 有可能以非常接近 1 的概率达到 0). 为了避免平凡情况, 我们假设

$$p_0 > 0, \quad p_0 + p_1 < 1.$$

记

$$\pi_0(k, n) = \mathbb{P}\{X_n = 0 | X_0 = k\}$$

为初始时刻为 k 个个体, 到第 n 步灭绝的概率, 则初始时刻为 k 个个体最终灭绝的概率为

$$\pi_0(k) = \lim_{n\to\infty} \pi_0(k, n).$$

若某个时刻群体有 k 个个体, 那么群体灭绝的唯一途径就是这 k 个分支都灭绝. 注意到各个分支的行为是相互独立的, 从而有

$$\pi_0(k) = \pi_0(1)^k.$$

因此, 只需要考虑 $\pi_0(1)$ 即可, 简记为 π_0. 现在假设群体是从单个祖先开始的, 即 $X_0 = 1$, 则有

$$\begin{aligned}
\pi_0 &= \mathbb{P}\{\text{群体消亡}\} \\
&= \sum_{j=0}^{\infty} \mathbb{P}\{\text{群体消亡}|X_1 = j\} \cdot p_j \\
&= \sum_{j=0}^{\infty} \pi_0^j p_j.
\end{aligned}$$

此式第二个等号成立是因为群体最终灭绝是以第一代为祖先的 j 个家族全部消亡, 而各家族已经假定为独立的, 每一家族灭绝的概率均为 π_0(又称消亡概率). 我们关心的是等式的右边, 因为它和矩母函数相关联. 若 X 是一个在 $\{0, 1, 2, \cdots\}$ 中取值的随机变量, 则 X 的矩母函数为

$$\phi(s) = \phi_X(s) = \mathbb{E}[s^X] = \sum_{k=0}^{\infty} s^k \mathbb{P}\{X = k\}.$$

显然 $\phi(s)$ 是递增函数且 $\phi(0) = \mathbb{P}\{X = 0\}$, $\phi(1) = 1$, 这里我们用到了 $0^0 = 1$. 更进一步, 若 $X_1, \cdots, X_n$ 是非负独立的随机变量, 则

$$\phi_{X_1 + \cdots + X_n}(s) = \phi_{X_1}(s) \cdots \phi_{X_n}(s).$$

考虑分支过程: 注意到消亡概率满足方程

$$\pi_0 = \phi(\pi_0),$$

以及 $\pi_0 = 1$ 满足方程, 但可能还有其他解. 再次假定 $X_0 = 1$, 随机变量 X_0 的矩母函数为 π_0, X_1 的矩母函数为 $\phi_1(\pi_0)$. 令 $\phi_n(\pi_0)$ 为 X_n 的矩母函数, 我们断言

$$\phi_n(\pi_0) = \phi\left(\phi_{n-1}(\pi_0)\right).$$

首先, 利用定义和条件概率得到

$$\phi_n(\pi_0) = \sum_{k=0}^{\infty} \mathbb{P}\{X_n = k\}\pi_0^k$$

$$= \sum_{k=0}^{\infty}\left[\sum_{j=0}^{\infty} \mathbb{P}\{X_1 = j\}\mathbb{P}\{X_n = k|X_1 = j\}\right]\pi_0^k$$

$$= \sum_{j=0}^{\infty} p_j \sum_{k=0}^{\infty} \mathbb{P}\{X_n = k|X_1 = j\}\pi_0^k.$$

由 X_n 的定义知, 若 $X_0 = j$, 则 X_{n-1} 可以看成 j 个独立随机变量之和, 且每个随机变量的分布均和给定 $X_0 = 1$ 时 X_{n-1} 的分布相同. 因此, 对 k 求和得到的是 j 个独立随机变量之和的矩母函数, 且每个变量的矩母函数均为 $\phi_{n-1}(\pi_0)$, 故可得

$$\sum_{k=0}^{\infty} \mathbb{P}\{X_n = k|X_1 = j\}\pi_0^k = [\phi_{n-1}(\pi_0)]^j.$$

代入上面的式子, 可得

$$\phi_n(\pi_0) = \sum_{j=0}^{\infty} p_j\left[\phi_{n-1}(\pi_0)\right]^j = \phi\left(\phi_{n-1}(\pi_0)\right).$$

现在利用递归的方法得到 $\phi_n(\pi_0)$,

$$\pi_0(1, n) = \mathbb{P}\{X_n = 0|X_0 = 1\} = \phi_n(0).$$

定理 3.4.1 消亡概率 π_0 是方程 $\pi_0 = \phi(\pi_0)$ 的最小正解.

证明 首先 π_0 满足此方程, 即 π_0 是一个正解. 下证是最小正解. 反证, 假设 $\tilde{\pi}_0$ 是最小正解. 利用数学归纳法证明对每一个 n, 都有 $\pi(n) = \mathbb{P}\{X_n = 0\} \leqslant \tilde{\pi}_0$. 从而可知 $\pi_0 = \lim_{n\to\infty} \pi(n) \leqslant \tilde{\pi}_0$, 这与最小解的定义相矛盾. 注意到 $\pi_0(0) = 0$ (由定义可知), 显然当 $n = 0$ 时结论成立. 假设 $\pi(n-1) \leqslant \tilde{\pi}_0$, 则由 ϕ 的单调性可得

$$\mathbb{P}\{X_n = 0\} = \phi_n(0) = \phi\left(\phi_{n-1}(0)\right) = \phi(\pi(n-1)) \leqslant \phi(\tilde{\pi}_0) = \tilde{\pi}_0. \qquad \square$$

很自然我们会假设: 家族消亡与 μ 有关, 在此给出一个定理, 以证明 $\pi_0 = 1$ 的充要条件是 $\mu \leqslant 1$ (不考虑 $p_0 = 1$ 和 $p_0 = 0$ 的平凡情况, 即家族在第 0 代后就消失或永不消失).

定理 3.4.2 设 $0 < p_0 < 1$, 则

(1) $\mu \leqslant 1$ 暗含了 $\pi_0 = 1$;

(2) 若 $\mu > 1$, 则群体以一个正概率永远生存下去.

证明 (1) 首先, 当 $\mu < 1$ 时, 有 $\pi_0 = 1$. 假定 $\mu = 1$. 由矩母函数的定义

$$\phi'(1) = \sum_{k=1}^{\infty} k\mathbb{P}\{X = k\} = \mathbb{E}(X),$$

可得 $\phi'(1) = 1$. 又因为 $\phi'' \geqslant 0$ 知, 当 $s < 1$ 时, $\phi'(s) < 1$. 因此对任意 $s < 1$,

$$1 - \phi(s) = \int_s^1 \phi'(r)\mathrm{d}r < 1 - s,$$

即 $\phi(s) > s$ 对于任意的 $s < 1$ 均成立. 因此, 当 $\mu = 1$ 时, $\pi_0 = 1$ (因为 π_0 满足方程 $\pi_0 = \phi(\pi_0)$).

(2) 当 $\mu > 1$ 时, $\phi'(1) > 1$. 因此, 必存在某个 $s < 1$, 使得 $\phi(s) < s$. 但 $\phi(0) > 0$, 有零点存在定理可知必存在 $a \in (0, s)$ 使得 $\phi(a) = a$. 又因为 $s \in (0, 1)$ 有 $\phi'' > 0$, 所以曲线为凸的, 从而至多存在一个 $s \in (0, 1)$ 使得 $\phi(s) = s$. 在这种情况下, 群体以一个正概率永远生存下去. □

由定理 3.4.2 可得 $\mu \leqslant 1$ 等价于 $\pi_0 = 1$. 最后, 我们来看几个例子.

例子: (1) 令 $p_0 = \frac{1}{4}$, $p_1 = \frac{1}{4}$, $p_2 = \frac{1}{2}$, 则由定义可知

$$\mu = \sum_{i=0}^{\infty} ip_i = \frac{5}{4}, \phi(\pi_0) = \frac{1}{4} + \frac{1}{4}\pi_0 + \frac{1}{2}\pi_0^2.$$

求解 $\pi_0 = \phi(\pi_0)$ 得 $\pi_0 = 1, \frac{1}{2}$. 此时, 消亡概率 $\pi_0 = \frac{1}{2}$.

(2) 令 $p_0 = \frac{1}{2}$, $p_1 = \frac{1}{4}$, $p_2 = \frac{1}{4}$, 则由定义可知

$$\mu = \sum_{i=0}^{\infty} ip_i = \frac{3}{4}, \phi(\pi_0) = \frac{1}{2} + \frac{1}{4}\pi_0 + \frac{1}{4}\pi_0^2.$$

求解 $\pi_0 = \phi(\pi_0)$ 得 $\pi_0 = 1, 2$. 此时, 消亡概率 $\pi_0 = 1$.

(3) 令 $p_0 = \frac{1}{4}$, $p_1 = \frac{1}{2}$, $p_2 = \frac{1}{4}$, 则由定义可知

$$\mu = \sum_{i=0}^{\infty} ip_i = 1, \phi(\pi_0) = \frac{1}{4} + \frac{1}{2}\pi_0 + \frac{1}{4}\pi_0^2.$$

求解 $\pi_0 = \phi(\pi_0)$ 得 $\pi_0 = 1, 1$. 此时, 消亡概率 $\pi_0 = 1$.

上面的三个例子验证了我们的结论.

名人介绍

数学大师——科尔莫戈罗夫

数学大师科尔莫戈罗夫是一个高尚、厚道的好人, "不修边幅的温厚的君子形象" (伊藤清语). 他不是希尔伯特 (科尔莫戈罗夫非常崇敬的数学家) 那种缓慢型天才,

而是聪敏人中最敏捷的那种. 他是一个充满个人魅力的导师, 培养了约 70 位博士, 包括著名的盖尔范德、西奈、阿诺尔德、列文、奥布霍夫、莫宁等大师级别的学生, 超过 20 位成了院士.

20 世纪 60 年代中期开始, 科尔莫戈罗夫把精力和心血主要贡献给了数学教育, 创办了著名的科尔莫戈罗夫中学, 亲自编写教材、授课 (每周达到 26h), 挖掘培养了大批高手, 解决庞加莱猜想的佩雷尔曼就是这里的毕业生. 丁玖老师在《智者的困惑: 混沌分形漫谈》一书中, 把科尔莫戈罗夫与我国的孔子相比. 的确, 他们都有若干位伟大的学生, 几十位杰出的学生, 成千上万受其教诲和影响的其他学生, 都创办学校取得了成功. 另外还有一点: 他们都有非常强壮的体魄, 战斗力惊人.

科尔莫戈罗夫先生研究领域宽广, 几乎遍及一切数学领域, 包括: 概率论及随机过程、数理统计及其应用、泛函分析、拓扑、微分方程、湍流理论、动力系统与经典力学、信息论、函数论等. 他在这些领域的研究成果不仅被应用于数学本身的发展和开辟新的领域, 而且在物理、化学、生物、地球物理、大气物理、冶金学、晶体学、机器学习、神经网络等学科中都有极重要的应用. 如果一个研究方向不够一些人口中的 "高大上", 科尔莫戈罗夫就可以凭一人之力把该领域脱胎换骨成体面的学科, 并建立一个学派, 带领其他人去播种、收获、扩建.

历史介绍

Markov 链的发展过程

在人类发展的历史上, Markov 链是第一个从理论上被提出并加以研究的随机过程模型. Markov 链的提出来自俄国数学家安德烈·马尔可夫. 马尔可夫在 1906~1907 年发表的研究中为了证明随机变量间的独立性不是弱大数定律 (weak law of large numbers) 和中心极限定理 (central limit theorem) 成立的必要条件, 构造了一个按条件概率相互依赖的随机过程, 并证明其在一定条件下收敛于一组向量, 该随机过程被后世称为 Markov 链.

在 Markov 链被提出之后, 保罗·埃伦菲斯特 (Paul Ehrenfest) 和塔季扬娜·阿法纳西娃 (Tatiana Afanasyeva) 在 1907 年使用 Markov 链建立了 Ehrenfest 扩散模型. 1912 年亨利·庞加莱研究了有限群上的 Markov 链并得到了庞加莱不等式. 1953 年, 尼古拉斯·米特罗波利斯 (Nicholas Metropolis) 等通过构建 Markov 链完成了对流体目标分布函数的随机模拟, 该方法在 1970 年由威尔弗雷德·K. 黑斯廷斯 (Wilfred K. Hastings) 进一步完善, 并发展为现今的米特罗波利斯-黑斯廷斯算法. 1957 年, 理查德·贝尔曼 (Richard Bellman) 通过离散随机最优控制模型首次提出了 Markov 决策过程. 1959~1962 年, 苏联数学家尤金·鲍里索维奇·登金 (Eugene Borisovich Dynkin) 完善了科尔莫戈罗夫的理论并通过 Dynkin 公式将平稳 Markov 过程与鞅过程相联系. 此后以 Markov 链为基础, 更复杂的 Markov 模型 (例如隐 Markov 模型和 Markov 随机场) 被相继提出, 并在模式识别等实际问题中得到了应用.

　　如今, 在物理学和化学中, Markov 链和 Markov 过程被用于对动力系统进行建模, 形成了 Markov 动力学; 在排队论中, Markov 链是排队过程的基本模型; 在信号处理方面, Markov 链是一些序列数据压缩算法, 例如 Lempel-Ziv 编码的数学模型; 在金融领域, Markov 链模型被用于预测企业产品的市场占有率.

　　随着 Markov 链的逐步深入研究, 它在经济学、生物学、物理学、化学、军事学、天文学等领域都引起了连锁反应, 衍生出一系列新课题、新理论和新学科. Markov 链蕴含丰富的数学理论, 与其他数学学科相互渗透; 而它又与自然科学、技术科学、管理科学、经济科学以至人文科学有广泛的交叉应用. 很多问题都可建立 Markov 过程概率模型, 运用概率论及随机过程的理论及方法进行研究, 而它们又不断地衍生出新的研究课题. 这种交互作用促进了当代概率论的飞速发展. 而当前 Markov 链的理论研究, 方兴未艾.

课 后 习 题

3.1　(一个简单的疾病、死亡模型)　考虑一个包含两种健康状态 S_1, S_2 (健康、亚健康) 以及两种死亡状态 S_3, S_4 (不同原因死亡) 的模型. 若个体病愈, 则认为它处于状态 S_1, 若个体患病, 它处于 S_2, 个体可以从 S_1, S_2 进入 S_3 和 S_4, 易见这是一个 Markov 链模型, 试给出转移矩阵.

3.2　质点在数轴上的点集 $\{-2,-1,0,1,2\}$ 上做随机游动. 质点到达点 -2 后, 以概率 1 停留在原处; 到达点 2 后, 以概率 1 向左移动一点; 到达其他点后, 分别以概率 $\frac{1}{3}$ 向左、向右移动一点, 以概率 $\frac{1}{3}$ 停留在原处. 试求在已知该质点处于点 0 的条件下, 经三步转移后仍处于点 0 的概率.

3.3　如果明日是否下雨仅与今日的天气 (是否有雨) 有关, 而与过去的天气无关, 并假设今日下雨、明日有雨的概率是 0.7, 今日无雨而明日有雨的概率为 0.4. 求今日有雨且第四日 (明天作为第一日起算) 仍有雨的概率.

3.4　假设一个 Markov 链的状态空间为 $S=\{1,2,3,4\}$, 一步转移概率矩阵

$$P=\begin{pmatrix} \frac{1}{2} & 0 & \frac{1}{2} & 0 \\ 1 & 0 & 0 & 0 \\ \frac{1}{3} & 0 & \frac{2}{3} & 0 \\ 0 & \frac{1}{2} & \frac{1}{2} & 0 \end{pmatrix}.$$

试问: 这个 Markov 链是不可约的吗? 为什么? 请对状态分类.

3.5　若 Markov 链的状态空间为 $S=\{1,2,3,4\}$, 一步转移矩阵为

$$P=\begin{pmatrix} \frac{1}{2} & \frac{1}{2} & 0 & 0 \\ 1 & 0 & 0 & 0 \\ 0 & \frac{1}{3} & \frac{2}{3} & 0 \\ \frac{1}{2} & 0 & \frac{1}{2} & 0 \end{pmatrix}.$$

试计算说明状态 1 和状态 2 是否为正常返状态.

3.6 设 Markov 链的状态空间为 $S = \{1, 2, 3, 4\}$, 其一步转移概率矩阵为

$$
P = \begin{pmatrix} \frac{1}{2} & \frac{1}{2} & 0 & 0 \\ 1 & 0 & 0 & 0 \\ 0 & \frac{1}{3} & \frac{2}{3} & 0 \\ \frac{1}{2} & 0 & \frac{1}{2} & 0 \end{pmatrix}.
$$

试将状态进行分类.

3.7 假设一 Markov 链 $\{X_n,\ n \geqslant 0\}$ 的状态空间为 $S = \{1, 2, 3\}$, 初始的分布为 $\mathbb{P}(X_0 = i) = \frac{1}{3}$, $i = 1, 2, 3$, 一步转移概率矩阵为

$$
P = \begin{pmatrix} \frac{1}{2} & \frac{1}{2} & 0 \\ \frac{1}{3} & 0 & \frac{2}{3} \\ \frac{1}{2} & 0 & \frac{1}{2} \end{pmatrix}.
$$

计算 $\mathbb{P}(X_0 = 3, X_2 = 1)$, $\mathbb{P}(X_0 = 1 | X_2 = 2)$, 并求其平稳分布.

3.8 我国某种商品在国外销售情况共有连续 24 个季度的数据 (其中 1 表示畅销, 2 表示滞销), 依次为 1, 1, 2, 1, 2, 2, 1, 1, 1, 2, 1, 2, 1, 1, 2, 2, 1, 1, 2, 1, 2, 1, 1, 1.

如果该商品销售情况近似满足时齐性与 Markov 性:

(1) 试确定销售状态的一步转移概率矩阵;

(2) 如果现在是畅销, 试预测之后的第四个季度的销售状况;

(3) 如果影响销售的所有因素不变, 试预测长期的销售状况.

3.9 假定将 6 个球 (其中 2 个红球, 4 个白球) 分别放于甲、乙两个盒子中, 每盒放 3 个. 每次从两盒中任取一球交换后并放入盒中. 以 X_n 表示经过 n 次交换后甲盒中的红球数, 则 $\{X_n, n = 0, 1, 2, \cdots\}$ 是状态空间为 $S = \{0, 1, 2\}$ 的 Markov 链.

(1) 求一步转移概率矩阵;

(2) 证明 $\{X_n, n \geqslant 1\}$ 是否具有遍历性;

(3) 计算该 Markov 链的平稳分布.

3.10 设有时齐 Markov 链, 它的状态空间 $S = \{0, 1, 2\}$, 一步转移概率矩阵为

$$
P = \begin{pmatrix} 0 & 1 & 0 \\ 1-p & 0 & p \\ 0 & 1 & 0 \end{pmatrix}.
$$

(1) 试求 $P^{(2)}$, 并证明 $P^{(2)} = P^{(4)}$;

(2) 求 $P^{(n)}$, $n \geqslant 1$.

3.11 设有时齐 Markov 链 $\{X_n, n = 0, 1, 2, \cdots\}$, 其一步转移概率矩阵为

$$
P = \begin{pmatrix} \frac{1}{2} & \frac{1}{2} & 0 \\ \frac{1}{4} & 0 & \frac{3}{4} \\ 0 & \frac{1}{3} & \frac{2}{3} \end{pmatrix}.
$$

试求极限分布.

3.12 设 $X_n, n \geqslant 0$ 是一时齐 Markov 链, 其状态空间 $S = \{a, b, c\}$, 一步转移概率为

$$P = \begin{pmatrix} \dfrac{1}{2} & \dfrac{1}{4} & \dfrac{1}{4} \\ \dfrac{2}{3} & 0 & \dfrac{1}{3} \\ \dfrac{3}{5} & \dfrac{2}{5} & 0 \end{pmatrix}.$$

试求:

(1) $\mathbb{P}(X_1 = b, X_2 = c, X_3 = a, X_4 = c, X_5 = a, X_6 = c, X_7 = b | X_0 = c)$;

(2) $\mathbb{P}(X_{n+2} = c | X_n = b)$.

3.13 甲乙两人进行某种比赛, 设每局比赛中甲胜的概率为 p, 乙胜的概率为 q, 平局的概率为 r, 其中 $p, q, r \geqslant 0$, $p + q + r = 1$, 设每局比赛后, 胜者得 1 分, 负者得 -1 分, 平局不记分, 当两个人中有一个人得到 2 分时比赛结束, 以 X_n 表示比赛至第 n 局时甲获得的分数, 则 $\{X_n, n \geqslant 1\}$ 是一时齐 Markov 链.

(1) 写出状态空间;

(2) 求一步转移概率矩阵;

(3) 求在甲获得 1 分的情况下, 再赛 2 局甲胜的概率.

3.14 设 $U_1, U_2, \cdots, U_n, \cdots$ 为相互独立的随机变量, 试问:

(1) $\{X_n = U_i, n = 1, 2, \cdots\}$ 是否为 Markov 链?

(2) $\left\{X_n = \sum\limits_{i=1}^{n} U_i, n = 1, 2, \cdots\right\}$ 是否为 Markov 链?

3.15 考虑一个质点在直线上随机游动, 如果在某一时刻质点位于 i, 则下一步质点将以概率 $p(0 < p < 1)$ 向前游动一步到达 $i + 1$ 处, 或以概率 $q(p + q = 1)$ 向后游动一步到达 $i - 1$ 处. 现规定, 这一质点只能向前或向后游动一步, 并且经过一个单位时间它必须向前或向后游动. 如果以 X_n 表示 n 时刻质点的位置, 则 $\{X_n, n = 0, 1, 2, \cdots\}$ 是一个 Markov 链.

(1) 写出状态空间;

(2) 求一步转移概率矩阵;

(3) 求 n 步转移概率 $p_{ij}^{(n)}$.

3.16 设有一电脉冲, 脉冲的幅度是随机的, 其幅度的变域为 $\{1, 2, 3, \cdots, n\}$, 且在其上服从均匀分布, 现用一电表测量其幅度, 每隔一单位时间测量一次, 从第一次测量算起, 记录其最大值 $X_n, n \geqslant 1$.

(1) 试说明 $\{X_n, n \geqslant 1\}$ 是一时齐 Markov 链;

(2) 写出一步转移概率矩阵;

(3) 仪器记录到最大值 n 的期望时间.

3.17 设时齐 Markov 链的状态空间 $S = \{1, 2, 3\}$, 一步转移概率矩阵为

$$P = \begin{pmatrix} q & p & 0 \\ q & 0 & p \\ 0 & q & p \end{pmatrix},$$

其中 $0 < p < 1$, $q = 1 - p$. 试问该时齐 Markov 链是否为遍历链? 若是遍历链, 试求极限分布.

3.18 设某厂商品的销售状态 (按一个月计) 可分为三个状态: 滞销 (用 1 表示)、正常 (用 2 表示)、畅销 (用 3 表示). 若经过对历史资料的整理分析得知其销售状态的变化 (从这月到下月) 与初始时刻无关, 且其状态转移概率为 p_{ij} (p_{ij} 表示从销售状态 i 经过一个月后转为销售状态 j 的概率), 一步转移概率矩阵为

$$P = \begin{pmatrix} \dfrac{1}{2} & \dfrac{1}{2} & 0 \\ \dfrac{1}{3} & \dfrac{1}{9} & \dfrac{5}{9} \\ \dfrac{1}{6} & \dfrac{2}{3} & \dfrac{1}{6} \end{pmatrix},$$

试对经过长时间后的销售状况进行分析.

3.19　设 $\{X(t), t \geqslant 0\}$ 是状态离散的平稳的独立增量过程, 且 $X(0) = 0$, 证明 $\{X(t), t \geqslant 0\}$ 是时齐 Markov 过程.

第 4 章　连续时间的 Markov 链

前面一章是时间和状态空间都是离散的 Markov 过程, 本章我们将介绍另外一种情况的 Markov 过程, 它的状态空间仍然是离散的, 但时间是连续变化的, 称为连续时间的 Markov 链. 我们将引出 Poisson 过程、更新过程以及一个重要的方程 (Kolmogorov 方程).

4.1　基　本　概　念

首先, 类似于离散时间的 Markov 链, 我们给出连续时间的 Markov 链的定义.

定义 4.1.1　假设过程 $\{X(t), t \geqslant 0\}$ 的状态空间 S 为离散空间, 记 $S = \{0, 1, 2, \cdots\}$ 或其子集. 若对一切 $s, t \geqslant 0$ 及 $i, j \in S$, 有

$$\mathbb{P}\{X(t+s) = j \,|\, X(s) = i, X(u) = x(u), 0 \leqslant u \leqslant s\}$$
$$= \mathbb{P}\{X(t+s) = j \,|\, X(s) = i\}$$

成立, 则称 $\{X(t), t \geqslant 0\}$ 是一个连续时间的 Markov 链.

记

$$p_{ij}(s, t) = \mathbb{P}\{X(t+s) = j \,|\, X(s) = i\}$$

表示过程在时刻 s 处于状态 i, 经 t 时间后转移到 j 的转移概率, 并记 $P(s, t) = (p_{ij}(s, t))$ 为相应的转移概率矩阵. 类似于离散时间的 Markov 链, 给出时齐 Markov 链的定义.

定义 4.1.2　若 $p_{ij}(s, t)$ 与 s 无关, 则称连续时间 Markov 链 $\{X(t), t \geqslant 0\}$ 是时齐的.

时齐性说明了与初始时刻无关, 只和转移时间长度有关. 简记 $p_{ij}(s, t) = p_{ij}(t)$, 相应地记 $P(t) = (p_{ij}(t))$. 接下来, 我们只讨论时齐的连续时间 Markov 链, 并且简称为连续时间 Markov 链 (在不引起混淆的情况下有时也称为 Markov 链).

对连续时间 Markov 链而言, 不仅要考虑在某一时刻它处于哪个状态, 还要考虑它在离开此状态之前会逗留多长时间. 由 Markov 性可推断, 这个 “逗留时间” 具备 “无记忆性” 的特征, 故应服从指数分布. 下面我们来验证这一推断.

命题 4.1.1　设 $\{X(t), t \geqslant 0\}$ 是连续时间 Markov 链, 假定在时刻 0 过程刚刚到达 i ($i \in S$). 以 τ_i 表示过程在离开 i 之前在 i 逗留的时间, 则 τ_i 服从指数分布.

证明　只需验证其 “无记忆性”, 即对 $\forall s, t \geqslant 0$, 有

$$\mathbb{P}\{\tau_i > s + t \,|\, \tau_i > s\} = \mathbb{P}\{\tau_i > t\}.$$

利用事件的等价性

$$\{\tau_i > s\} \Leftrightarrow \{X(u) = i, 0 < u \leqslant s \,|\, X(0) = i\},$$
$$\{\tau_i > s + t\} \Leftrightarrow \{X(u) = i, 0 < u \leqslant s, X(v) = i, s < v \leqslant s + t \,|\, X(0) = i\},$$

可得

$$\mathbb{P}\{\tau_i > s + t | \tau_i > s\}$$
$$= \mathbb{P}\{X(u) = i, 0 < u \leqslant s, X(v) = i, s < v \leqslant s + t | X(u) = i, 0 \leqslant u \leqslant s\}$$
$$= \mathbb{P}\{X(v) = i, s < v \leqslant s + t | X(s) = i\}$$
$$= \mathbb{P}\{X(u) = i, 0 < u \leqslant t | X(0) = i\}$$
$$= \mathbb{P}\{\tau_i > t\},$$

即满足无记忆性. □

上述命题给出了一种构造连续时间 Markov 链的方法: 首先, 在转移到下一种状态之前处于状态 i 的时间服从参数为 μ_i 的指数分布; 其次, 在离开状态 i 时, 将以概率 p_{ij} 到达 j, 且 $\sum_{j \in S} p_{ij} = 1$. 注意到指数分布的期望等于 $1/\mu_i$, 即当 $\mu_i = \infty$ 时, 它在状态 i 停留的平均时间为 0, 称状态 i 为瞬过的; 若 $\mu_i = 0$, 称 i 为吸收状态, 即一旦进入, 将停留的平均时间为无限长. 但我们总假设所考虑的连续时间 Markov 链中不存在瞬过状态, 即设 $\forall i, 0 \leqslant \mu_i < +\infty$. 同时, 我们也假设任何状态的转移都需要时间, 即下面的定义.

定义 4.1.3 若以概率 1 在任意有限长的时间内转移的次数是有限的, 则称此连续时间 Markov 链是正则的.

正则的连续时间 Markov 链满足连续性条件

$$\lim_{t \to 0} p_{ij}(t) = \delta_{ij} = \begin{cases} 1, & i = j, \\ 0, & i \neq j. \end{cases} \tag{4.1}$$

以下我们总假定所考虑的 Markov 链都满足正则性条件. 下面是几个连续时间 Markov 链的典型例子, 其中最典型的过程为 Poisson 过程和更新过程.

4.2 Poisson 过程

Poisson 过程是一类重要的连续时间的 Markov 过程, 为了引出 Poisson 过程, 我们先给出计数过程的定义.

定义 4.2.1 随机过程 $\{N(t), t \geqslant 0\}$ 称为计数过程, 如果 $N(t)$ 表示从 0 到 t 时刻某一特定事件 A 发生的次数, 它具备以下两个特点:

(1) $N(t) \geqslant 0$ 且取值为整数;

(2) 当 $s < t$ 时, $N(s) \leqslant N(t)$ 且 $N(t) - N(s)$ 表示 $(s, t]$ 时间内事件 A 发生的次数.

在实际生活中, 计数过程有着广泛的应用. 比如: 考虑一段时间内到某商店购物的顾客数、某个路口某段时间发生交通事故的次数、某地区某时间段内出生人口数等, 均可以用计数过程来描述.

第 2 章中定义的独立增量和平稳增量是某些计数过程具有的主要性质.

定义 4.2.2 计数过程 $\{N(t), t \geqslant 0\}$ 称为独立增量过程, 若满足

$$\mathbb{P}\{N(t+h) = j | N(t) = i, N(s) = k\} = \mathbb{P}\{N(t+h) = j | N(t) = i\}, \ 0 \leqslant s < t.$$

也称此性质为 Markov 性质.

定义 4.2.3 计数过程 $\{N(t), t \geqslant 0\}$ 称为稳态的, 若满足

$$p_{ij}(h) = \mathbb{P}\{N(t+h) = j | N(t) = i\}$$

与初值时刻 t 无关. 若

$$p_{ij}(0) = \delta_{ij} = \begin{cases} 1, & i = j, \\ 0, & i \neq j, \end{cases}$$

则称其为正则计数过程.

引理 4.2.1   令 $\{N(t) : t \geqslant 0\}$ 是一个稳态的独立增量过程. 假设 $N(0) = 0$ 以及 $\forall t > 0, 0 < \mathbb{P}(N(t) = 0) < 1$, 则 $\mathbb{P}(N(t) = 0) = \mathrm{e}^{-\lambda t}$ 对某个 $\lambda > 0$ 和 $\forall t > 0$.

证明   记 $p = \mathbb{P}\{N(1) = 0\}$, $0 < p < 1$. 分割区间 $[0,1]$ 成 n 个互不相交的子区间 $[0, 1/n], (1/n, 2/n], \cdots, ((n-1)/n, 1]$, 则

$$\begin{aligned} p &= \mathbb{P}\{N(1) = 0\} \\ &= \mathbb{P}\{N(1/n) = 0, N(2/n) - N(1/n) = 0, \cdots, \\ &\qquad N(1) - N((n-1)/n) = 0\} \\ &= [\mathbb{P}\{N(1/n) = 0\}]^n, \end{aligned}$$

其中用到了稳态性和独立性. 类似地, 我们有

$$\begin{aligned} &\mathbb{P}\{N(k/n) = 0\} \\ &= \mathbb{P}\{N(1/n) = 0, N(2/n) - N(1/n) = 0, \cdots, \\ &\qquad N(k/n) - N((k-1)/n) = 0\} \\ &= [\mathbb{P}\{N(1/n) = 0\}]^k. \end{aligned}$$

从而

$$\mathbb{P}\{N(t) = 0\} = p^t$$

对于 $t = k/n$ 均成立. 上面的关系对于一般的时间 t 同样成立 (只需要考虑小区间 $(t, t + 1/n)$ 并找到概率的上下界). 令 $\lambda = -\ln p$, 则 $\lambda > 0$ 因为 $0 < p < 1$. 从而 $\mathbb{P}\{N(t) = 0\} = \mathrm{e}^{-\lambda t}$. □

现在已经准备好引入 Poisson 过程, 它的定义如下.

定义 4.2.4   一个随机过程 $\{N(t), t \geqslant 0\}$ 称为 Poisson 过程, 如果它是一个稳态的、独立增量的正则计数过程且满足 $N(0) = 0$, $0 < \mathbb{P}\{N(t) = 0\} < 1$ 对 $t > 0$ 均成立.

定理 4.2.1   记 $\{N(t) : t > 0\}$ 是一个 Poisson 过程, 则存在实数 $\lambda > 0$ 使得 $\forall t > 0$, $N(t)$ 是一个带有参数 λt 的 Poisson 随机变量, 即

$$\mathbb{P}\{N(t) = n\} = \frac{(\lambda t)^n \mathrm{e}^{-\lambda t}}{n!}.$$

证明   由引理 4.2.1 知 $\mathbb{P}(N(t) = 0) = \mathrm{e}^{-\lambda t} = 1 - \lambda t + o(t)$. 此外, 由全概率公式知 $\mathbb{P}(N(t) = 0) + \mathbb{P}(N(t) = 1) + \mathbb{P}(N(t) > 1) = 1$. 因此, $\mathbb{P}(N(t) = 1) = \lambda t + o(t)$ 因为 $N(t)$ 是正则的. 记 $p_n(t) = \mathbb{P}(N(t) = n)$, 有

$$\begin{aligned} p_n(t + h) &= \mathbb{P}\{N(t + h) = n\} \\ &= \mathbb{P}\{N(t) = n, N(t + h) - N(t) = 0\} \\ &\quad + \mathbb{P}\{N(t) = n - 1, N(t + h) - N(t) = 1\} \end{aligned}$$

$$+\mathbb{P}\{N(t+h) = n, N(t+h) - N(t) \geqslant 2\}$$
$$= p_n(t)p_0(h) + p_{n-1}(t)p_1(h) + o(h)$$
$$= (1 - \lambda h)p_n(t) + \lambda h p_{n-1}(t) + o(h),$$

故有

$$\frac{p_n(t+h) - p_n(t)}{h} = -\lambda p_n(t) + \lambda p_{n-1}(t) + \frac{o(h)}{h}.$$

让 $h \to 0$, 得到

$$p'_n(t) = -\lambda p_n(t) + \lambda p_{n-1}(t)$$

对于 $n \geqslant 1$ 均成立. 注意到 $p_0(t) = \mathrm{e}^{-\lambda t}$, 对于 $n \geqslant 1$, 利用常微分方程积分因子法和迭代技巧可以得到

$$p_n(t) = \frac{(\lambda t)^n \mathrm{e}^{-\lambda t}}{n!}. \qquad \square$$

综上可知, 我们也可以给出如下的定义, 但下面的定义没有定义 4.2.4 给出得自然.

定义 4.2.5 计数过程 $\{N(t), t \geqslant 0\}$ 称为参数为 $\lambda(\lambda > 0)$ 的 Poisson 过程, 如果

(1) $N(0) = 0$;

(2) 过程有独立增量;

(3) 在任一长度为 t 的时间区间中事件发生的次数服从均值为 λt 的 Poisson 分布, 即对一切 $s \geqslant 0, t > 0$, 有

$$\mathbb{P}\{N(t+s) - N(s) = n\} = \mathrm{e}^{-\lambda t} \frac{(\lambda t)^n}{n!}, \quad n = 0, 1, 2, \cdots.$$

由定义 4.2.5(3) 可知, $N(t+s) - N(s)$ 的分布与 s 无关, 所以 Poisson 过程具有平稳增量. 此外, 由 Poisson 分布的性质知道, $\mathbb{E}[N(t)] = \lambda t$, 于是可认为 λ 是单位时间内发生的事件的平均次数, 一般称 λ 是 Poisson 过程的强度或速率, 在有些著作中它还称为 "发生率".

在服务系统中, 我们会遇到排队现象, 经常用 Poisson 过程模型来描述其服务时长、顾客到来数量等. 例如: 在一小时内接到的电话数量, 在一天内发生的交通事故数量, 某时段到达某服务设施的顾客数, 均可以用 Poisson 过程来描述.

由概率论可知, Bernoulli 试验 (二项分布) 可以用 Poisson 分布来逼近. 从而若对事件充分细分, 可认为每个事件都服从两点分布, 然后再把事件合并起来, 就可以认为整体事件服从 Bernoulli 试验. 因此, 现实中很多问题都可以用 Poisson 过程来描述. 基于概率论的知识, 我们引入如下的定义.

定义 4.2.6 设 $\{N(t), t \geqslant 0\}$ 是一个计数过程, 它满足

(1)′ $N(0) = 0$;

(2)′ 过程有平稳独立增量;

(3)′ 存在 $\lambda > 0$, 当 $h \downarrow 0$ 时, 有

$$\mathbb{P}\{N(t+h) - N(t) = 1\} = \lambda h + o(h);$$

(4)′ 当 $h \downarrow 0$ 时, 有

$$\mathbb{P}\{N(t+h) - N(t) \geqslant 2\} = o(h).$$

下面证明定义 4.2.6 与定义 4.2.5 等价. 在给出严格证明之前, 我们先直观上用 "Poisson 分布逼近二项分布" 的思想粗略地说明一下.

把 $[0, t]$ 划分为 n 个相等的时间区间, 则由条件 $(4)'$ 可知, 当 $n \to \infty$ 时, 在每个小区间内事件发生两次或两次以上的概率趋于 0, 因此事件发生一次的概率 $p \approx \lambda \dfrac{t}{n}$ (p 很小), 事件不发生的概率为 $1 - p \approx 1 - \lambda \dfrac{t}{n}$, 这恰好是一次 Bernoulli 试验. 其中事件发生一次即为试验成功, 不发生则为失败. 再由条件 $(2)'$ 给出的平稳独立增量性, $N(t)$ 就相当于 n 重 Bernoulli 试验中试验成功的总次数, 由 Poisson 分布可以逼近二项分布可知 $N(t)$ 将服从参数为 λt 的 Poisson 分布 (定义 4.2.5(3)).

定理 4.2.2   定义 4.2.6 与定义 4.2.5 等价.

证明   设计数过程 $\{N(t), t \geqslant 0\}$ 满足定义 4.2.6, 要证明它是 Poisson 过程, 只需验证 $N(t)$ 服从参数为 λt 的 Poisson 分布. 令

$$P_n(t) = \mathbb{P}\{N(t) = n\}, \quad n = 0, 1, 2, \cdots,$$

$$P(h) = \mathbb{P}\{N(h) \geqslant 1\}$$

$$= P_1(h) + P_2(h) + \cdots$$

$$= 1 - P_0(h).$$

利用独立增量性和定义可得

$$\begin{aligned}
P_0(t+h) &= \mathbb{P}\{N(t+h) = 0\} \\
&= \mathbb{P}\{N(t+h) - N(t) = 0, N(t) = 0\} \\
&= \mathbb{P}\{N(t) = 0\}\mathbb{P}\{N(t+h) - N(t) = 0\} \ (\text{由条件 } (2)' \text{ 得出}) \\
&= P_0(t)P_0(h) \\
&= P_0(t)(1 - \lambda h + o(h)) \ (\text{由条件 } (3)' \text{、} (4)' \text{ 得出}),
\end{aligned}$$

因而可以写成差分形式

$$\frac{P_0(t+h) - P_0(t)}{h} = -\lambda P_0(t) + \frac{o(h)}{h}.$$

令 $h \to 0$, 有

$$P_0'(t) = -\lambda P_0(t).$$

解此微分方程, 得

$$P_0(t) = C \mathrm{e}^{-\lambda t},$$

其中 C 为常数. 由 $P_0(0) = \mathbb{P}\{N(0) = 0\} = 1$ 得 $C = 1$, 故

$$P_0(t) = \mathrm{e}^{-\lambda t}.$$

同理, 当 $n \geqslant 1$ 时, 有

$$P_n(t+h) = \mathbb{P}\{N(t+h) = n\}$$

$$= \mathbb{P}\{N(t) = n, N(t+h) - N(t) = 0\}$$

$$+ \mathbb{P}\{N(t) = n-1, N(t+h) - N(t) = 1\}$$

$$+ \mathbb{P}\{N(t+h) = n, N(t+h) - N(t) \geqslant 2\}$$

$$= P_n(t)P_0(h) + P_{n-1}(t)P_1(h) + o(h)$$

$$= (1 - \lambda h)P_n(t) + \lambda h P_{n-1}(t) + o(h),$$

因此

$$\frac{P_n(t+h) - P_n(t)}{h} = -\lambda P_n(t) + \lambda P_{n-1}(t) + \frac{o(h)}{h}.$$

令 $h \to 0$, 得

$$P_n'(t) = -\lambda P_n(t) + \lambda P_{n-1}(t).$$

利用归纳法可以解得

$$P_n(t) = \mathrm{e}^{-\lambda t}\frac{(\lambda t)^n}{n!} = \mathbb{P}\{N(t) = n\}.$$

反过来, 只需验证条件 $(3)'$、$(4)'$ 成立, 由定义 4.2.5(3) 可得

$$\mathbb{P}\{N(t+h) - N(t) = 1\} = \mathbb{P}\{N(h) - N(0) = 1\}$$

$$= \mathrm{e}^{-\lambda h}\frac{\lambda h}{1!} - \lambda h \sum_{n=0}^{\infty}\frac{(\lambda h)^n}{n!}$$

$$= \lambda h[1 - \lambda h + o(h)]$$

$$= \lambda h + o(h),$$

$$\mathbb{P}\{N(t+h) - N(t) \geqslant 2\} = \mathbb{P}\{N(h) - N(0) \geqslant 2\}$$

$$= \sum_{n=0}^{\infty}\mathrm{e}^{-\lambda h}\frac{(\lambda h)^n}{n!}$$

$$= o(h). \qquad \square$$

定义 4.2.6 与定义 4.2.5 相比, 它更容易应用到实际问题中, 作为判定某一现象能否用 Poisson 过程来刻画的依据. 而我们是很难验证定义 4.2.5(3) 这一 Poisson 分布的条件的, 但定义 4.2.5 在理论研究中是很有用的. 后面我们会给出如何生成 Poisson 过程.

例 4.2.1 设在时间区间 $[0,t]$ 内来到商店的顾客数 $N(t)$ 服从强度为 λ 的 Poisson 过程, 每个来到商店的顾客购买某货物的概率为 p, 不买某货物的概率为 $1-p$, 且每个顾客是否购买货物是独立的, 令 $Y(t)$ 为 $[0,t]$ 内购买货物的顾客数. 试证 $\{Y(t), t \geqslant 0\}$ 是强度为 λp 的 Poisson 过程.

证明 由 $\{N(t), t \geqslant 0\}$ 服从强度为 λ 的 Poisson 过程知, $\{Y(t), t \geqslant 0\}$ 是一个零初值的平稳独立增量过程, 又 $\forall t > 0$,

$$\mathbb{P}(Y(t)=k)=\sum_{i=0}^{\infty}\mathbb{P}(N(t)=i)\mathbb{P}(Y(t)=k|N(t)=i)$$

$$=\sum_{i=k}^{\infty}\mathbb{P}(N(t)=i)\mathbb{P}(Y(t)=k|N(t)=i)$$

$$=\sum_{i=k}^{\infty}\frac{(\lambda t)^i}{i!}\mathrm{e}^{-\lambda t}\frac{i!}{k!(i-k)!}p^k(1-p)^{i-k}$$

$$=\frac{(\lambda pt)^i}{k!}\mathrm{e}^{-\lambda t}\sum_{i=k}^{\infty}\frac{[\lambda(1-p)t]^{i-k}}{(i-k)!}$$

$$=\frac{(\lambda pt)^i}{k!}\mathrm{e}^{-\lambda t}\sum_{m=0}^{\infty}\frac{[\lambda(1-p)t]^m}{m!}$$

$$=\frac{(\lambda pt)^i}{k!}\mathrm{e}^{-\lambda t}\mathrm{e}^{\lambda(1-p)t}$$

$$=\frac{(\lambda pt)^i}{k!}\mathrm{e}^{-\lambda pt},\quad k=0,1,2,\cdots,$$

故 $\{Y(t),t\geqslant 0\}$ 是强度为 λp 的 Poisson 过程. □

例 4.2.2 某商店顾客的到来服从强度为 4 人每小时的 Poisson 过程, 已知商店 9 : 00 开门, 试求:

(1) 在开门半小时中, 无顾客到来的概率;

(2) 若已知开门半小时中无顾客到来, 那么在未来半小时中仍无顾客到来的概率.

解 设顾客到来的过程为 $\{N(t),t\geqslant 0\}$, 由题可知 $\{N(t),t\geqslant 0\}$ 是参数为 $\lambda=4$ 的 Poisson 过程.

(1) 在开门半小时中, 无顾客到来的概率为

$$\mathbb{P}\left(N\left(\frac{1}{2}\right)=0\right)=\mathrm{e}^{-4\times\frac{1}{2}}=\mathrm{e}^{-2};$$

(2) 开门半小时中无顾客到来可表示为 $\left\{N\left(\frac{1}{2}\right)=0\right\}$, 在未来半小时中仍无顾客到来可表示为 $\left\{N(1)-N\left(\frac{1}{2}\right)=0\right\}$, 从而所求概率为

$$\mathbb{P}\left(N(1)-N\left(\frac{1}{2}\right)=0|N\left(\frac{1}{2}\right)=0\right)$$

$$=\mathbb{P}\left(N(1)-N\left(\frac{1}{2}\right)=0|N\left(\frac{1}{2}\right)-N(0)=0\right)$$

$$=\mathbb{P}\left(N(1)-N\left(\frac{1}{2}\right)=0\right)$$

$$=\mathrm{e}^{-4\times\frac{1}{2}}=\mathrm{e}^{-2}.$$

□

4.2.1　时间间隔和发生时刻的分布

对于一个计数过程, 关心的是它什么时候发生以及发生时间的间隔. 本小节将考虑这两个问题. 首先, 给出 Poisson 过程发生时刻和时间间隔示意图, 如图 4.1 所示.

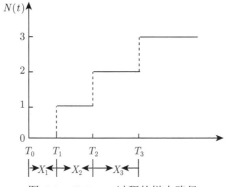

图 4.1　Poisson 过程的样本路径

由图 4.1 可知, Poisson 过程 $\{N(t), t \geqslant 0\}$ 的一条样本路径一般是跳跃度为 1 的阶梯函数.

记 T_n 为第 n $(n = 1, 2, \cdots)$ 次事件发生的时刻, 约定 $T_0 = 0$. X_n 表示第 n 次与第 $n-1$ 次事件发生的时间间隔, 即 $X_n = T_n - T_{n-1}$. 我们先给出 X_n 的分布.

定理 4.2.3　$X_n(n = 1, 2, \cdots)$ 服从参数为 λ 的指数分布, 且相互独立.

证明　首先考虑 X_1 的分布, 注意到事件 $\{X_1 > t\}$ 意味着 $(0, t]$ 时间内没有事件发生, 即

$$\{X_1 > t\} \Leftrightarrow \{N(t) = 0\}.$$

因此

$$\mathbb{P}\{X_1 > t\} = \mathbb{P}\{N(t) = 0\} = \mathrm{e}^{-\lambda t},$$

从而

$$\mathbb{P}\{X_1 \leqslant t\} = 1 - \mathrm{e}^{-\lambda t}.$$

类似地, 考虑 X_2:

$$
\begin{aligned}
\mathbb{P}\{X_2 > t | X_1 = s\} &= \mathbb{P}\{N(s+t) - N(s) = 0 | X_1 = s\} \\
&= \mathbb{P}\{N(s+t) - N(s) = 0\} \text{ (独立增量性)} \\
&= \mathrm{e}^{-\lambda t}.
\end{aligned}
$$

所以 X_2 与 X_1 独立, 且都服从参数为 λ 的指数分布. 重复同样的推导, 可得定理结论.　□

注　定理 4.2.3 的结果应该是预料之中的, 由于 Poisson 过程有平稳独立增量, 过程在任何时刻都 "重新开始", 换言之这恰好就是 "无记忆性" 的体现, 与指数分布的 "无记忆性" 是对应的.

接下来, 我们给出 T_n 的分布.

定理 4.2.4　T_n $(n = 1, 2, \cdots)$ 服从参数为 n 和 λ 的 Γ 分布.

证明　由于

$$T_n = \sum_{i=1}^{n} X_i,$$

由上述定理知道, X_i 是相互独立的且服从相同的指数分布, 而指数分布是 Γ 分布的一种特殊情形 $(n=1)$. 利用 Γ 分布的独立可加性, 可得 T_n 的分布, 即服从参数为 n 和 λ 的 Γ 分布. 此外, 我们还可以利用等价性和 Poisson 分布得到 T_n 的分布. 注意到

$$\{N(t) \geqslant n\} \Leftrightarrow \{T_n \leqslant t\},$$

即第 n 次事件发生在时刻 t 之前相当于到时刻 t 已经发生的事件数目至少是 n, 因此

$$\mathbb{P}\{T_n \leqslant t\} = \mathbb{P}\{N(t) \geqslant n\} = \sum_{j=n}^{\infty} e^{-\lambda t}\frac{(\lambda t)^j}{j!}.$$

对上式两端求导可得 T_n 的密度函数为

$$f(t) = -\sum_{j=n}^{\infty} \lambda e^{-\lambda t}\frac{(\lambda t)^j}{j!} + \sum_{j=n}^{\infty} \lambda e^{-\lambda t}\frac{(\lambda t)^{j-1}}{(j-1)!}$$

$$= \lambda e^{-\lambda t}\frac{(\lambda t)^{n-1}}{(n-1)!}$$

$$= \frac{\lambda^n}{\Gamma(n)} t^{n-1} e^{-\lambda t}. \qquad \Box$$

定理 4.2.3 给出了 Poisson 过程的又一种定义方法.

定义 4.2.7　计数过程 $\{N(t), t \geqslant 0\}$ 是参数为 λ 的 Poisson 过程, 如果每次事件发生的时间间隔 $X_1, X_2, \cdots$ 相互独立, 且服从同一参数为 λ 的指数分布.

定义 4.2.7 等价于定义 4.2.5, 由于其证明比较长, 我们把证明留给有兴趣的读者, 具体证明参看 *An Introduction to Stochastic Processes* (Kannan, 1979) 和《应用随机过程》(林元烈, 2002). 这里我们只强调一下, 参数 λ 是时间间隔的期望 (均值), 即 $\lambda = \mathbb{E}[X_n]$.

4.2.2　到达时刻的条件分布

本小节考虑在给定 $N(t) = n$ 的条件下, $T_1, \cdots, T_n$ 的分布、有关性质, 即假设到时刻 t, Poisson 过程描述的事件 A 已经发生了 n 次, 我们现在来考虑这 n 次事件发生的时刻 $T_1, T_2, \cdots, T_n$ 的联合分布. 首先, 简化这个问题, 考虑 $n=1$ 时的情形.

定理 4.2.5　假设 $\{N(t), t \geqslant 0\}$ 是 Poisson 过程, 则对于 $0 < s < t$, 有

$$\mathbb{P}\{T_1 \leqslant s | N(t) = 1\} = \frac{s}{t}.$$

证明　利用条件概率和等价性, 可得

$$\mathbb{P}\{T_1 \leqslant s | N(t) = 1\} = \frac{\mathbb{P}\{T_1 \leqslant s, N(t) = 1\}}{\mathbb{P}\{N(t) = 1\}}$$

$$= \frac{\mathbb{P}\{A \text{ 发生在 } s \text{ 时刻之前}, (s,t] \text{内 } A \text{ 没有发生}\}}{\mathbb{P}\{N(t) = 1\}}$$

$$= \frac{\mathbb{P}\{N(s) = 1\}\mathbb{P}\{N(t) - N(s) = 0\}}{\mathbb{P}\{N(t) = 1\}}$$

$$= \frac{\lambda s e^{-\lambda s} \cdot e^{-\lambda(t-s)}}{\lambda t e^{-\lambda t}}$$

$$= \frac{s}{t}. \qquad \Box$$

该定理表明在已知 $[0, t]$ 时间内 A 只发生一次的前提下, A 发生的时刻在 $[0, t]$ 上是均匀分布的. 这一结果与我们的猜想相符, 因为 Poisson 过程有平稳独立增量, 事件 A 在 $[0, t]$ 的任何相同长度的子区间内发生的概率都是相等的. 两个自然的问题: ① 这个性质是否可推广到 $N(t) = n$, $n \geqslant 2$ 的情形? ② 这个性质是否是 Poisson 过程特有的? 换句话说, 定理 4.2.5 的逆命题成立吗? 为回答问题 ①, 需要先回顾一下顺序统计量的性质, 参看文献《应用随机过程》(林元烈, 2002) 和《随机过程论》(钱敏平和龚光鲁, 1997).

假设 $Y_1, Y_2, \cdots, Y_n$ 是独立同分布、非负的随机变量, 密度函数为 $f(y)$. 记 $Y_{(1)}, Y_{(2)}$, $\cdots, Y_{(n)}$ 为相应的顺序统计量, 容易得到, 对 $0 < y_1 < y_2 < \cdots < y_n$, 取充分小的 $h > 0$ 使得

$$0 < y_1 < y_1 + h < y_2 < y_2 + h < \cdots < y_{n-1} + h < y_n < y_n + h,$$

则

$$\{y_1 < Y_{(1)} < y_1 + h, y_2 < Y_{(2)} < y_2 + h, \cdots, y_n < Y_{(n)} < y_n + h\}$$
$$= \bigcup_{(i_1, i_2, \cdots, i_n)} \{y_1 < Y_{i_1} < y_1 + h, y_2 < Y_{i_2} < y_2 + h, \cdots, y_n < Y_{i_n} < y_n + h\}.$$

注意到等式右端各事件互不相容, 得

$$\lim_{h \to 0} \frac{\mathbb{P}\{y_1 < Y_{(1)} < y_1 + h, y_2 < Y_{(2)} < y_2 + h, \cdots, y_n < Y_{(n)} < y_n + h\}}{h^n}$$
$$= \lim_{h \to 0} n! \frac{\mathbb{P}\{y_1 < Y_{i_1} < y_1 + h, y_2 < Y_{i_2} < y_2 + h, \cdots, y_n < Y_{i_n} < y_n + h\}}{h^n}.$$

由此可知顺序统计量 $Y_{(1)}, Y_{(2)}, \cdots, Y_{(n)}$ 的联合概率密度为

$$f(y_1, y_2, \cdots, y_n) = \begin{cases} n! \displaystyle\prod_{i=1}^{n} f(y_i), & 0 < y_1 < y_2 < \cdots < y_n, \\ 0, & \text{其他}. \end{cases}$$

更进一步, 若 $\{Y_i, 1 \leqslant i \leqslant n\}$ 在 $[0, t]$ 上独立同均匀分布, 则顺序统计量 $Y_{(1)}, Y_{(2)}, \cdots, Y_{(n)}$ 的联合概率密度为

$$f(y_1, y_2, \cdots, y_n) = \begin{cases} \dfrac{n!}{t^n}, & 0 < y_1 < y_2 < \cdots < y_n \leqslant t, \\ 0, & \text{其他}. \end{cases}$$

现在考虑 $n \geqslant 2$ 的情况.

定理 4.2.6 在已知 $N(t) = n$ 的条件下, 事件发生的 n 个时刻 $T_1, T_2, \cdots, T_n$ 的联合分布密度是

$$f(t_1, t_2, \cdots, t_n) = \frac{n!}{t^n}, \quad 0 < t_1 < t_2 < \cdots < t_n. \tag{4.2}$$

证明　令 $0 < t_1 < t_2 < \cdots < t_n < t_{n+1} = t$. 取 h_i 充分小使得 $t_i + h_i < t_{i+1}$　$(i = 1, 2, \cdots, n)$, 则

$$\mathbb{P}\{t_i < T_i \leqslant t_i + h, i = 1, 2, \cdots, n | N(t) = n\}$$

$$= \frac{\mathbb{P}\{N(t_i + h_i) - N(t_i) = 1, N(t_{i+1}) - N(t_i + h_i) = 0, 1 \leqslant i \leqslant n, N(t_1) = 0\}}{\mathbb{P}\{N(t) = n\}}$$

$$= \frac{\lambda h_1 e^{-\lambda h_1} \cdots \lambda h_n e^{-\lambda h_n} e^{-\lambda(t - h_1 - h_2 - \cdots - h_n)}}{e^{-\lambda t}(\lambda t)^n / n!}$$

$$= \frac{n!}{t^n} h_1 h_2 \cdots h_n.$$

故按定义, 给定 $N(t) = n$ 时, $T_1, T_2, \cdots, T_n$ 的 n 维条件分布密度

$$f(t_1, t_2, \cdots, t_n) = \lim_{h_i \to 0, 1 \leqslant i \leqslant n} \frac{\mathbb{P}\{t_i < T_i \leqslant t_i + h_i, 1 \leqslant i \leqslant n | N(t) = n\}}{h_1 h_2 \cdots h_n}$$

$$= \frac{n!}{t^n}, \quad 0 < t_1 < t_2 < \cdots < t_n. \qquad \square$$

由概率论的知识我们知道, 式 (4.2) 恰好是 $[0, t]$ 区间上服从均匀分布的 n 个相互独立的随机变量. 所以直观上, 在已知 $[0, t]$ 内发生了 n 次事件的前提下, 各次事件发生的时刻 $T_1, T_2, \cdots, T_n$ (不排序) 可看作相互独立的随机变量, 且都服从 $[0, t]$ 上的均匀分布.

对于问题 ②, 我们有如下的定理.

定理 4.2.7　假设 $\{N(t), t \geqslant 0\}$ 是计数过程, X_n 为第 n 个事件与第 $n-1$ 个事件的时间间隔, $\{X_n, n \geqslant 1\}$ 独立同分布且 $F(x) = \mathbb{P}\{X_n \leqslant x\}$, 若 $F(0) = 0$, 且对 $\forall 0 \leqslant s \leqslant t$, 有

$$\mathbb{P}\{X_1 \leqslant s | N(t) = 1\} = \frac{s}{t} \ (t > 0),$$

则 $\{N(t), t \geqslant 0\}$ 是 Poisson 过程.

证明　由题可知

$$\mathbb{P}\{X_1 \leqslant s | N(s + x) = 1\} = \frac{s}{s + x}, \quad \mathbb{P}\{X_1 \leqslant x | N(s + x) = 1\} = \frac{x}{s + x},$$

从而可得

$$\mathbb{P}\{X_1 \leqslant s | N(s + x) = 1\} + \mathbb{P}\{X_1 \leqslant x | N(s + x) = 1\} = 1. \tag{4.3}$$

又由条件概率的定义和事件的等价性知

$$\mathbb{P}\{X_1 \leqslant s | N(s + x) = 1\} = \frac{\mathbb{P}\{X_1 \leqslant s, X_1 \leqslant s + x < X_1 + X_2\}}{\mathbb{P}\{X_1 \leqslant s + x < X_1 + X_2\}},$$

利用全概率公式得

$$\mathbb{P}\{X_1 \leqslant s, X_1 \leqslant s + x < X_1 + X_2\} = \int_0^s (1 - F(s + x - u)) \mathrm{d}F(u),$$

$$\mathbb{P}\{X_1 \leqslant s + x < X_1 + X_2\} = \int_0^{s+x} (1 - F(s + x - u)) \mathrm{d}F(u),$$

代入式 (4.3) 得

$$\int_0^x (1 - F(s + x - u))\mathrm{d}F(u) + \int_0^s (1 - F(s + x - u))\mathrm{d}F(u)$$

$$= \int_0^{s+x} (1 - F(s + x - u))\mathrm{d}F(u),$$

因此我们有

$$\int_0^s (1 - F(s + x - u))\mathrm{d}F(u) = \int_x^{s+x} (1 - F(s + x - u))\mathrm{d}F(u).$$

简化上式, 得 $F(s) + F(x) - F(x)F(s) = F(x + s)$, 即可得

$$1 - F(x + s) = (1 - F(s))(1 - F(x)),$$

令 $G(x) = 1 - F(x)$, 则 $G(x + s) = G(x)G(s)$. 因为 $F(x)$ 是单调不减且右连续的函数, 所以 $G(x)$ 是单调不增且右连续的函数. 对 $G(x + t) = G(x)G(t)$ 两端关于 x 求导, 得

$$G'_x(x + t) = G'_x(x)G(t).$$

注意到 $G'_x(x + t) = G'_t(x + t)$, 所以有

$$G'_t(x + t) = G'_x(x)G(t).$$

令 $x = 0$, 则得到 $G'_t(t) = G'_x(0)G(t)$. 记 $\lambda = -G'_x(0)$. 由于 $G(x)$ 单调不增, 所以 $\lambda \geqslant 0$; 又因 $F(x)$ 是分布函数, 不能为常数, 从而 $\lambda \neq 0$; 再由 $G(0) = 1 - F(0) = 1$ 得

$$G(t) = \mathrm{e}^{-\lambda t},$$

即

$$F(x) = 1 - G(x) = 1 - \mathrm{e}^{-\lambda t} \quad (x \geqslant 0).$$

由定义 4.2.7 可知 $\{N(t),\, t \geqslant 0\}$ 是 Poisson 过程. □

类似于定理 4.2.7, 我们有下面的定理.

定理 4.2.8 假设 $\{N(t),\, t \geqslant 0\}$ 是计数过程, X_n 为第 n 个事件与第 $n - 1$ 个事件的时间间隔, $\{X_n, n \geqslant 1\}$ 独立同分布且 $F(x) = \mathbb{P}\{X_n \leqslant x\}$. 若 $F(0) = 0$, $\mathbb{E}[X_n] < \infty$, 且对 $\forall 0 \leqslant s \leqslant t$, 有

$$\mathbb{P}\{T_n \leqslant s | N(t) = n\} = \left(\frac{s}{t}\right)^n \ (t > 0),$$

则 $\{N(t),\, t \geqslant 0\}$ 是 Poisson 过程.

证明从略.

下面我们给出两个例子.

例 4.2.3 假设一系统在 $[0, t]$ 内承受的冲击数 $\{N(t), t \geqslant 0\}$ 是强度为 λ 的 Poisson 过程, 第 i 次冲击的损失为 L_i. 假设 $\{L_i, i \geqslant 1\}$ 独立同分布, 与 $\{N(t), t \geqslant 0\}$ 独立, 且损失随时间按负指数衰减, 即 $t = 0$ 时损失为 L, 在 t 时损失为 $L\mathrm{e}^{-\alpha t}$, $\alpha > 0$. 设损失是可加的, 那么在 t 时刻损失之和为

$$S(t) = \sum_{i=1}^{N(t)} L_i \mathrm{e}^{-\alpha(t - T_i)},$$

其中 T_i 为第 i 次冲击的到达时刻. 试求 $\mathbb{E}[S(t)]$.

解   取条件期望可得

$$
\begin{aligned}
\mathbb{E}[S(t)|N(t)=n] &= \mathbb{E}\left[\sum_{i=1}^{N(t)} L_i \mathrm{e}^{-\alpha(t-T_i)}\Big|N(t)=n\right] \\
&= \mathbb{E}\left[\sum_{i=1}^{n} L_i \mathrm{e}^{-\alpha(t-T_i)}\Big|N(t)=n\right] \\
&= \sum_{i=1}^{n} \mathbb{E}[L_i|N(t)=n]\,\mathbb{E}\left[\mathrm{e}^{-\alpha(t-T_i)}\Big|N(t)=n\right] \\
&= \mathrm{e}^{-\alpha t}\mathbb{E}[L_i]\sum_{i=1}^{n}\left[\mathrm{e}^{\alpha T_i}\Big|N(t)=n\right].
\end{aligned}
$$

记 $Y_1,Y_2,\cdots,Y_n$ 为 $[0,t]$ 上独立同分布的随机变量, 则由定理 4.2.6 可得

$$
\begin{aligned}
\mathbb{E}\left[\sum_{i=1}^{n}\mathrm{e}^{\alpha T_i}\Big|N(t)=n\right] &= \mathbb{E}\left[\sum_{i=1}^{n}\mathrm{e}^{\alpha Y_{(i)}}\right] \\
&= n\int_0^t \mathrm{e}^{\alpha x}\frac{\mathrm{d}x}{t} = \frac{n}{\alpha t}\left(\mathrm{e}^{\alpha t}-1\right),
\end{aligned}
$$

所以

$$
\mathbb{E}[S(t)|N(t)=n] = \frac{n}{\alpha t}\left(1-\mathrm{e}^{-\alpha t}\right)\mathbb{E}[L_i],
$$

即

$$
\mathbb{E}[S(t)|N(t)] = \frac{N(t)}{\alpha t}\left(1-\mathrm{e}^{-\alpha t}\right)\mathbb{E}[L_i],
$$

从而有

$$
\mathbb{E}[S(t)] = \mathbb{E}[\mathbb{E}[S(t)|N(t)]] = \frac{\lambda}{\alpha t}\left(1-\mathrm{e}^{-\alpha t}\right)\mathbb{E}[L_i]. \qquad \square
$$

注   当求期望时, 遇到了两个随机变量, 其做法一定是取条件期望, 即固定一个先算另外一个.

4.2.3   Possion 过程的推广与模拟

1. 非齐次 Poisson 过程

在 Poisson 过程中, 有一个重要的参数 λ, 其含义是单位时间内事件发生的强度. 前一小节中, 我们总是假设在单位时间内其强度保持不变. 本小节将做出推广, 即 λ 不再是常数, 而与时间 t 有关时, Poisson 过程被推广为非齐次 Poisson 过程. 一般来说, 非齐次 Poisson 过程是不具备平稳增量的. 非齐次 Poisson 过程在实际生活中也是比较常用的, 例如: 随着设备使用年限的增长, 设备故障会变得频繁; 昆虫产卵的平均数量随年龄和季节而变化等. 在这样的情况下, 变化率依赖于时间, 若再用齐次 Poisson 过程来描述就不合适了, 而用非齐次的 Poisson 过程来处理则显得十分恰当.

定义 4.2.8 若计数过程 $\{N(t), t \geqslant 0\}$ 满足

(1) $N(0) = 0$;

(2) $\{N(t), t \geqslant 0\}$ 是独立增量过程;

(3) $\mathbb{P}\{N(t+h) - N(t) = 1\} = \lambda(t)h + o(h)$;

(4) $\mathbb{P}\{N(t+h) - N(t) \geqslant 2\} = o(h)$,

则称 $\{N(t), t \geqslant 0\}$ 为强度函数是 $\lambda(t)(\lambda(t) > 0, t \geqslant 0)$ 的非齐次 Poisson 过程.

若令

$$m(t) = \int_0^t \lambda(s)\mathrm{d}s,$$

类似于 Poisson 过程, 非齐次 Poisson 过程有如下等价定义.

定义 4.2.9 若计数过程 $\{N(t), t \geqslant 0\}$ 满足

(1) $N(0) = 0$;

(2) $\{N(t), t \geqslant 0\}$ 是独立增量过程;

(3) 对任意实数 $t \geqslant 0, s > 0$, $N(t+s) - N(t)$ 服从参数为 $m(t+s) - m(t) = \int_t^{t+s} \lambda(\tau)\mathrm{d}\tau$ 的 Poisson 分布,

则称随机过程 $\{N(t), t \geqslant 0\}$ 为强度函数是 $\lambda(t)(\lambda(t) > 0, t \geqslant 0)$ 的非齐次 Poisson 过程, 称 $m(t)$ 为非齐次 Poisson 过程的均值函数.

二者等价性的证明见参考文献 *Markov chains for exploring posterior distributions* (Tierney, 1994).

区别于 Poisson 过程, 非齐次 Poisson 过程的重要性在于不再要求平稳增量性, 从而允许事件在某些时刻发生的可能性比另一些时刻大, 即不再具有均匀性. 但非齐次 Poisson 过程可以化成 Poisson 过程.

定理 4.2.9 设 $\{N(t), t \geqslant 0\}$ 是一个强度函数为 $\lambda(t)$ 的非齐次 Poisson 过程. 对任意 $t \geqslant 0$, 令 $N^*(t) = N[m^{-1}(t)]$, 则 $\{N^*(t)\}$ 是一个强度为 1 的 Poisson 过程.

证明 由 $\lambda(t) > 0$ 知, $m(t) = \int_0^t \lambda(s)\mathrm{d}s > 0$ 且单调递增, 因此 $m^{-1}(t)$ 存在且单调递增. 为证明定理, 只需证明 $\{N^*(t), t \geqslant 0\}$ 满足定义 4.2.6 中的条件 $(1)' \sim (4)'$, 由 $N(t)$ 相应的性质易得 $(1)'$、$(2)'$, 下面证明它满足 $(3)'$、$(4)'$.

记 $v(t) = m^{-1}(t)$, 则 $N^*(t) = N[m^{-1}(t)] = N[v(t)]$. 设 $v = m^{-1}(t)$, $v + h' = m^{-1}(t+h)$, 则由

$$h = m(v + h') - m(v) = \int_v^{v+h'} \lambda(s)\mathrm{d}s = \lambda(v)h' + o(h')$$

可知

$$\lim_{h \to 0^+} \frac{\mathbb{P}\{N^*(t+h) - N^*(t) = 1\}}{h}$$

$$= \lim_{h \to 0^+} \frac{\mathbb{P}\{N(v+h') - N(v) = 1\}}{\lambda(v)h' + o(h')}$$

$$= \lim_{h \to 0^+} \frac{\lambda(v)h' + o(h')}{\lambda(v)h' + o(h')} = 1,$$

从而有

$$\mathbb{P}\{N^*(t+h) - N^*(t) = 1\} = h + o(h).$$

类似地, 可得

$$\mathbb{P}\{N^*(t+h) - N^*(t) \geqslant 2\} = o(h).$$

因此 $\{N^*(t), t \geqslant 0\}$ 是参数为 1 的 Poisson 过程. $\qquad\square$

例 4.2.4 设某电子设备的使用期限为 10 年, 在前 6 年内它平均 2 年需要维修一次, 后 4 年平均 1 年需维修一次. 试求它在使用期内只维修过一次的概率.

解 用非齐次 Poisson 过程考虑, 强度函数

$$\lambda(t) = \begin{cases} \dfrac{1}{2}, & 0 \leqslant t \leqslant 6, \\ 1, & 6 < t \leqslant 10, \end{cases}$$

$$m(10) = \int_0^{10} \lambda(t)\mathrm{d}t = \int_0^6 \frac{1}{2}\mathrm{d}t + \int_6^{10} 1\mathrm{d}t = 7.$$

因此

$$\mathbb{P}\{N(10) - N(0) = 1\} = \mathrm{e}^{-7}\frac{7^1}{1!} = 7\mathrm{e}^{-7}. \qquad\square$$

2. 复合 Poisson 过程

在现实生活中, 往往是事件复合上事件, 即并不能用单单一个过程去描述, 从而引入复合过程是有必要的.

定义 4.2.10 设 $\{N(t), t \geqslant 0\}$ 是一个 Poisson 过程, $\{Y_i, i = 1, 2, \cdots\}$ 是一族独立同分布的随机变量, 并且与 $\{N(t), t \geqslant 0\}$ 独立. 若对任意的 $t \geqslant 0$, $X(t)$ 可以表示为

$$X(t) = \sum_{i=1}^{N(t)} Y_i,$$

则称随机过程 $\{X(t), t \geqslant 0\}$ 为复合 Poisson 过程.

容易看出, 复合 Poisson 过程不一定是计数过程, 但是当 $Y_i \equiv c$ ($i = 1, 2, \cdots; c$ 为常数) 时, 可转化为 Poisson 过程. 现实生活中有很多例子, 比如: 在 $[0, t]$ 时间内保险公司需要赔付的总金额 $X(t) = \sum_{i=1}^{N(t)} Y_i$ 就是一个复合 Poisson 过程, 其中 Y_i 是每次要求赔付的金额, Poisson 过程 $\{N(t), t \geqslant 0\}$ 是保险公司接到的索赔次数, 且两者相互独立.

定理 4.2.10 设 $\{X(t) = \sum_{i=1}^{N(t)} Y_i, t \geqslant 0\}$ 是一个复合 Poisson 过程, 且 Poisson 过程 $\{N(t), t \geqslant 0\}$ 的强度为 λ, 则

(1) $X(t)$ 有独立增量;

(2) 若 $\mathbb{E}[Y_i^2] < +\infty$, 则

$$\mathbb{E}[X(t)] = \lambda t \mathbb{E}[Y_1], \quad \text{Var}[X(t)] = \lambda t \mathbb{E}[Y_1^2]. \tag{4.4}$$

该证明留作习题.

例 4.2.5 假设到达商场的顾客流遵照 Poisson 过程, 每分钟进入商场的人数为 10 人. 又设进入该商场的每位顾客买东西的概率为 0.8, 且每位顾客是否买东西互不影响, 也与进入该商场的顾客数无关. 求一天 (12h) 在该商场买东西的顾客数的均值.

解 以 $N_1(t)$ 表示在时间 $(0,t]$ 内进入该商场的顾客数, 则 $\{N_1(t), t \geqslant 0\}$ 是速率为 $\lambda = 10$ 人/min 的 Poisson 过程. 再以 $N_2(t)$ 表示在时间 $(0,t]$ 内在该商场买东西的顾客数, 并设

$$Y_i = \begin{cases} 1, & \text{如果第 } i \text{ 位顾客在该商场买东西}, \\ 0, & \text{如果第 } i \text{ 位顾客在该商场未买东西}, \end{cases}$$

则 Y_i 独立同分布于二项分布 $B(1, 0.8)$, 与 $\{N_1(t), t \geqslant 0\}$ 独立, 且

$$N_2(t) = \sum_{i=1}^{N_1(t)} Y_i.$$

由定理 4.2.10 可得一天 (12h) 在该商场买东西的平均顾客数为 $\mathbb{E}[N_2(720)] = 5760$ 人. $\square$

3. 条件 Poisson 过程

在 Poisson 过程中, 参数 λ 可解释为 "强度" 或 "风险". 因此, 可以说 Poisson 过程是描述的一个有 "风险" 参数 λ 的个体发生某一事件的频率. 一般情况下, 风险是未知的, 是随机的, 从而其强度应该是个随机变量. 因此, 引入了条件 Poisson 过程.

定义 4.2.11 设随机变量 $\Lambda > 0$, 在 $\Lambda = \lambda$ 的条件下, 计数过程 $\{N(t), t \geqslant 0\}$ 是参数为 λ 的 Poisson 过程, 则称 $\{N(t), t \geqslant 0\}$ 为条件 Poisson 过程.

设 Λ 的分布是 G, 那么随机选择一个个体在长度为 t 的时间区间内发生 n 次事件的概率为

$$\mathbb{P}\{N(t+s) - N(s) = n\} = \int_0^\infty \mathbb{P}\{N(t+s) - N(s) = n | \Lambda = \lambda\} \mathrm{d}G(\lambda)$$

$$= \int_0^\infty \mathrm{e}^{-\lambda t} \frac{(\lambda t)^n}{n!} \mathrm{d}G(\lambda).$$

注意到条件 Poisson 过程 $\{N(t), t \geqslant 0\}$ 不再是一个 Poisson 过程, 因为它不具有独立增量.

定理 4.2.11 设 $\{N(t), t \geqslant 0\}$ 是条件 Poisson 过程, 且 $\mathbb{E}[\Lambda^2] < \infty$, 则

(1) $\mathbb{E}[N(t)] = t\mathbb{E}(\Lambda)$;

(2) $\text{Var}[N(t)] = t^2 \text{Var}(\Lambda) + t\mathbb{E}(\Lambda)$.

证明 (1) 取条件期望可得

$$\mathbb{E}[N(t)] = \mathbb{E}\{\mathbb{E}[N(t)|\Lambda]\}$$

$$= \sum_\lambda \mathbb{E}[N(t)|\Lambda] \mathbb{P}(\Lambda = \lambda)$$

$$= \mathbb{E}(t\Lambda) = t\mathbb{E}(\Lambda).$$

(2) 由方差的定义可得

$$
\begin{aligned}
\mathrm{Var}[N(t)] &= \mathbb{E}[N^2(t)] - \{\mathbb{E}[N(t)]\}^2 \\
&= \mathbb{E}\{\mathbb{E}[N^2(t)|\Lambda]\} - [t\mathbb{E}(\Lambda)]^2 \\
&= \mathbb{E}[(\Lambda t)^2 + \Lambda t] - t^2[\mathbb{E}(\Lambda)]^2 \\
&= t^2\mathrm{Var}(\Lambda) + t\mathbb{E}(\Lambda).
\end{aligned}
$$
□

例 4.2.6　假设到达商场的顾客流遵照 Poisson 过程, 其强度 Λ 是个随机变量, 即顾客受某种未知因素影响以两种可能的强度 λ_1、λ_2 到达商场, 且 $\mathbb{P}(\Lambda = \lambda_1) = p$, $\mathbb{P}(\Lambda = \lambda_2) = 1 - p = q$, $0 < p < 1$ 为已知. 已知到时刻 t 已有 n 个顾客到达. 求在 $t + s$ 之前不会有顾客到来的概率. 另外, 这个发生强度为 λ_1 的概率是多少?

解　由条件概率和全概率公式, 可得

$$\mathbb{P}\{(t, t+s) \text{无顾客到达}|N(t) = n\}$$

$$= \frac{\displaystyle\sum_{i=1}^{2} \mathbb{P}\{\Lambda = \lambda_i\}\mathbb{P}\{N(t) = n, N(t+s) - N(t) = 0|\Lambda = \lambda_i\}}{\displaystyle\sum_{i=1}^{2} \mathbb{P}\{\Lambda = \lambda_i\}\mathbb{P}\{N(t) = n|\Lambda = \lambda_i\}}$$

$$= \frac{p(\lambda_1 t)^n \mathrm{e}^{-\lambda_1(s+t)} + (1-p)(\lambda_2 t)^n \mathrm{e}^{-\lambda_2(s+t)}}{p(\lambda_1 t)^n \mathrm{e}^{-\lambda_1 t} + (1-p)(\lambda_2 t)^n \mathrm{e}^{-\lambda_2 t}}$$

$$= \frac{p\lambda_1^n \mathrm{e}^{-\lambda_1(s+t)} + q\lambda_2^n \mathrm{e}^{-\lambda_2(s+t)}}{p\lambda_1^n \mathrm{e}^{-\lambda_1 t} + q\lambda_2^n \mathrm{e}^{-\lambda_2 t}},$$

以及

$$\mathbb{P}\{\Lambda = \lambda_1|N(t) = n\} = \frac{p\mathrm{e}^{-\lambda_1 t}(\lambda_1)^n}{p\mathrm{e}^{-\lambda_1 t}(\lambda_1)^n + q\mathrm{e}^{-\lambda_2 t}(\lambda_2)^n}.$$
□

4. 模拟

由前面的讨论可知, Poisson 过程的样本轨道是单调不减的跳跃函数, 相邻两次的跳跃间隔 X_n 独立同分布于指数分布 (参数 $\lambda > 0$). 因此, Poisson 过程的样本函数可以用下述步骤生成:

(1) 产生 $[0, 1]$ 上均匀分布且相互独立的一串随机数, 记为 $\{U_n, n \geqslant 1\}$. 在计算机上很容易实现.

(2) 令 $X_k = -\lambda^{-1}\ln U_k$ (λ 为已给参数), 易知 $\{X_n, n \geqslant 1\}$ 独立同分布于指数分布. 设 $S_0 = 0$, $S_n = \sum\limits_{k=1}^{n} X_k$.

(3) 定义 $N(t)$ 如下: 如果 $0 \leqslant t < S_1$, 则 $N(t) = 0$; 如果 $S_n \leqslant t < S_{n+1}$, 则 $N(t) = n$; $\cdots\cdots$ 如此下去, 即 $N(t) = \sum\limits_{n=1}^{\infty} I_{(S_n \leqslant t)}$, 这样就得到了 $\{N(t), t \geqslant 0\}$ 的一条轨道. 这里 I_C 是示性函数, 即 $I_C(x) = 1$ 如果 $x \in C$; $I_C(x) = 0$ 如果 $x \in C^{\mathrm{c}}$ (C^{c} 表示集合 C 的补集).

名人介绍

法国科学家泊松

  法国物理学家和数学家泊松 (1781~1840 年) 最初奉父命学医, 但他对医学并无兴趣, 不久便转向数学. 泊松于 1798 年进入巴黎综合工科学校, 成为拉格朗日、拉普拉斯的得意门生.

  泊松的科学生涯开始于研究微分方程及其在摆的运动和声学理论中的应用. 直到晚年, 他仍用大部分时间和精力从事摆的研究. 泊松是 19 世纪概率、统计领域的领军人物之一, 他改进了概率论的运用方法, 尤其是用统计的方法, 推导出了在概率论和数理方程里有重要应用的泊松积分. 泊松主张概率方法具有普适性, 并与当时持反对观点的学者进行辩论. 与通过物理学问题研究数学的做法不同, 泊松是根据法庭审判问题研究概率、统计的. 将概率和统计理论运用于社会科学的研究之中, 泊松是先行者之一. 他喜欢应用数学方法研究各类物理问题, 并由此得到数学上的发现. 他对积分理论、行星运动理论、热物理、弹性理论、电磁理论、位势理论都有重要贡献.

4.3 更新过程的定义及若干分布

4.3.1 更新过程的定义

  从上一节我们了解到 Poisson 过程是事件发生的时间间隔 $X_1, X_2, \cdots$ 服从同一指数分布的计数过程. 注意到: 第 3 章是先定义了过程 $\{N(t)\}$, 后考虑了时间间隔的分布, 即 $\{N(t)\}$ 的分布 $\Rightarrow \{X_1, X_2, \cdots\}$ 的分布. 于是自然地产生了另一个问题: 可不可以反过来呢? 即通过时间间隔的性质来定义随机过程. 这便是这一节的主要内容.

  现实问题: 机器零件更换的问题. 在 0 时刻, 安装上一个新零件并开始运行, 设此零件在 X_1 时刻损坏, 马上用一个新的来替换 (假定替换不需要时间), 则第二个零件在 X_1 时刻开始运行, 设第二个零件运行到 X_2 时刻损坏, 同样马上换第三个 $\cdots\cdots$ 假设这些零件都来自于同一个工厂, 其使用寿命是独立同分布的, 那么到 t 时刻为止所更换的零件数目就构成一个随机过程——更新过程.

  综上可知, 做如下推广: 保留 $X_1, X_2, \cdots$ 的独立性和同分布性, 但是允许分布任意, 而不必局限为指数分布.

  定义 4.3.1 设 $\{X_n, n = 1, 2, \cdots\}$ 是一列独立同分布的非负随机变量, 分布函数为 $F(x)$ (为了避免平凡的情况, 设 $F(0) = \mathbb{P}\{X_n = 0\} \neq 1$), 记 $\mu = \mathbb{E}(X_n) = \int_0^\infty x \mathrm{d}F(x)$, 则 $0 < \mu \leqslant \infty$. 令 $T_n = \sum_{i=1}^{n} X_i, n \geqslant 1, T_0 = 0$. 我们把由

$$N(t) = \sup\{n : T_n \leqslant t\}$$

定义的计数过程称为**更新过程**.

在更新过程中事件发生一次叫做一次更新, 从而定义 4.3.1 中的 X_n 就是第 $n-1$ 次和第 n 次更新相距的时间, T_n 是第 n 次更新发生的时刻, 而 $N(t)$ 就是 t 时刻之前发生的总的更新次数. 接下来, 我们考虑 $N(t)$ **的分布及** $\mathbb{E}[N(t)]$ **的一些性质**.

大家试想一下: 能不能在有限时刻更新无穷次呢? 大数定律告诉我们不可以, 其原因是: 由强大数定律知道

$$\frac{1}{n}\sum_{i=1}^{n}X_i = \frac{T_n}{n} \to \mu$$

以概率 1 成立. 注意到 $\mu > 0$, 由极限的定义可知 T_n 和 n 是同阶无穷大, 即当 $n \to \infty$ 时, $T_n \to \infty$. 换句话说, 无穷多次更新只可能在无限长的时间内发生. 从而在有限时间内最多只能发生有限次更新, 这也蕴含了 $\mathbb{P}\{N(t) < \infty\} = 1$.

类似于随机变量, 若求得了 $N(t)$ 的分布, 我们就完全掌握了此过程. 现在我们来求 $N(t)$ 的分布. 注意到

$$\{N(t) \geqslant n\} \Leftrightarrow \{T_n \leqslant t\}, \quad \{N(t) = n\} = \{N(t) \geqslant n\} \setminus \{N(t) \geqslant n+1\},$$

从而有

$$\begin{aligned}\mathbb{P}\{N(t) = n\} &= \mathbb{P}\{N(t) \geqslant n\} - \mathbb{P}\{N(t) \geqslant n+1\}\\ &= \mathbb{P}\{T_n \leqslant t\} - \mathbb{P}\{T_{n+1} \leqslant t\}.\end{aligned}$$

若设 F_n 为 T_n 的分布, 则 F_n 是 F 的 n 重卷积, 即 $F_n = F * F * \cdots * F$. 因此

$$\mathbb{P}\{N(t) = n\} = F_n(t) - F_{n+1}(t).$$

接下来, 我们主要研究有关 $\mathbb{E}[N(t)]$ 的性质. 令 $M(t) = \mathbb{E}[N(t)]$, 则 $M(t)$ 被称为更新函数且满足

$$\begin{aligned}M(t) &= \mathbb{E}[N(t)]\\ &= \sum_{n=1}^{\infty} n\mathbb{P}\{N(t) = n\}\\ &= \sum_{n=1}^{\infty} n[F_n(t) - F_{n+1}(t)]\\ &= \sum_{n=1}^{\infty} F_n(t).\end{aligned}$$

注意到 $M(t)$ 是关于 t 的函数而不是随机变量. 对于 $M(t)$, 我们有进一步的结论.

定理 4.3.1 $M(t)$ 是 t 的不减函数, 且对 $0 \leqslant t < +\infty$, $M(t) < +\infty$.

证明 由于 $N(t)$ 是关于 t 不减的, 故 $M(t)$ 也是关于 t 不减的, 下面证明 $M(t) < \infty$. 我们的思路是把无穷项级数进行合理地分割 (打包), 使得一部分是有限值, 另外一部分是几何级数, 从而完成其有限性的证明.

由定义知 $F(0) < 1$, 即 $\mathbb{P}\{X_n = 0\} < 1$, 因此存在 $a > 0$ 使得 $\mathbb{P}\{X_n \geqslant a\} > 0$, 从而 $\mathbb{P}\{X_n < a\} < 1$. 而

$$F(a) = \mathbb{P}\{X_n \leqslant a\} = \mathbb{P}\{X_n < a\} + P\{X_n = a\}.$$

为避免 $\mathbb{P}\{X_n = a\} = \mathbb{P}\{X_n \geqslant a\}$ 造成的 $F(a) = \mathbb{P}\{X_n < a\} + P\{X_n \geqslant a\} = 1$ 的情况, 不妨取 $0 < b < a$, 显然

$$F(b) \leqslant \mathbb{P}\{X_n < a\} < 1.$$

对任意固定的 $t \geqslant 0$, 取正整数 k, 使得 $kb \geqslant t$, 从而有

$$\{T \leqslant t\} \subset \{T_k \leqslant kb\} \subset \{X_1 > b, X_2 > b, \cdots, X_k > b\}^{\mathrm{c}}.$$

其中 A^{c} 表示集合 A 的补集. 因此可得

$$\begin{aligned}
\mathbb{P}\{T_k \leqslant t\} &\leqslant 1 - \mathbb{P}\{X_1 > b, X_1 > b, \cdots, X_1 > b\} \\
&= 1 - [1 - F(b)]^k \\
&= 1 - \beta,
\end{aligned}$$

其中 $\beta = [1 - F(b)]^k > 0$. 注意到

$$\{T_{mk} \leqslant t\} \subset \{T_k - T_0 \leqslant t, T_{2k} - T_k \leqslant t, \cdots, T_{mk} - T_{(m-1)k} \leqslant t\}, \tag{4.5}$$

利用更新过程的定义, 可得

$$\mathbb{P}\{T_k - T_0 \leqslant t, T_{2k} - T_k \leqslant t, \cdots, T_{mk} - T_{(m-1)k} \leqslant t\} = (\mathbb{P}\{T_k \leqslant t\})^m. \tag{4.6}$$

综合式 (4.5) 和式 (4.6), 可得

$$\mathbb{P}\{T_{mk} \leqslant t\} \leqslant (\mathbb{P}\{T_k \leqslant t\})^m \leqslant (1 - \beta)^m.$$

利用如下事实: 对任意整数 $j \geqslant 0$, 有

$$\{T_{mk+j} \leqslant t\} \subset \{T_{mk} \leqslant t\},$$

可得

$$\sum_{n=mk}^{(m+1)k-1} \mathbb{P}\{T_n \leqslant t\} \leqslant k\mathbb{P}\{T_{mk} \leqslant t\}.$$

因此

$$\begin{aligned}
M(t) &= \sum_{n=1}^{\infty} F_n(t) \\
&= \sum_{n=1}^{\infty} \mathbb{P}\{T_n \leqslant t\} \\
&= \sum_{n=1}^{k-1} \mathbb{P}\{T_n \leqslant t\} + \sum_{n=k}^{\infty} \mathbb{P}\{T_n \leqslant t\} \\
&\leqslant \sum_{n=1}^{k-1} \mathbb{P}\{T_n \leqslant t\} + \sum_{m=1}^{\infty} k\mathbb{P}\{T_{mk} \leqslant t\}
\end{aligned}$$

$$\leqslant \sum_{n=1}^{k-1} \mathbb{P}\{T_n \leqslant t\} + \sum_{m=1}^{\infty} k(1-\beta)^m$$

$$\leqslant \sum_{n=1}^{k-1} \mathbb{P}\{T_n \leqslant t\} + \frac{k}{\beta} < \infty. \qquad \square$$

4.3.2　更新方程

在 4.3.1 节中, 我们引入了更新函数 $M(t)$ 这一重要概念. 在 $M(t)$ 导数存在的条件下, 其导数 $M'(t)$ 称为更新密度, 记为 $m(t)$. 对 $M(t) = \sum\limits_{n=1}^{\infty} F_n(t)$ 两边求导得

$$m(t) = \sum_{n=1}^{\infty} f_n(t),$$

其中 $f_n(t)$ 是 $F_n(t)$ 的密度函数.

定理 4.3.2　$M(t)$ 和 $m(t)$ 分别满足积分方程

$$M(t) = F(t) + \int_0^t M(t-s)\mathrm{d}F(s), \tag{4.7}$$

$$m(t) = f(t) + \int_0^t m(t-s)\mathrm{d}f(s), \tag{4.8}$$

其中 $f(t) = F'(t)$.

证明　由定义可得

$$M(t) = \sum_{n=1}^{\infty} F_n(t) = F(t) + \sum_{n=2}^{\infty} F_n(t)$$

$$= F(t) + \sum_{n=2}^{\infty} (F_{n-1} * F)(t)$$

$$= F(t) + \left(\sum_{n=2}^{\infty} F_{n-1} \right) * F(t)$$

$$= F(t) + M * F(t), \tag{4.9}$$

其中 $M * F(t) = \int_0^t M(t-s)\mathrm{d}F(s)$, 从而式 (4.7) 得证. 在式 (4.7) 两边求导即得式 (4.8). $\square$

基于定理 4.3.2 的形式, 我们给出更新方程的定义.

定义 4.3.2 (更新方程)　设 $H(t), F(t)$ 为已知函数, 且当 $t < 0$ 时, $H(t) \equiv 0$, $F(t) \equiv 0$. 称如下形式的积分方程为更新方程

$$K(t) = H(t) + \int_0^t K(t-s)\mathrm{d}F(s). \tag{4.10}$$

当 $H(t)$ 有界时, 则称方程 (4.10) 为适定更新方程, 简称为更新方程.

对于积分方程 (4.10), 我们有如下的解.

定理 4.3.3　设更新方程 (4.10) 中 $H(t)$ 为有界函数, 则方程存在唯一的在有限区间内

有界的解

$$K(t) = H(t) + \int_0^t H(t-s)\mathrm{d}M(s), \tag{4.11}$$

式中 $M(s) = \sum\limits_{n=1}^{\infty} F_n(s)$ 是分布函数 $F(s)$ 的更新函数.

证明 我们把证明分为两步, 第一步证明式 (4.11) 是方程 (4.10) 的解; 第二步证明方程 (4.10) 有唯一解.

第一步: 由 $H(t)$ 有界, $M(t)$ 是更新函数, 根据定理 4.3.1 知 $M(t)$ 有界不减, 可得

$$\sup_{0 \leqslant t \leqslant T} |K(t)| \leqslant \sup_{0 \leqslant t \leqslant T} |H(t)| + \int_0^T \sup_{0 \leqslant t \leqslant T} |H(T-s)|\mathrm{d}M(s)$$

$$\leqslant (1 + M(T)) \sup_{0 \leqslant t \leqslant T} |H(t)| < \infty,$$

故 $K(t)$ 在 $[0,T]$ 上是有界的. 下证 $K(t)$ 满足方程 (4.10). 利用式 (4.11), 得

$$K(t) = H(t) + M * H(t)$$

$$= H(t) + \left(\sum_{n=1}^{\infty} F_n \right) * H(t)$$

$$= H(t) + F * H(t) + \left[\sum_{n=2}^{\infty} F_n \right] * H(t)$$

$$= H(t) + F * H(t) + \left[\sum_{n=2}^{\infty} (F_{n-1} * F) \right] * H(t)$$

$$= H(t) + F * \left[H(t) + \left(\sum_{n=1}^{\infty} F_n \right) * H(t) \right]$$

$$= H(t) + F * K(t)$$

$$= H(t) + \int_0^t K(t-s)\mathrm{d}F(s).$$

第二步: 只需证明方程 (4.10) 的任意一个解都满足式 (4.11). 假设 $\tilde{K}(t)$ 是方程 (4.10) 的一个解, 且满足在有界区间上有界, 则 $\tilde{K}(t)$ 满足

$$\tilde{K}(t) = H(t) + F * \tilde{K}(t),$$

把 $\tilde{K}(t) = H(t) + F * \tilde{K}(t)$ 代入上式右端的 $\tilde{K}(t)$, 然后不停地照此下去, 有

$$\tilde{K}(t) = H(t) + F * (H + F * \tilde{K})(t)$$

$$= H(t) + F * H(t) + F * (F * \tilde{K})(t)$$

$$= H(t) + F * H(t) + F_2 * \tilde{K}(t)$$

$$= H(t) + F * H(t) + F_2 * (H + F * \tilde{K})(t)$$

$$= H(t) + F * H(t) + F_2 * H(t) + F_3 * \tilde{K}(t)$$

$$\vdots$$

$$= H(t) + \left(\sum_{k=1}^{n-1} F_k\right) * H(t) + F_n * \tilde{K}(t).$$

我们来考虑最后一项 $F_n * \tilde{K}(t)$. 首先对任何 t, 有

$$|F_n * \tilde{K}(t)| = \left|\int_0^t \tilde{K}(t-x)\mathrm{d}F_n(x)\right|$$

$$\leqslant \sup_{0 \leqslant s \leqslant t} |\tilde{K}(s)| \cdot F_n(t).$$

定理 4.3.1 证明了 $M(t) = \sum_{n=1}^{\infty} F_n(t) < \infty$, 因为 $F_n(t) \geqslant 0$, 所以有

$$\lim_{n \to \infty} F_n(t) = 0, \forall t \geqslant 0.$$

由假设知 $\sup_{0 \leqslant s \leqslant t} |\tilde{K}(s)| < \infty$, 从而可得

$$\lim_{n \to \infty} |F_n * \tilde{K}(t)| = 0.$$

利用 $M(t) < \infty$ 可得

$$\lim_{n \to \infty} \left[\sum_{k=1}^{n-1} F_k * H(t)\right] = \left(\sum_{k=1}^{\infty} F_k\right) * H(t)$$

$$= M * H(t).$$

综上, 我们得到

$$\tilde{K}(t) = H(t) + \lim_{n \to \infty} \left[\sum_{k=1}^{n-1} F_k * H(t) + F_n * \tilde{K}(t)\right]$$

$$= H(t) + M * H(t),$$

即 $\tilde{K}(t)$ 满足式 (4.11). □

例 4.3.1 (沃尔德 (Wald) 等式)　若 $X_1, X_2, \cdots$ 是独立同分布的随机变量, 设 $\mathbb{E}(X_i) < \infty(i = 1, 2, \cdots)$, 证明

$$\mathbb{E}[T_{N(t)+1}] = \mathbb{E}[X_1 + X_2 + \cdots X_{N(t)+1}] = \mathbb{E}[N(t) + 1].$$

证明　对第一次更新的时刻 X_1 取条件

$$\mathbb{E}[T_{N(t)+1} | X_1 = x] = \begin{cases} x, & x > t, \\ x + \mathbb{E}[T_{N(t-x)+1}], & x \leqslant t, \end{cases}$$

如图 4.2 所示.

记 $K(t) = \mathbb{E}[T_{N(t)+1}]$, 则

$$K(t) = \mathbb{E}[T_{N(t)+1}] = \mathbb{E}\{\mathbb{E}[T_{N(t)+1} | X_1]\}$$

$$= \int_0^\infty \mathbb{E}[T_{N(t)+1}|X_1 = x]\mathrm{d}F(x)$$

$$= \int_0^t [x + K(t-x)]\mathrm{d}F(x) + \int_t^\infty x\mathrm{d}F(x)$$

$$= \mathbb{E}(X_1) + \int_0^t K(t-x)\mathrm{d}F(x),$$

这是更新方程, 由定理 4.3.3 知

$$K(t) = \mathbb{E}(X_1) + \int_0^t \mathbb{E}(X_1)\mathrm{d}M(x)$$

$$= \mathbb{E}(X_1)[1 + M(t)]$$

$$= \mathbb{E}(X_1)\mathbb{E}[N(t) + 1]. \qquad \square$$

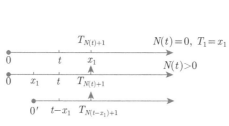

图 4.2   条件期望示意图

注   这里给出 Wald 等式的证明仅仅是为了给出更新方程的一个应用, 事实上利用独立性我们也可以直接得到其证明:

$$\mathbb{E}[T_{N(t)+1}] = \mathbb{E}[\mathbb{E}[T_{N(t)+1}|N(t)]]$$

$$= \sum_{k=0}^\infty \mathbb{P}\{N(t) = k\}(k+1)\mathbb{E}(X_1)$$

$$= \mathbb{E}(X_1)\left[\sum_{k=0}^\infty k\mathbb{P}\{N(t) = k\} + \sum_{k=0}^\infty \mathbb{P}\{N(t) = k\}\right]$$

$$= \mathbb{E}(X_1)\mathbb{E}[N(t) + 1].$$

例 4.3.2   假设 $\{N(t), t \geqslant 0\}$ 是一更新过程, 更新间距 $X_1, X_2, \cdots, X_n$ 服从参数为 λ 的指数分布. 假设 $h(t)$ 是在有界区间上有界的函数, 则更新方程

$$K(t) = h(t) + \int_0^t K(t-s)\lambda \mathrm{e}^{-\lambda s}\mathrm{d}s$$

的解由

$$K(t) = K(0) + \int_0^t \mathrm{e}^{-\lambda s}\frac{\mathrm{d}}{\mathrm{d}s}(\mathrm{e}^{\lambda s}h(s))\mathrm{d}s$$

给出. 特别地, 若 $h(t) = F_{X_i}(t) = 1 - \mathrm{e}^{-\lambda t}$, 则 $K(t) = \lambda t$ 正是 Poisson 过程的更新函数.

解　令

$$G(t) = \mathrm{e}^{\lambda t} K(t), \quad H(t) = \mathrm{e}^{\lambda t} h(t),$$

则可得

$$G(t) = H(t) + \lambda \int_0^t G(s)\mathrm{d}s.$$

从而 $G(t)$ 满足微分方程

$$G(t)' - \lambda G(t) = H(t)'.$$

解得

$$G(t) = G(0)\mathrm{e}^{\lambda t} + \int_0^t \mathrm{e}^{\lambda(t-s)} H'(s)\mathrm{d}s,$$

即

$$K(t) = K(0) + \int_0^t \mathrm{e}^{-\lambda s} \frac{\mathrm{d}}{\mathrm{d}s}(\mathrm{e}^{\lambda s} h(s))\mathrm{d}s.$$

将 $K(0) = 0$ 和 $h(t) = 1 - \mathrm{e}^{-\lambda t}$ 代入上式, 得 $K(t) = \lambda t$. □

例 4.3.3 (人口学模型)　给出如下假定:

时刻 t 女婴的出生率 $B(t)$: 在 $[t, t+\mathrm{d}t]$ 时间内有 $B(t)\mathrm{d}t$ 个女婴出生;

生存函数 $S(x)$: 指一个新生女婴能够活到年龄 x 的概率;

生育的年龄强度 $\beta(x)(x > 0)$: 指年龄为 x 的母亲生育女婴的速率, 即在长度为 $\mathrm{d}t$ 的时间内, 这个母亲生下的女婴数为 $\beta(x)\mathrm{d}t$.

因此, 在时刻 t, 有 $B(t-x)S(x)\mathrm{d}x$ 个女性居民的年龄在 x 到 $x+\mathrm{d}x$ 之间 (指 x 年前出生的女婴存活到 x 年后的人数), 且单位时间内该群体将生育 $B(t-x)S(x)\beta(x)\mathrm{d}x$ 个女婴. 故每单位时间内由所有育龄段的女性, 所生育的女婴数应为

$$B(t) = \int_0^\infty B(t-x)S(x)\beta(x)\mathrm{d}x.$$

目的是用已知过去的 $B(t)(t \leqslant 0)$, 来预测未来的 $B(t)(t > 0)$. 试构造一更新方程, 并求解且给出合理的解释.

解　根据过去与未来的生育情况, 将 $B(t)$ 的积分分成两段

$$B(t) = \int_t^\infty B(t-x)S(x)\beta(x)\mathrm{d}x + \int_0^t B(t-x)S(x)\beta(x)\mathrm{d}x. \tag{4.12}$$

令

$$f(x) = S(x)\beta(x), \quad F(x) = \int_0^x f(t)\mathrm{d}t, \quad H(t) = \int_t^\infty B(t-x)S(x)\beta(x)\mathrm{d}x.$$

做变量替换 $x = y + t$, 可得

$$H(t) = \int_0^\infty B(-y)S(y+t)\beta(y+t)\mathrm{d}y.$$

将上面的式子代入式 (4.12) 可得

$$B(t) = H(t) + \int_0^t B(t-x)\mathrm{d}F(x).$$

此方程便是更新方程. 由定理 4.3.3 可知

$$B(t) = H(t) + \int_0^t H(t-s)\mathrm{d}M(s),$$

其中 $M(t) = \sum\limits_{n=1}^{\infty} F_n(t)$.

这里 $H(t)\mathrm{d}t$ 是由年龄大于等于 t 的女性在时间 $[t, t+\mathrm{d}t]$ 之间生育的女婴数; $f(x)\mathrm{d}x$ 是年龄在 x 与 $x+\mathrm{d}x$ 之间期待生育女婴的个数. $F(\infty)$ 是一生中将期待生育女婴的个数.

若 $F(\infty) > 1$, 则 $B(t) \sim Ce^{-Rt}(t \to \infty)$ (解的过程略), 其中 C 为常数, R 满足

$$\int_0^{\infty} e^{Ry} S(y) \beta(y) \mathrm{d}y = 1. \tag{4.13}$$

注意上式积分等于 1, 表明 $R < 0$, 即出生率将以指数增长.

若 $F(\infty) < 1, k > 0, B(t)$ 渐近指数地趋于 0, 即人群最终要消亡. 当 $F(\infty) = 1$ 时, 出生率将趋于正数. $\qquad\qquad\square$

4.3.3 更新定理

在本小节中将介绍三个重要的更新定理: 费勒 (Feller) 初等更新定理、布莱克韦尔 (Blackwell) 更新定理和关键更新定理. 更新定理实质上是更新函数的大时间行为, 有广泛的应用, 例如: 人口学模型的极限问题、破产概率的渐近公式.

在 4.2 节中我们已经知道, 强度为 λ 的 Poisson 过程两次事件发生的时间间隔 X_n 服从参数为 λ 的指数分布, 其更新函数 $M(t) = \mathbb{E}[N(t)] = \lambda t$, 于是

$$\frac{M(t)}{t} = \lambda = \frac{1}{\mathbb{E}(X_n)}. \tag{4.14}$$

那么, 对于一般的更新过程是否还有这种性质呢? Feller 初等更新定理就 $t \to \infty$ 时的极限情况给出了肯定的回答.

定理 4.3.4 (Feller 初等更新定理) 令 $\mu = \mathbb{E}(X_n)$, 若 $\mu = \infty, \dfrac{1}{\mu} = 0$, 则

$$\frac{M(t)}{t} \to \frac{1}{\mu}, \quad t \to \infty. \tag{4.15}$$

证明 首先考虑 $\mu < \infty$ 的情形. 利用如下事实

$$T_{N(t)+1} > t,$$

两边取期望, 由 Wald 等式得

$$\mu[M(t) + 1] > t \Rightarrow \frac{M(t)}{t} > \frac{1}{\mu} - \frac{1}{t}.$$

因此两边取下极限, 得

$$\liminf_{t \to \infty} \frac{M(t)}{t} \geqslant \frac{1}{\mu}. \tag{4.16}$$

为了得到上极限的上界, 做如下的截断: 固定常数 M, 令

$$X_n^c = \begin{cases} X_n, & X_n \leqslant M, \\ M, & X_n > M. \end{cases}$$

从 $X_n^c(n = 1, 2, \cdots)$ 出发诱导出一个新的更新过程. 事实上, 令

$$T_n^c = \sum_{i=1}^n X_i^c,$$

$$N(t)^c = \sup\{n : T_n^c \leqslant t\}.$$

上式便得到了一个新的更新过程, 注意到 $X_n^c \leqslant M$, 有

$$T_{N(t)^c+1}^c = T_{N(t)^c}^c + X_{N(t)^c+1}^c \leqslant t + M.$$

再利用 Wald 等式, 得

$$[M(t)^c + 1] \cdot \mu_M \leqslant t + M, \tag{4.17}$$

其中 $\mu_M = \mathbb{E}(X_n^c), M(t)^c = \mathbb{E}[N(t)^c]$. 式 (4.17) 蕴含了

$$\frac{M(t)^c}{t + M} \leqslant \frac{1}{\mu_M} - \frac{1}{t + M},$$

两边取上极限, 得

$$\limsup_{t \to \infty} \frac{M(t)^c}{t} \leqslant \frac{1}{\mu_M}.$$

又因 $X_n^c \leqslant X_n$, 所以 $T_n^c \leqslant T_n$, $N(t)^c \geqslant N(t)$ 和 $M(t)^c \geqslant M(t)$. 从而有

$$\limsup_{t \to \infty} \frac{M(t)}{t} \leqslant \limsup_{t \to \infty} \frac{M(t)^c}{t} \leqslant \frac{1}{\mu_M}. \tag{4.18}$$

让 $M \to \infty$, 有 $X_n^c \to X_n, \mathbb{E}(X_n^c) \to \mathbb{E}(X_n)$, 从而 $\mu_M \to \mu$, 故

$$\limsup_{t \to \infty} \frac{M(t)}{t} \leqslant \frac{1}{\mu}. \tag{4.19}$$

综合式 (4.16) 和式 (4.19), 得证.

考虑 $\mu = \infty$ 的情形, 注意到当 $M \to \infty$ 时, 有 $\mu_M \to \infty$. 式 (4.18) 暗含了 $\frac{M(t)}{t} \to 0$ (当 $t \to \infty$). $\qquad\square$

当 $\mu < \infty$ 时, 定理 4.3.4 可以看作当 $t \to \infty$ 时, $M(t) \sim \dfrac{t}{\mu}$, 即当时间很大时更新函数线性增长. 我们自然会问, 当时间充分大时固定长度的区间上的增长是否保持不变? 即当 t 充分大时, 是否有

$$M(t + h) - M(t) \to \frac{h}{\mu} \left(= \frac{t + h}{\mu} - \frac{t}{\mu} \right), \quad \forall h \in \mathbb{R}?$$

这便是另一个重要的更新定理——Blackwell 更新定理. 为了描述这一定理, 先引入一个新的概念.

定义 4.3.3 (格点分布) 称随机变量 X 服从格点分布, 若存在 $d \geqslant 0$, 使得

$$\sum_{n=0}^{\infty} \mathbb{P}\{X = nd\} = 1, \tag{4.20}$$

称满足上述条件的最大的 d 为此格点分布的周期.

格点分布的意思是: 此随机变量只在某些点上有意义. 显然由定义可知, 若不是 d 的整数倍, 其概率一定为 0. 但并不一定所有 $nd(n = 0, 1, 2, \cdots)$ 都一一取到, 例如: 若 X 取整数值 $1, 5, 6, 7, 10, 11$, 则它就是格点的, 周期为 1, 但取不到 2. 文献《随机过程导论》(Lawler, 2010) 对离散更新过程 (即格点随机变量) 做了详细研究, 请参看第 6 章第 3 节.

定理 4.3.5 (Blackwell 更新定理) 记 $\mu = \mathbb{E}(X_n)$.

(1) 若 F 不是格点分布, 则对一切 $a \geqslant 0$, 当 $t \to \infty$ 时, 有

$$M(t + a) - M(t) \to \frac{a}{\mu};$$

(2) 若 F 是格点分布, 且周期为 d, 则当 $n \to \infty$ 时, 有

$$\mathbb{P}\{\text{在}nd\text{处发生更新}\} \to \frac{d}{\mu}.$$

该定理的证明留给有兴趣的读者, 或请参阅参考文献 *Foundations of Modern Probability* (Kallenberg, 2002) 和 *Equation of state calculations by fast computing machines* (Metropolis et al., 1953).

这里我们只强调 Blackwell 更新定理的含义: 在远离原点的某长度为 a 的区间内, 更新次数的期望是 a/μ. 直观上这是容易理解的, 因为由 Feller 初等更新定理可知 $1/\mu$ 可以看作长时间后更新过程发生的平均速率. 但当 F 是格点分布时, 更新只能发生在 d 的整数倍处, 因此定理 4.3.5(1) 就不能成立了, 因为更新次数的多少依赖于区间上形如 nd 点的数目, 而同样长度的区间内含有此类点的数目可以是不同的.

其次, 我们考虑 Feller 初等更新定理和 Blackwell 更新定理的关系: Feller 初等更新定理是 Blackwell 更新定理的特殊情形. 我们只考虑 F 不是格点分布的情形. 事实上, 令 $u_n = M(n) - M(n-1)$, 由定理 4.3.5(1) 知

$$u_n \to \frac{1}{\mu}, \quad n \to \infty.$$

由极限的性质 (广义洛必达法则) 得

$$\frac{u_1 + u_2 + \cdots + u_n}{n} = \frac{M(n)}{n} \to \frac{1}{\mu}, \quad n \to \infty,$$

而对任意的 $t \geqslant 0$, 有

$$\frac{[t]}{t} \cdot \frac{M([t])}{[t]} \leqslant \frac{M(t)}{t} \leqslant \frac{[t] + 1}{t} \cdot \frac{M([t] + 1)}{[t] + 1}.$$

这里 $[t]$ 表示 t 的整数部分. 令 $t \to \infty$, 得

$$\frac{M(t)}{t} \to \frac{1}{\mu}.$$

这就是 Feller 初等更新定理.

本小节的最后一个更新定理: 关键更新定理, 是为了解决关键更新方程的极限问题而给出的.

定理 4.3.6 (关键更新定理)　记 $\mu = \mathbb{E}(X_n)$, 设函数 $h(t)(t \in [0, \infty))$ 满足:

(1) $h(t)$ 非负不增;

(2) $\displaystyle\int_0^\infty h(t)\mathrm{d}t < \infty$.

$H(t)$ 是更新方程

$$H(t) = h(t) + \int_0^t H(t-x)\mathrm{d}F(x) \tag{4.21}$$

的解, 则

(1) 若 F 不是格点分布, 有

$$\lim_{t\to\infty} H(t) = \begin{cases} \dfrac{1}{\mu}\displaystyle\int_0^\infty h(x)\mathrm{d}x, & \mu < \infty, \\ 0, & \mu = \infty. \end{cases}$$

(2) 若 F 是格点分布, 对于 $0 \leqslant c < d$, 有

$$\lim_{n\to\infty} H(c+nd) = \begin{cases} \dfrac{d}{\mu}\displaystyle\sum_{n=0}^\infty h(c+nd), & \mu < \infty, \\ 0, & \mu = \infty. \end{cases}$$

此定理的证明请参阅文献 *Equation of state calculations by fast computing machines* (Metropolis et al., 1953). 我们只简单给出关键更新定理与 Blackwell 更新定理的等价性, 且只考虑 F 不是格点分布的情况. 首先考虑关键更新定理蕴含 Blackwell 更新定理, 即要取合适的函数 h. 在定理 4.3.6 中, 取满足 (1)、(2) 两个条件的

$$h(t) = \begin{cases} 1, & 0 \leqslant t < a, \\ 0, & t \geqslant a, \end{cases}$$

代入更新方程 (4.21), 则有 (我们考虑的是极限情形, 故取 t 充分大)

$$H(t) = h(t) + \int_0^t h(t-x)\mathrm{d}M(x)$$
$$= \int_{t-a}^t \mathrm{d}M(x) = M(t) - M(t-a).$$

又

$$\lim_{t\to\infty} H(t) = \frac{1}{\mu}\int_0^\infty h(x)\mathrm{d}x = \frac{a}{\mu},$$

从而有

$$\lim_{t\to\infty}[M(t) - M(t-a)] = \frac{a}{\mu}. \tag{4.22}$$

即 Blackwell 更新定理成立. 反过来, 由 Blackwell 更新定理知道, 对任意 $a > 0$, 有

$$\lim_{t \to \infty} \frac{M(t+a) - M(t)}{a} = \frac{1}{\mu}.$$

注意到等式右端与 a 无关, 在等式两端令 $a \to 0$ 得

$$\lim_{a \to 0} \lim_{t \to \infty} \frac{M(t+a) - M(t)}{a} = \frac{1}{\mu}.$$

根据导数的定义可知 (若极限次序可交换)

$$\lim_{t \to \infty} \frac{\mathrm{d}M(t)}{\mathrm{d}t} = \frac{1}{\mu},$$

即当 t 很大时, 有 $\mathrm{d}M(t) \sim \frac{1}{\mu} \mathrm{d}t$. 又 $\int_0^\infty h(x) \mathrm{d}x < \infty$, 则当 $t \to \infty$ 时, $h(t)$ 将快速趋于 0. 因此, 当 t 变得很大时, 对于 $h(t-x)$ 主要考虑当 $t-x$ 比较小, 也就是 x 比较大的情况, 则有

$$\int_0^t h(t-x) \mathrm{d}M(x) \approx \int_0^t h(t-x) \frac{1}{\mu} \mathrm{d}x = \frac{1}{\mu} \int_0^t h(s) \mathrm{d}s. \tag{4.23}$$

这正是定理 4.3.6 的结论.

例 4.3.4 (剩余寿命与年龄的极限分布) 以 $r(t) = T_{N(t)+1} - t$ 表示时刻 t 的剩余寿命, 即从 t 开始到下次更新剩余的时间, $s(t) = t - T_{N(t)}$ 为 t 时刻的年龄. 我们来求 $r(t)$ 和 $s(t)$ 的极限分布.

解 令

$$\bar{R}_y(t) = \mathbb{P}\{r(t) > y\}.$$

对第一次更新的时刻 X_1 取条件 (图 4.3), 得

$$\mathbb{P}\{r(t) > y | X_1 = x\} = \begin{cases} 1, & x > t+y, \\ 0, & t < x \leqslant t+y, \\ \bar{R}_y(t-x), & 0 < x \leqslant t. \end{cases}$$

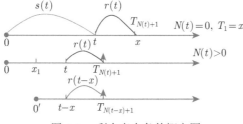

图 4.3 剩余寿命条件概率图

由全概率公式, 可得

$$\bar{R}_y(t) = \int_0^\infty \mathbb{P}\{r(t) > y | X_1 = x\} \mathrm{d}F(x)$$

$$-\int_{t+y}^{\infty} \mathrm{d}F(x) + \int_0^t \bar{R}_y(t-x)\mathrm{d}F(x)$$

$$= 1 - F(t+y) + \int_0^t \bar{R}_y(t-x)\mathrm{d}F(x).$$

这是一个更新方程, 它的解为

$$\bar{R}_y(t) = 1 - F(t+y) + \int_0^t [1 - F(t+y-x)]\mathrm{d}M(x).$$

不妨假设 $\mu = \mathbb{E}[X_1] < \infty$, 则

$$\mu = \int_0^\infty x\mathrm{d}F(x) = \int_0^\infty [1 - F(x)]\mathrm{d}x < \infty,$$

所以

$$\int_0^\infty [1 - F(t+y)]\mathrm{d}t = \int_y^\infty [1 - F(z)]\mathrm{d}z < \infty,$$

即 $1 - F(t+y)$ 满足关键更新定理的条件, 于是

$$\lim_{t\to\infty} \mathbb{P}\{r(t) > y\} = \lim_{t\to\infty} \bar{R}_y(t)$$

$$= \frac{1}{\mu}\int_y^\infty [1 - F(z)]\mathrm{d}z, \quad z > 0,$$

年龄 $s(t)$ 的分布可由上式导出. 注意到

$$\{r(t) > x, s(t) > y\} \Leftrightarrow \{r(t-y) > x+y\},$$

从而

$$\lim_{t\to\infty} \mathbb{P}\{r(t) > x, s(t) > y\} = \lim_{t\to\infty} \mathbb{P}\{r(t-y) > x+y\}$$

$$= \frac{1}{\mu}\int_{x+y}^\infty [1 - F(z)]\mathrm{d}z.$$

特别地,

$$\lim_{t\to\infty} \mathbb{P}\{s(t) > y\} = \lim_{t\to\infty} \mathbb{P}\{s(t) > y, r(t) > 0\}$$

$$= \frac{1}{\mu}\int_y^\infty [1 - F(z)]\mathrm{d}z. \qquad \square$$

　　处理现实问题时, 一般先建立更新方程, 再利用关键更新定理. 建立更新方程时, 往往需要关于某次更新 (一般对第一次或 t 时刻前的最后一次) 取条件而得到一个更新方程, 再利用关键更新定理.

　　在例 4.3.4 中得到的年龄与剩余寿命的极限分布是相同的, 如何理解这一结论? 事实上, 从左向右看是年龄在左、剩余寿命在右, 而从右往左看是年龄在右、剩余生命在左, 从而可知两者具有相同的分布.

4.3.4　更新过程的推广

1. 更新回报过程

有许多概率模型是下列更新回报模型的特殊情形. 类似于复合 Poisson 过程, 设

$$R(t) = \sum_{n=1}^{N(t)} R_n,$$

其中 $\{N(t), t \geqslant 0\}$ 是一个有着时间间隔 $X_n(n \geqslant 1)$ 的更新过程, $R_n(n = 1, 2, \cdots)$ 独立同分布, 且与 $\{N(t), t \geqslant 0\}$ 独立, 则称 $R(t)$ 是一个更新回报过程. R_n 是第 n 次更新发生时收到的报酬. 假设 X_1 的分布函数为 F.

定理 4.3.7 (更新回报定理)　若更新间隔 $X_1, X_2, \cdots$ 满足 $\mathbb{E}(X) < \infty$, 每次得到的回报 R_n 满足 $\mathbb{E}(R_1) < \infty$, 则

(1)

$$\mathbb{P}\left\{ \lim_{t \to \infty} \frac{R(t)}{t} = \frac{\mathbb{E}(R_1)}{\mathbb{E}(X_1)} \right\} = 1.$$

(2)

$$\lim_{t \to \infty} \frac{\mathbb{E}[R(t)]}{t} = \frac{\mathbb{E}(R_1)}{\mathbb{E}(X_1)}.$$

证明　由于

$$\frac{R(t)}{t} = \frac{\sum\limits_{n=1}^{N(t)} R_n}{t} = \frac{\sum\limits_{n=1}^{N(t)} R_n}{N(t)} \frac{N(t)}{t},$$

故由强大数定律及更新过程强大数定律知

$$\lim_{t \to \infty} \frac{\sum\limits_{n=1}^{N(t)} R_n}{N(t)} = \mathbb{E}[R_1] \quad \text{a.s.},$$

$$\lim_{t \to \infty} \frac{N(t)}{t} = \frac{1}{\mathbb{E}[X_1]} \quad \text{a.s..}$$

故 (1) 成立.

下证 (2). 注意到 $N(t) + 1$ 关于 $\{X_n, n \geqslant 1\}$ 是停时, 因而也是 $\{R_n, n \geqslant 1\}$ 的停时 (停时的概念将在下一章出现). 由 Wald 等式得

$$\mathbb{E}\left[\sum_{n=1}^{N(t)} R_n \right] = \mathbb{E}\left[\sum_{n=1}^{N(t)+1} R_n \right] - \mathbb{E}\left[R_{N+1} \right] = (M(t) + 1)\mathbb{E}[R_1] - \mathbb{E}\left[R_{N+1} \right],$$

所以有

$$\frac{\mathbb{E}[R]}{t} = \frac{M(t) + 1}{t} \mathbb{E}[R_1] - \frac{\mathbb{E}\left[R_{N+1} \right]}{t}.$$

(2) 成立只需要证明

$$\lim_{t \to \infty} \frac{\mathbb{E}\left[R_{N+1} \right]}{t} = 0.$$

上式可利用关键更新定理证明, 为此令 $g(t) = \mathbb{E}[R_{N+1}]$. 取条件期望, 得

$$\mathbb{E}[R_{N+1}|X_1 = x] = \begin{cases} \mathbb{E}[R_1|X_1 = x], & x > t; \\ g(t-x), & x \leqslant t. \end{cases}$$

上式用到了当 $X_1 = x > t$ 时, $N(t) = 0$; 而 $x \leqslant t$ 时, 将时间原点平移至 x, 过程重新开始. 故有

$$g(t) = \int_0^\infty \mathbb{E}[R_{N+1}|X_1 = x]\,\mathrm{d}F(x) = h(t) + \int_0^t g(t-x)\mathrm{d}F(x),$$

其中 $h(t) = \displaystyle\int_t^\infty \mathbb{E}[R_1|X_1 = x]\,\mathrm{d}F(x)$. 注意到, 对一切 t, 有

$$|h(t)| \leqslant \int_t^\infty |\mathbb{E}[R_1|X_1 = x]|\mathrm{d}F(x) \leqslant \int_t^\infty \mathbb{E}[|R_1||X_1 = x]\,\mathrm{d}F(x)$$

$$\leqslant \int_0^\infty \mathbb{E}[R_1|X_1 = x]\,\mathrm{d}F(x) = \mathbb{E}[|R_1|] < \infty,$$

故得 $t \to \infty$, $h(t) \to 0$, 且对所有 $t \geqslant 0$, $h(t) \leqslant \mathbb{E}[|R_1|]$. 因此, $\forall \varepsilon > 0$ 存在 T, 当 $t > T$ 时 $|h(t)| \leqslant \varepsilon$. 由定理 4.3.3 可知

$$g(t) = h(t) + \int_0^t h(t-x)\mathrm{d}M(x).$$

利用关键更新定理得

$$\frac{g(t)}{t} \leqslant \frac{|h(t)|}{t} + \int_0^{t-T} \frac{|h(t-x)|\mathrm{d}M(x)}{t} + \int_{t-T}^t \frac{|h(t-x)|\mathrm{d}M(x)}{t}$$

$$\leqslant \frac{\varepsilon}{t} + \frac{\varepsilon M(t-T)}{t} + \mathbb{E}[|R_1|]\frac{M(t) - M(t-T)}{t} \quad (t > T)$$

$$\to \frac{\varepsilon}{\mathbb{E}[X_1]}.$$

由 ε 的任意性得 $\displaystyle\lim_{t\to\infty}\frac{g(t)}{t} = 0$, 故 (2) 得证. □

2. 交替更新过程

在现实生活中, 一个物体往往具有多个状态, 比如: 水具有液态、固态和气态三种状态. 而在更新过程中, 只考虑了系统的一种状态, 显然是不合理的. 我们考虑一种特殊的情形, 只有两个状态: "开" 和 "关", 将这种过程称作交替更新过程. 例如: 某机器 (电灯泡) 的使用、天气预报 (只分下雨和不下雨两种情况) 等.

假设最初系统是开的, 持续开的时间为 Z_1, 而后关闭, 时间为 Y_1, 之后再打开, 时间为 Z_2, 又关闭, 时间为 $Y_2 \cdots\cdots$ 交替进行, 每当系统被打开称作一次更新.

假设随机向量列 $(Z_n, Y_n), n \geqslant 1$ 是独立同分布的, 从而 Z_n, Y_n 都是独立同分布的, 即 Z_i, Y_j 在 $i \neq j$ 时独立, 但 Z_i, Y_i 允许不独立.

下面利用关键更新定理得到交替更新过程的一个很重要的结论.

定理 4.3.8 设 H 是 Z_n 的分布, G 是 Y_n 的分布, F 是 $Z_n + Y_n$ 的分布, 并记 $P(t) = \mathbb{P}\{t\text{时刻系统是开的}\}$, 设 $\mathbb{E}[Y_n + Z_n] < \infty$, 且 F 不是格点分布, 则

$$\lim_{t\to\infty} \mathbb{P}(t) = \frac{\mathbb{E}(Z_n)}{\mathbb{E}(Z_n) + \mathbb{E}(Y_n)}.$$

证明 对第一次更新的时刻 $X_1 = Z_1 + Y_1$ 取条件概率, 得

$$\mathbb{P}\{t时刻系统是开的|X_1 = x\} = \begin{cases} \mathbb{P}\{Z_1 > t|Z_1 + Y_1 > t\}, & x \geqslant t, \\ P(t-x), & x < t, \end{cases}$$

则

$$\begin{aligned} P(t) &= \int_0^\infty \mathbb{P}\{t \text{ 时刻系统开着}|X_1 = x\}\mathrm{d}F(x) \\ &= \mathbb{P}\{Z_1 > t\} + \int_0^t P(t-x)\mathrm{d}F(x) \\ &= H(t) + \int_0^t P(t-x)\mathrm{d}F(x). \end{aligned} \tag{4.24}$$

方程 (4.24) 的解为

$$P(t) = \bar{H}(t) + \int_0^t \bar{H}(t-x)\mathrm{d}M(x).$$

又 $\int_0^\infty \bar{H}(t)\mathrm{d}t = \mathbb{E}(Z_1) < \infty$, 且显然 $\bar{H}(t)$ 非负不增, 由关键更新定理得

$$\lim_{t\to\infty} P(t) = \frac{\int_0^\infty \bar{H}(t)\mathrm{d}t}{\mathbb{E}(Y_1 + Z_1)} = \frac{\mathbb{E}(Z_1)}{\mathbb{E}(Z_1) + \mathbb{E}(Y_1)}. \qquad \square$$

4.4 Kolmogorov 微分方程

本节类似于离散时间时齐 Markov 链, 建立连续时间 Markov 链的转移概率方程——Kolmogorov 微分方程. 对于离散时间时齐 Markov 链而言, 由 C-K 方程可知 n 步转移概率矩阵是其一步转移矩阵的 n 次方. 但对于连续时间 Markov 链, 转移概率 $p_{ij}(t)$ 的求解一般比较复杂. 下面先给出 $p_{ij}(t)$ 的一些性质.

定理 4.4.1 连续时间时齐 Markov 链的转移概率 $p_{ij}(t)$ 满足:

(1) $p_{ij}(t) \geqslant 0$;

(2) $\sum_{j\in S} p_{ij}(t) = 1$;

(3) $p_{ij}(t+s) = \sum_{k\in S} p_{ik}(t)p_{kj}(s)$.

证明 由 $p_{ij}(t)$ 的定义知 (1) 和 (2) 成立. 只需证明 (3).

$$\begin{aligned} p_{ij}(t+s) &= \mathbb{P}\{X(t+s) = j|X(0) = i\} \\ &= \sum_{k\in S} \mathbb{P}\{X(t+s) = j, X(t) = k|X(0) = i\} \text{ (由全概率公式得)} \\ &= \sum_{k\in S} \mathbb{P}\{X(t+s) = j|X(t) = k, X(0) = i\}\mathbb{P}\{X(t) = k|X(0) = i\} \end{aligned}$$

$$= \sum_{k \in S} \mathbb{P}\{X(t+s) = j \,|\, X(t) = k\} p_{ik}(t) \quad (\text{由 Markov 性得})$$

$$= \sum_{k \in S} p_{ik}(t) p_{kj}(s) \quad (\text{由时齐性得}). \qquad \square$$

通常情况下, 称定理 4.4.1(3) 为连续时间 Markov 链的 C-K 方程. 令 q_{ij} 为从状态 i 转移到 j 的转移速率, 我们不加证明地引入下面的极限定理 (参看文献 *Continuous-Time Markov Chains: An Applications-Oriented Approach* (Anderson, 1991) 和《破产论研究综述》(成世学, 2002)).

定理 4.4.2 (1)
$$\lim_{t \to 0} \frac{1 - p_{ii}(t)}{t} = q_{ii} \leqslant +\infty; \tag{4.25}$$

(2)
$$\lim_{t \to 0} \frac{p_{ij}(t)}{t} = q_{ij} < \infty. \tag{4.26}$$

利用上面的定理, 对于有限状态 Markov 链, 有如下结论.

推论 4.4.1 假设连续时间 Markov 链的状态有限, 则有
$$q_{ii} = \sum_{j \neq i} q_{ij} < +\infty. \tag{4.27}$$

证明 由定义知, $\sum\limits_{j \in S} p_{ij}(t) = 1$, 即
$$1 - p_{ii}(t) = \sum_{j \neq i} p_{ij}(t),$$
故由定理 4.4.2 知
$$\lim_{t \to 0} \frac{1 - p_{ii}(t)}{t} = \lim_{t \to 0} \sum_{j \neq i} \frac{p_{ij}(t)}{t}$$
$$= \sum_{j \neq i} \lim_{t \to 0} \frac{p_{ij}(t)}{t}$$
$$= \sum_{j \neq i} q_{ij} < +\infty. \qquad \square$$

上述推论 4.4.1, 用到了极限和求和可换的性质 (因为求和是有限个). 但对于无限状态的情况, 利用 Fatou 引理一般只能得到 $q_{ii} \geqslant \sum\limits_{j \neq i} q_{ij}$. 为了简单起见, 设状态空间为 $S = \{1, 2, \cdots, n, \cdots\}$, 此时记

$$Q = \begin{pmatrix} -q_{11} & q_{12} & q_{13} & \cdots & q_{1i} & \cdots \\ q_{21} & -q_{22} & q_{23} & \cdots & q_{2i} & \cdots \\ \vdots & \vdots & \vdots & & \vdots & \\ q_{i1} & q_{i2} & q_{i3} & \cdots & -q_{ii} & \cdots \\ \vdots & \vdots & \vdots & & \vdots & \end{pmatrix}$$

称为连续时间 Markov 链的 $\boldsymbol{Q}$ 矩阵, 当矩阵元素 $q_{ii} = \sum\limits_{j \neq i} q_{ij} < +\infty$ 时, 称该矩阵为保守的.

基于上面的定理和推论, 得到如下一个重要的微分方程.

定理 4.4.3 (Kolmogorov 微分方程) 对一切 $i, j \in S, t \geqslant 0$ 且 $\sum\limits_{j \neq i} q_{ij} = q_{ii} < +\infty$, 有

(1) 向后方程

$$p'_{ij}(t) = \sum_{k \neq i} q_{ik} p_{kj}(t) - q_{ii} p_{ij}(t);$$

(2) 在适当正则的条件下, 有向前方程

$$p'_{ij}(t) = \sum_{k \neq i} q_{kj} p_{ik}(t) - q_{jj} p_{ij}(t).$$

证明 由定理 4.4.1(3) 可得

$$p_{ij}(t+h) = \sum_{k \in S} p_{ik}(h) p_{kj}(t),$$

即

$$p_{ij}(t+h) - p_{ij}(t) p_{ii}(h) = \sum_{k \neq i} p_{ik}(h) p_{kj}(t).$$

上式可写为

$$p_{ij}(t+h) - p_{ij}(t) = \sum_{k \neq i} p_{ik}(h) p_{kj}(t) - [1 - p_{ii}(h)] p_{ij}(t),$$

两边取极限, 得

$$\lim_{h \to 0} \frac{p_{ij}(t+h) - p_{ij}(t)}{h} = \lim_{h \to 0} \sum_{k \neq i} \frac{p_{ik}(h)}{h} p_{kj}(t) - \lim_{h \to 0} \frac{1 - p_{ii}(h)}{h} p_{ij}(t).$$

当 Markov 链状态是有限时, 极限和求和交换次序自然成立, 结合定理 4.4.2 和推论 4.4.1, 由上式直接可得 (1) (向后方程).

当状态是无限时, 下面证明极限与求和可交换次序, 其方法是利用两边夹定理. 对于固定的 N, 有

$$\liminf_{h \to 0} \sum_{k \neq i} \frac{p_{ik}(h)}{h} p_{kj}(t) \geqslant \liminf_{h \to 0} \sum_{\substack{k \neq i \\ k < N}} \frac{p_{ik}(h)}{h} p_{kj}(t)$$

$$= \sum_{\substack{k \neq i \\ k < N}} \liminf_{h \to 0} \frac{p_{ik}(h)}{h} p_{kj}(t)$$

$$= \sum_{\substack{k \neq i \\ k < N}} q_{ik} p_{kj}(t).$$

由 N 的任意性, 得

$$\liminf_{h \to 0} \sum_{k \neq i} \frac{p_{ik}(h)}{h} p_{kj}(t) \geqslant \sum_{k \neq i} q_{ik} p_{kj}(t).$$

注意到 $p_{kj}(t) \leqslant 1, \forall k \in S$, 可得

$$\limsup_{h \to 0} \sum_{k \neq i} \frac{p_{ik}(h)}{h} p_{kj}(t) \leqslant \limsup_{h \to 0} \left[\sum_{\substack{k \neq i \\ k < N}} \frac{p_{ik}(h)}{h} p_{kj}(t) + \sum_{\substack{k \neq i \\ k \geqslant N}} \frac{p_{ik}(h)}{h} \right]$$

$$= \limsup_{h \to 0} \left\{ \sum_{\substack{k \neq i \\ k < N}} \frac{p_{ik}(h)}{h} p_{kj}(t) + \left[\sum_{k \neq i} \frac{p_{ik}(h)}{h} - \sum_{\substack{k \neq i \\ k < N}} \frac{p_{ik}(h)}{h} \right] \right\}$$

$$= \limsup_{h \to 0} \left\{ \sum_{\substack{k \neq i \\ k < N}} \frac{p_{ik}(h)}{h} p_{kj}(t) + \left[\frac{1 - p_{ii}(h)}{h} - \sum_{\substack{k \neq i \\ k < N}} \frac{p_{ik}(h)}{h} \right] \right\}$$

$$= \sum_{\substack{k \neq i \\ k < N}} q_{ik} p_{kj}(t) + q_{ii} - \sum_{\substack{k \neq i \\ k < N}} q_{ik}.$$

同样由 N 的任意性, 以及 $q_{ii} = \sum_{k \neq i} q_{ik} < \infty$, 可得

$$\limsup_{h \to 0} \sum_{k \neq i} \frac{p_{ik}(h)}{h} p_{kj}(t) \leqslant \sum_{k \neq i} q_{ik} p_{kj}(t).$$

结合上极限、下极限的关系, 可知

$$\lim_{h \to 0} \sum_{k \neq i} \frac{p_{ik}(h)}{h} p_{kj}(t) = \sum_{k \neq i} q_{ik} p_{kj}(t).$$

于是 (1) 得证. (1) 用矩阵形式写出即 $\boldsymbol{P}'(t) = \boldsymbol{Q}\boldsymbol{P}(t)$, 其中 $\boldsymbol{P}(t) = (p_{ij}(t))$, $\boldsymbol{Q} = (q_{ij})$. 依定理条件可知, $\boldsymbol{Q}$ 是保守的.

　　下面证明 (2). 在 (1) 中计算 $t + h$ 的状态时是对退后到时刻 h 的状态来取条件的 (所以称为向后方程), 这里我们考虑对时刻 t 的状态取条件, 由 C-K 方程得

$$p_{ij}(t + h) = \sum_{k \in S} p_{ik}(t) p_{kj}(h),$$

同理得到

$$\lim_{h \to 0} \frac{p_{ij}(t + h) - p_{ij}(t)}{h} = \lim_{h \to 0} \left[\sum_{k \neq j} p_{ik}(t) \frac{p_{kj}(h)}{h} - \frac{1 - p_{jj}(h)}{h} p_{ij}(t) \right].$$

假若上式中极限与求和号可交换, 则有 (2) 成立, 以矩阵形式写出即为

$$\boldsymbol{P}'(t) = \boldsymbol{P}(t)\boldsymbol{Q}.$$

这个假定不一定成立, 所以在定理中, 我们加了 "适当正则" 这个条件, 但是对于有限状态的 Markov 链或生灭过程, 它都是成立的. □

　　例 4.4.1　推导出 Poisson 过程满足的 Kolmogorov 微分方程.

　　解　由 Poisson 过程的等价定义知:

$$p_{k,k+1}(h) = \mathbb{P}\{N(t+h) - N(t) = 1 \,|\, N(t) = k\}$$
$$= \lambda h + o(h),$$
$$p_{k,k}(h) = \mathbb{P}\{N(t+h) - N(t) = 0 \,|\, N(t) = k\}$$
$$= 1 - \lambda h + o(h).$$

由此导出 $p_{ij}(t)$ 满足的微分方程, 首先

$$\lim_{h\to 0} \frac{1 - p_{kk}(h)}{h} = q_{kk} = \lambda,$$

$$\lim_{h\to 0} \frac{p_{k,k+1}(h)}{h} = q_{k,k+1} = \lambda,$$

从而

$$p_{ij}'(t) = q_{i,i+1}p_{i+1,j}(t) - q_{ii}p_{ij}(t) = \lambda p_{i+1,j}(t) - \lambda p_{ij}(t).$$

当 $j = i$ 时, 有

$$p_{ii}'(t) = -\lambda p_{ii}(t);$$

当 $j = i+1$ 时, 有

$$p_{i,i+1}'(t) = \lambda p_{i+1,i+1}(t) - \lambda p_{i,i+1}(t);$$

当 $j = i+2$ 时, 有

$$p_{i,i+2}'(t) = \lambda p_{i+1,i+2}(t).$$

在其他情况下, 微分方程不存在. 由条件 $p_{ii}(0) = 1$, 上述微分方程的解为

$$p_{ij}(t) = \mathrm{e}^{-\lambda t} \frac{(\lambda t)^{j-i}}{(j-i)!}, j \geqslant i \geqslant 0.$$

可由此验证这个定义与 Poisson 过程的第一个定义的等价性.   □

例 4.4.2 (尤尔 (Yule) 过程)　考察生物群体繁衍的模型: 假设群体中各个生物体的繁殖是相互独立的, 且可以用强度为 λ 的 Poisson 过程来描述, 并且群体中没有死亡, 此过程称为 Yule 过程. 易知 Yule 过程是一个连续时间的 Markov 链.

假设在初始时刻群体中只有 1 个个体, 类似 Poisson 过程, 给出 Yule 过程 $\{X(t), t \geqslant 0\}$ 的转移概率满足的微分方程.

解　由题可知 $X(0) = 1$. 根据模型的假定, 有

$$\mathbb{P}\{X(t+h) - X(t) = 1 \,|\, X(t) = k\} = k\lambda h + o(h),$$
$$\mathbb{P}\{X(t+h) - X(t) = 0 \,|\, X(t) = k\} = 1 - k\lambda h + o(h),$$
$$\mathbb{P}\{X(t+h) - X(t) \geqslant 2 \,|\, X(t) = k\} = o(h),$$
$$\mathbb{P}\{X(t+h) - X(t) < 0 \,|\, X(t) = k\} = 0.$$

类似于例 4.4.1 可得 Yule 过程的转移概率 $p_{ij}(t)$ 满足的向前方程为

$$p_{ii}'(t) = -i\lambda p_{ii}(t),$$
$$p_{ij}'(t) = (j-1)\lambda p_{i,j-1}(t) - j\lambda p_{ij}(t), j > i,$$

解得

$$p_{ij}(t) = \binom{j-1}{i-1} e^{-\lambda ti} \left(1 - e^{-\lambda t}\right)^{j-i}, j \geqslant i \geqslant 1.$$ □

例 4.4.3 (生灭过程)　同例 4.4.2, 考虑生物群体繁殖模型. 不同的地方在于, 群体中存在死亡, 假设每个个体以指数速率 μ 死亡, 以强度为 λ 的 Poisson 过程来描述繁衍后代. 试给出生灭过程 $\{X(t), t \geqslant 0\}$ 的转移概率满足的微分方程.

解　由题意可知

$$\mathbb{P}\{X(t+h) - X(t) = 1 | X(t) = i\} = i\lambda h + o(h),$$

$$\mathbb{P}\{X(t+h) - X(t) = -1 | X(t) = i\} = i\mu h + o(h),$$

$$\mathbb{P}\{X(t+h) - X(t) = 0 | X(t) = i\} = 1 - (i\lambda + i\mu)h + o(h),$$

$$p_{ii}(0) = 1, p_{ij}(0) = 0 \ (j \neq i),$$

从而导出 Kolmogorov 向后方程为

$$\begin{cases} p'_{ij}(t) = i\mu p_{i-1,j}(t) - (i\lambda + i\mu) p_{ij}(t) + i\lambda p_{i+1,j}(t), i \geqslant 1, \\ p'_{0,j}(t) = -\lambda p_{0,j}(t) + \lambda p_{1,j}(t). \end{cases}$$

向前方程为

$$\begin{cases} p'_{ij}(t) = (j+1)\mu p_{i,j+1}(t) - (j\lambda + j\mu) p_{ij}(t) + (i-1)\lambda p_{i,j-1}(t), j \geqslant 1, \\ p'_{i,0}(t) = -\lambda p_{i,0}(t) + \mu p_{i,1}(t). \end{cases}$$ □

课 后 习 题

4.1　考虑一个嵌入式的 Poisson 过程. 假设事件 A 的发生可以用强度为 λ 的 Poisson 过程 $\{N(t), t \geqslant 0\}$ 来描述, 且每次事件发生时能够以概率 p 被记录下来 (每次事件发生时, 对它的记录和不记录都与其他的事件能否被记录独立). 令 $M(t)$ 表示到时刻 t 被记录下来的事件总数, 证明 $\{M(t), t \geqslant 0\}$ 是一个强度为 λp 的 Poisson 过程.

4.2　考虑 4.1 题中每次事件发生时被记录到的概率随时间发生变化时的情况, 设事件 A 在 s 时刻发生被记录到的概率是 $P(s)$, 若以 $M(t)$ 表示到 t 时刻记录的事件数, 那么它还是 Poisson 过程吗? 试给出 $M(t)$ 的分布.

4.3　在保险的索赔模型中, 设索赔要求以平均每月两次的速率的 Poisson 过程到达保险公司. 每次赔付服从均值为 10000 元的正态分布, 则一年中保险公司的平均赔付额是多少?

4.4　考虑一个时间离散的更新过程 $\{N_j, j = 1, 2, \cdots\}$, 在每个时刻独立地做 Bernoulli 试验, 设成功的概率为 p, 失败的概率为 $q = 1 - p$. 以试验成功作为事件 (更新), 求此过程的更新函数 $M(k)$.

4.5　某控制器用一节电池供电, 设电池寿命 $X_i(i = 1, 2, \cdots)$ 服从均值为 45h 的正态分布, 电池失效时需要去仓库领取新电池, 领取新电池的时间 $Y_i(i = 1, 2, \cdots)$ 服从期望为 0.5h 的均匀分布. 求长时间工作时控制器更换电池的速率.

4.6　设有一个单服务员银行, 顾客到达可看作速率为 λ 的 Poisson 分布, 服务员为每一位顾客服务的时间是随机变量, 服从均值为 $\dfrac{1}{\mu}$ 的指数分布. 顾客到达门口只有在服务员空闲时才准进入银行. 试求:

(1) 顾客进银行的速率;

(2) 服务员工作的时间占营业时间的比例.

4.7 考虑离散时间的更新过程 $N(n)(n = 0, 1, 2, \cdots)$, 在每个时间点独立地做 Bernoulli 试验, 设试验成功的概率为 p, 失败的概率为 $q = 1 - p$, 以试验成功作为更新事件, 并以 $M(n)$ 记此过程的更新函数, 求其更新率 $\lim\limits_{n \to \infty} \dfrac{M(n)}{n}$.

4.8 某电话交换台的电话呼叫次数服从平均 1min λ 次的 Poisson 过程, 通话时间 $Y_1, Y_2, \cdots$ 是相互独立且服从同一分布的随机变量序列, 满足 $\mathbb{E}(Y_1) < \infty$, 假定通话时电话打不进来, 用 $N(t)$ 表示到时刻 t 为止电话打进来的次数, 试证

$$\lim_{t \to \infty} \frac{\mathbb{E}[N(t)]}{t} = \frac{\lambda}{1 + \lambda \mathbb{E}(Y_1)}.$$

4.9 假设有一款新产品发布, 成本价为 c_0 元, 产品寿命为 X 的分布函数为 $F(t)$, $\mathbb{E}(X) = \mu < \infty$. 售价为 c 元, 售后概不负责. 现在为获取用户的青睐, 某公司推出新的营销策略: 若产品售出后在期限 T 内损坏, 则免费更换同样产品. 若在 $(S_1, S_1 + T]$ 期间损坏, 则按使用时间折价更换新产品. 对在 $(0, S_1]$ 内更换的新产品执行原来的更换期, 而对在 $(S_1, S_1 + T]$ 内折价更换的新产品, 从更换时刻重新计算更换期. 试讨论若长期执行此策略, 该如何定价才能保证厂家原来的利润 (假定产品一旦损坏, 顾客立刻更换、退换或者购买新的; 不考虑时间产生的价值, 即利息等)?

4.10 设 $N(t)$ 是 Poisson 过程, 更新函数为 $M(t)$, 第 n 次更新发生的时刻为 T_n, 其分布函数为 F_n, 证明 $M(t) = \sum\limits_{n=1}^{\infty} F_n(t) = \lambda t$.

4.11 证明 Poisson 过程分解定理: 参数为 λ 的 Poisson 过程 $\{N(t), t \geqslant 0\}$ 可分解为 r 个相互独立的 Poisson 过程, 参数分别为 $\lambda p_i (i = 1, 2, \cdots, r)$, 其中, $0 < p_i < 1$, $\sum\limits_{i=1}^{r} p_i = 1$.

4.12 设 $\{N(t), t \geqslant 0\}$ 是参数 $\lambda = 3$ 的 Poisson 过程. 试求:
(1) $\mathbb{P}\{N(1) \leqslant 3\}$;
(2) $\mathbb{P}\{N(1) = 1, N(3) = 2\}$;
(3) $\mathbb{P}\{N(1) \geqslant 2 | N(1) \geqslant 1\}$.

4.13 对于 Poisson 过程 $\{N(t), t \geqslant 0\}$, 证明当 $0 \leqslant s < t$ 时

$$\mathbb{P}\{N(s) = k, N(t) = n\} = \binom{n}{k} \left(\frac{s}{t}\right)^k \left(1 - \frac{s}{t}\right)^{n-k}, \quad k = 0, 1, \cdots, n.$$

4.14 设某医院专家门诊从早上 8:00 开始就已有无数患者等候, 而每次专家只能为一名患者服务, 服务的平均时间为 20min, 且每名患者接受服务的时间服从独立的指数分布. 求上午 8:00 至 12:00 门诊结束时接受过治疗的患者在医院停留的平均时间.

4.15 $\{N(t), t \geqslant 0\}$ 是强度函数为 $\lambda(t)$ 的非齐次 Poisson 过程, $X_1, X_2, \cdots$ 是事件之间的间隔时间, 问:
(1) 诸 X_i 是否独立?
(2) 诸 X_i 是否同分布? (提示: 求 X_1 和 X_2 的分布)

4.16 设 $\{N_1(t)\}$ 和 $\{N_2(t)\}$ 分别是参数为 λ_1 和 λ_2 的 Poisson 过程, 且这两个过程相互独立.
(1) 令 $Y(t) = N_1(t) + N_2(t)$, 请判断 $\{Y(t)\}$ 是否是 Poisson 过程;
(2) 令 $Z(t) = N_1(t) - N_2(t)$, 请判断 $\{Z(t)\}$ 是否是 Poisson 过程.

4.17 设某飞机场到达的客机数是一个 Poisson 过程, 平均每小时到达 10 架: 客机共有三种类型, 能承载的乘客数分别为 200 人、150 人、100 人, 且三种飞机出现的概率相同. 令 X 表示 5h 内到达该机场的乘客数, 求 X 的期望和方差.

4.18 假设到达火车站的乘客流遵照强度为 λ 的 Poisson 过程, 火车在时刻 t 启程, 计算在 $(0, t]$ 内到达的乘客等待时间的总和的期望值, 即要求 $\mathbb{E}\left[\sum\limits_{i=1}^{N(t)} (t - T_i)\right]$, 其中 T_i 是第 i 个乘客来到的时刻.

4.19   证明定理 4.2.10.

4.20   一个过程有 n 种状态 $1, 2, \cdots, n$. 最初在状态 1, 停留时间为 X_1, 离开状态 1 到达状态 2 停留时间为 X_2, 再到达状态 3, $\cdots\cdots$, 最后从状态 n 回到状态 1, 周而复始, 并且过程对每一种状态停留时间的长度是相互独立的. 试求 $\lim\limits_{t \to \infty} \mathbb{P}\{$时刻 t 系统处于状态 $i\}$. 设 $\mathbb{E}[X_1 + X_2 + \cdots + X_n] < \infty$ 且 $X_1 + X_2 + \cdots + X_n$ 的分布为非格点的.

4.21   用交替更新过程定理 4.3.8 计算 t 时刻的寿命和剩余年龄的极限分布.

4.22   对 t 时刻最后一次更新取条件重新给出定理 4.3.8 的证明.

4.23   对于延迟更新过程证明更新方程 $M(t) = G(t) + \displaystyle\int_0^t M(t-s)\mathrm{d}F(s)$.

4.24   对更新过程, 证明 $\mathbb{P}\{T_{N(t)} \leqslant s\} = \bar{F}(t) + \displaystyle\int_0^s \bar{F}(t-y)\mathrm{d}M(y)$ 对任意 $t \geqslant s \geqslant 0$ 成立, 其中 $\bar{F}(t) = 1 - F(t)$.

第 5 章 离 散 鞅

本章将介绍另一类特殊的随机过程——鞅. 鞅是一个"公平赌博"的模型, 在诸如金融、保险和医学等实际问题上有着广泛的应用. 本章将阐述鞅的一些基本理论, 并以介绍离散时间鞅为主.

鞅的定义是从条件期望出发的, 利用到了 σ 代数的概念, 所以对此内容不熟悉的读者请先学习第 1 章中的相关内容, 这对于理解鞅理论是至关重要的.

5.1 基 本 概 念

先从一个例子出发来引出鞅的定义. 鞅是"公平性"的体现, 也是信息对称的体现 (即没有偏向性). 以赌博者期望收益为目的来考虑这个模型.

例子: 设一个赌博者正在进行一系列赌博游戏, 每次赌博输赢的概率均是未知且没有任何预见性的, 故设概率为 1/2. 假设每次赢了则财富加 1, 输了则减 1. 若令 $\{Y_n, n = 1, 2, \cdots\}$ 表示第 n 次赌博的结果, 则 $\{Y_n, n = 1, 2, \cdots\}$ 是一列独立同分布的随机变量且满足

$$\mathbb{P}\{Y_n = 1\} = \mathbb{P}\{Y_n = -1\} = \frac{1}{2}.$$

从而可得

$$\mathbb{E}[Y_n] = 0, \quad n = 1, 2, \cdots.$$

假设赌博者第 n 次下的赌注 b_n 依赖于前面 $n - 1$ 次赌博的结果, 即

$$b_n = b_n(Y_1, Y_2, \cdots, Y_{n-1}), n = 2, 3, \cdots.$$

设 X_0 是该赌博者的初始赌资, 则

$$X_n = X_0 + \sum_{i=1}^{n} b_i Y_i$$

是在第 n 次赌博后的赌资. 利用条件期望的性质可以证明

$$\mathbb{E}[X_{n+1} | \sigma(Y_1, Y_2, \cdots, Y_n)] = X_n.$$

这里 $\sigma(Y_1, Y_2, \cdots, Y_n)$ 表示的是由 $Y_1, Y_2, \cdots, Y_n$ 所产生的信息总和.

事实上, 由定义可知

$$X_{n+1} = X_n + b_{n+1} Y_{n+1},$$

因此利用 X_n 与 b_{n+1} 关于 $Y_1, Y_2, \cdots, Y_n$ 生成的 σ 代数可测, 以及 $\{Y_n\}$ 是独立随机变量序列等性质可得

$$\mathbb{E}[X_{n+1} | \sigma(Y_1, Y_2, \cdots, Y_n)]$$
$$= \mathbb{E}[X_n | \sigma(Y_1, Y_2, \cdots, Y_n)] + \mathbb{E}[b_{n+1} Y_{n+1} | \sigma(Y_1, Y_2, \cdots, Y_n)]$$

$$= X_n + b_{n+1}\mathbb{E}\left[Y_{n+1}|\sigma(Y_1, Y_2, \cdots, Y_n)\right]$$
$$= X_n + b_{n+1}\mathbb{E}\left[Y_{n+1}\right]$$
$$= X_n.$$

上式表明如果每次赌博的输赢机会是均等的, 并且赌博策略依赖于前面的赌博结果, 则赌博是 "公平" 的. 因此, 任何赌博者都不可能通过改变赌博策略将公平的赌博变成有利于自己的赌博.

为引入鞅的概念, 首先来回顾一下相关概念. 设 $(\Omega, \mathscr{F}, \mathbb{P})$ 是完备的概率空间, $\{\mathscr{F}_n, n \geqslant 0\}$ 是 $\mathscr{F}$ 上的一列子 σ 代数并且使得 $\mathscr{F}_n \subset \mathscr{F}_{n+1} (n \geqslant 0)$, 称为子 σ 代数流. 随机过程 $\{X_n, n \geqslant 0\}$ 称为 $\{\mathscr{F}_n\}$ 适应的, 如果 $\forall n \geqslant 0$, X_n 是 $\mathscr{F}_n$ 可测的, 即 $\forall x \in \mathbb{R}, \{X_n \leqslant x\} \in \mathscr{F}_n$, 此时称 $\{X_n, \mathscr{F}_n, n \geqslant 0\}$ 为适应列. 令 $\mathscr{F}_n = \sigma\{Y_0, Y_1, \cdots, Y_n\} (n \geqslant 0)$, 则 $\{\mathscr{F}_n, n \geqslant 0\}$ 是一个 σ 代数流.

定义 5.1.1 设 $\{\mathscr{F}_n, n \geqslant 0\}$ 是 $\mathscr{F}$ 中的单调递增的子 σ 代数流. 随机过程 $\{X_n, n \geqslant 0\}$ 称为关于 $\{\mathscr{F}_n, n \geqslant 0\}$ 的**鞅**, 如果 $\{X_n\}$ 关于 $\{\mathscr{F}_n\}$ 是适应的, $\mathbb{E}(|X_n|) < \infty$, 并且 $\forall n \geqslant 0$, 有

$$\mathbb{E}(X_{n+1}|\mathscr{F}_n) = X_n;$$

称适应列 $\{X_n, \mathscr{F}_n, n \geqslant 0\}$ 为**下鞅**, 如果 $\forall n \geqslant 0$, 有

$$\mathbb{E}(X_n^+) < \infty \qquad \text{且} \qquad \mathbb{E}(X_{n+1}|\mathscr{F}_n) \geqslant X_n;$$

称适应列 $\{X_n, \mathscr{F}_n, n \geqslant 0\}$ 为**上鞅**, 如果 $\forall n \geqslant 0$, 有

$$\mathbb{E}(X_n^-) < \infty \qquad \text{且} \qquad \mathbb{E}(X_{n+1}|\mathscr{F}_n) \geqslant X_n.$$

我们先给出由定义就可以直接推导出的命题.

命题 5.1.1 (1) 适应列 $\{X_n, \mathscr{F}_n, n \geqslant 0\}$ 是下鞅当且仅当 $\{-X_n, \mathscr{F}_n, n \geqslant 0\}$ 是上鞅.

(2) 如果 $\{X_n, \mathscr{F}_n\}, \{Y_n, \mathscr{F}_n\}$ 是两个下鞅, a, b 是两个正常数, 则 $\{aX_n + bY_n, \mathscr{F}_n\}$ 是下鞅.

(3) 如果 $\{X_n, \mathscr{F}_n\}, \{Y_n, \mathscr{F}_n\}$ 是两个下鞅 (或上鞅), 则 $\{\max\{X_n, Y_n\}, \mathscr{F}_n\}$ (或 $\{\min\{X_n, Y_n\}, \mathscr{F}_n\}$) 是下鞅 (或上鞅).

例 5.1.1(独立随机变量之和) (1) 设 $X_n, n \geqslant 1$ 是一族零均值独立随机变量序列, 且 $\mathbb{E}(|X_i|) < \infty$, 令 $Y_0 = 0$, $Y_n = \sum\limits_{k=1}^n X_k$, 则 $\{Y_n\}$ 是关于 $\mathscr{F}_n = \sigma(X_1, X_2, \cdots, X_n)$ 的鞅. 另外, 若 $X_k (k = 1, 2, \cdots)$ 的均值为 $\mu \neq 0$, 则 $\{Z_n = Y_n - n\mu\}$ 是 (关于 $\{\mathscr{F}_n\}$ 的) 鞅.

(2) 更进一步, 设 $X_n, n \geqslant 1$ 是一族零均值独立同分布随机变量序列, $\mathbb{E}[X_n^2] = \sigma^2$. 令 $Y_0 = 0$, $Y_n = \sum\limits_{k=1}^n X_k$, 则 $\tilde{Z}_n = Y_n^2 - n\sigma^2$ 是 (关于 $\{\mathscr{F}_n\}$ 的) 鞅.

证明 易知 Y_n 关于 $\mathscr{F}_n$ 可测, 且 $\mathbb{E}(|Z_n|) \leqslant \sum\limits_{i=1}^n \mathbb{E}(|X_i|) < \infty$, 于是

$$\mathbb{E}(Y_{n+1}|\mathscr{F}_n) = \mathbb{E}(X_1 + X_2 + \cdots + X_{n+1}|\mathscr{F}_n)$$
$$= \mathbb{E}(X_1 + X_2 + \cdots + X_n|\mathscr{F}_n) + \mathbb{E}(X_{n+1}|\mathscr{F}_n)$$
$$= Y_n.$$

从而 $\{Y_n\}$ 是一个关于 $\{\mathscr{F}_n\}$ 的鞅. 同理可以证明, 当 $\mathbb{E}(X_k) = \mu \neq 0\,(k = 1, 2, \cdots)$ 时, $\{Z_n\}$ 也是一个关于 $\{\mathscr{F}_n\}$ 的鞅. 故 (1) 得证.

下证 (2). 注意到

$$
\begin{aligned}
\mathbb{E}[|\tilde{Z}_n|] &= \mathbb{E}\left[\left|\left(\sum_{k=1}^{n} X_k\right)^2 - n\sigma^2\right|\right] \\
&\leqslant \mathbb{E}\left[\left(\sum_{k=1}^{n} X_k\right)^2\right] + n\sigma^2 \\
&= \mathbb{E}\left[\sum_{k=1}^{n} X_k^2 + \sum_{i \neq j} X_i X_j\right] + n\sigma^2 \\
&= 2n\sigma^2 < \infty.
\end{aligned}
$$

所以

$$
\begin{aligned}
\mathbb{E}[\tilde{Z}_{n+1}|\mathscr{F}_n] &= \mathbb{E}\left[\left(X_{n+1} + \sum_{k=1}^{n} X_k\right)^2 - (n+1)\sigma^2 \,\bigg|\, \mathscr{F}_n\right] \\
&= \mathbb{E}\left[X_{n+1}^2 + 2X_{n+1}\sum_{k=1}^{n} X_k + \left(\sum_{k=1}^{n} X_k\right)^2 - (n+1)\sigma^2 \,\bigg|\, \mathscr{F}_n\right] \\
&= \mathbb{E}\left[X_{n+1}^2|\mathscr{F}_n\right] + 2\mathbb{E}\left[X_{n+1}\sum_{k=1}^{n} X_k|\mathscr{F}_n\right] + \mathbb{E}\left[Z_n|\mathscr{F}_n\right] - \sigma^2 \\
&= \sigma^2 + 0 + Z_n - \sigma^2 = Z_n. \qquad\qquad \Box
\end{aligned}
$$

注 在例 5.1.1 中设 $\mathbb{E}(X_k) = \mu \neq 0$, $\mathbb{E}(|X_k|) < \infty\,(k = 1, 2, \cdots)$, 则有 $\mathbb{E}(|Z_n|) < \infty$ 及

$$
\mathbb{E}(Z_{n+1}|\mathscr{F}_n) = \mathbb{E}\left(\sum_{i=1}^{n} X_i + X_{n+1}\,\Big|\,\mathscr{F}_n\right) = Z_n + \mu.
$$

显然, 若 $\mu > 0\,(\mu < 0)$, 则 $\{Z_n\}$ 是关于 $\{\mathscr{F}_n\}$ 的下鞅 (上鞅).

例 5.1.2(Markov 链导出的鞅) 假设 $\{X_n, n \geqslant 0\}$ 是 Markov 链 (其状态空间为 S), 具有转移矩阵 $\boldsymbol{P} = (p_{ij})$, f 是 $\boldsymbol{P}$ 的有界右正则序列, 即 $f(i) \geqslant 0$, 且

$$
f(i) = \sum_{j \in S} p_{ij} f(j), \quad |f(i)| < M, \quad \forall i \in S.
$$

令 $Y_n = f(X_n)$, 则 $\{Y_n, n \geqslant 0\}$ 是关于 $\mathscr{F}_n = \sigma(X_1, X_2, \cdots, X_n)$ 的鞅.

证明 由题意知 $\mathbb{E}[|Y_n|] < \infty$ (因为 f 是有界函数). 由于

$$
\begin{aligned}
\mathbb{E}[Y_{n+1}|\mathscr{F}_n] &= \mathbb{E}[f(X_{n+1})|\mathscr{F}_n] \\
&= \mathbb{E}[f(X_{n+1})|X_n] \text{ (由 Markov 性可得)}
\end{aligned}
$$

$$= \sum_{j \in S} f(j) \mathbb{P}\{X_{n+1} = j | X_n\}$$

$$= \sum_{j \in S} f(j) p_{X_n j} = f(X_n) = Y_n,$$

因此 $\{Y_n, n \geqslant 0\}$ 是关于 $\mathscr{F}_n$ 的鞅. $\qquad\square$

例 5.1.3(似然比构成的鞅) 假设 $\{X_n, n \geqslant 0\}$ 是独立同分布的随机变量序列, f_0 和 f_1 是概率密度函数. 令

$$Y_n = \frac{f_1(X_0) f_1(X_1) \cdots f_1(X_n)}{f_0(X_0) f_0(X_1) \cdots f_0(X_n)}, \quad n \geqslant 0.$$

假设对任意的 x, $f_0(x) > 0$. 当 X_n 的概率密度函数为 f_0 时, 则 $\{Y_n, n \geqslant 0\}$ 关于 $\mathscr{F}_n = \sigma(X_0, X_1, \cdots, X_n)$ 是鞅.

证明 因为

$$\mathbb{E}[|Y_n|] = \mathbb{E}\left[\frac{f_1(X_0) f_1(X_1) \cdots f_1(X_n)}{f_0(X_0) f_0(X_1) \cdots f_0(X_n)}\right] = 1 < \infty,$$

且

$$\mathbb{E}[Y_{n+1} | \mathscr{F}_n] = \mathbb{E}\left[Y_n \frac{f_1(X_{n+1})}{f_0(X_{n+1})} \bigg| \mathscr{F}_n\right] = Y_n \mathbb{E}\left[\frac{f_1(X_{n+1})}{f_0(X_{n+1})}\right],$$

由定义可知

$$\mathbb{E}\left[\frac{f_1(X_{n+1})}{f_0(X_{n+1})}\right] = \int \frac{f_1(x)}{f_0(x)} f_0(x) \mathrm{d}x = \int f_1(y) \mathrm{d}y = 1,$$

故 $\{Y_n, n \geqslant 0\}$ 关于 $\mathscr{F}_n = \sigma(X_0, X_1, \cdots, X_n)$ 是鞅. $\qquad\square$

例 5.1.4 (波利亚 (Polya) 坛子) 一个坛子中最初装有红球和黄球各一个, 每次从中取出一球, 放回时再放进一个同颜色的球. 以 X_n 表示第 n 次放回后坛子中的红球数, Y_n 表示第 n 次放回后红球所占的比例, 则 $X_0 = 1$, 且 $\{X_n\}$ 是一个非时齐的 Markov 链. 证明:

(1) $\{Y_n, n \geqslant 0\}$ 关于 $\mathscr{F}_n = \sigma(X_0, X_1, \cdots, X_n)$ 是鞅;

(2) 坛中红球的比例达到 3/4 的概率至多为 2/3.

证明 由题意可知 $\{X_n\}$ 的转移概率为

$$\mathbb{P}\{X_{n+1} = k+1 | X_n = k\} = \frac{k}{n+2},$$

$$\mathbb{P}\{X_{n+1} = k | X_n = k\} = \frac{n+2-k}{n+2},$$

且 $Y_n = \dfrac{X_n}{n+2}$. 利用 Markov 性可得

$$\mathbb{E}[X_{n+1} | \mathscr{F}_n] = \mathbb{E}[X_{n+1} | X_n] = X_n + \frac{X_n}{n+2},$$

所以

$$\mathbb{E}[Y_{n+1} | \mathscr{F}_n] = \mathbb{E}[Y_{n+1} | X_n]$$

$$= \mathbb{E}\left[\frac{X_{n+1}}{n+1+2} \,\middle|\, X_n\right]$$

$$= \frac{1}{n+3} \mathbb{E}\left[X_{n+1} \,\middle|\, X_n\right]$$

$$= \frac{1}{n+3}\left(X_n + \frac{X_n}{n+2}\right)$$

$$= \frac{X_n}{n+2}$$

$$= Y_n.$$

因此 $\{Y_n, n \geqslant 1\}$ 关于 $\mathscr{F}_n$ 是鞅.

下证 (2). 由 (1) 知 $\mathbb{E}[Y_n] = \mathbb{E}[Y_0] = 1/2$, 因此由 Markov 不等式可得

$$\mathbb{P}\left\{Y_n \geqslant \frac{3}{4}\right\} \leqslant \frac{\mathbb{E}[Y_n]}{3/4} = \frac{2}{3}. \qquad \Box$$

本节最后, 给出下面的引理, 由此可以利用已知的鞅或下鞅构造出新的下鞅. 为此, 先给出凸的概念. 称定义在区间 I 上的函数 $\varphi(x)$ 为凸的, 如果 $\forall x, y \in I, 0 < \alpha < 1$, 有

$$\alpha \varphi(x) + (1-\alpha)\varphi(y) \geqslant \varphi[\alpha x + (1-\alpha)y]$$

成立.

引理 5.1.1 (条件詹森 (Jensen) 不等式) 设 $\varphi(x)$ 为实数集 $\mathbb{R}$ 上的凸函数, 随机变量 X 满足

(1) $\mathbb{E}(|X|) < \infty$;

(2) $\mathbb{E}(|\varphi(X)|) < \infty$,

则有

$$\mathbb{E}\left[\varphi(X) \,\middle|\, \mathscr{F}_n\right] \geqslant \varphi\left[\mathbb{E}(X \,\middle|\, \mathscr{F}_n)\right],$$

其中 $\{\mathscr{F}_n\}$ 是任意递增的 σ 代数流.

上式是经典的条件 Jensen 不等式, 证明参考文献《常用不等式》(匡继昌, 2004).

定理 5.1.1 设 $\{X_n, n \geqslant 0\}$ 是关于 $\{\mathscr{F}_n, n \geqslant 0\}$ 的鞅 (下鞅), $\varphi(x)$ 是 $\mathbb{R}$ 上的凸函数 (非降凸函数), 且满足 $\mathbb{E}\left[\varphi(X_n)^+\right] < \infty, \forall n \geqslant 0$, 则 $\{\varphi(X_n), n \geqslant 0\}$ 是关于 $\{\mathscr{F}_n, n \geqslant 0\}$ 的下鞅. 特别地, $\{|X_n|, n \geqslant 0\}$ 是下鞅; 当 $\mathbb{E}(X_n^2) < \infty, \forall n \geqslant 0$ 时, $\{X_n^2, n \geqslant 0\}$ 也是下鞅.

此定理的证明留给有兴趣的读者.

5.2 最优停时和停时定理

本节先给出最优停时的例子, 然后引出停时定理. 此例子来源于《随机过程导论》(Lawler, 2010). **考虑一个简单的游戏:** 一个玩家掷一个骰子, 如果玩家掷到 6 点, 那么玩家将不赢钱; 否则玩家要么赢得 k 元钱 (k 是玩家掷到的点数) 并退出比赛, 要么继续掷下一轮骰子. 如果玩家选择掷下一轮骰子, 游戏将继续下去, 直到再次出现 6 点或者玩家自己退出比赛为止. 游戏最终总收益永远是 k 元钱, k 是最后一轮所掷骰子的点数 (除非骰子被掷在 6 点, 那么赢钱数为 0). 请问: 玩家的最优策略是什么?

为了确定最优策略, 首先要理解怎么样才算最优. 例如: 如果玩家只想保证收益是正的, 那么游戏在第一轮就该结束. 此时, 玩家要么因为掷到 6 点而结束游戏, 要么掷到其他点保证了正收益而结束游戏. 然而, 我们考虑更多的是: 玩家如何获得最大**期望收益**? 若考虑最大期望收益, 又该如何做出决策? 我们先来分析这个问题. 首先, 假设 $f(k)$ 为每一轮游戏的收益, 从而有

$$f(k) = k, \quad \text{如果 } k \leqslant 5; \quad f(6) = 0.$$

令 $v(k)$ 表示假设玩家在选择**最优策略**且第一轮掷到的点数为 k 时, 玩家的期望赢利. 在这种情形下, 可能不清楚最优策略是什么, 但依然可以讨论 v. 事实上, 我们将写成一个 v 满足的方程, 然后通过这个方程决定 v 的取值和最优策略. 首先可以知道 $v(6) = 0$, $v(5) = 5$, 其中 $v(5) = 5$ 的原因是当玩家掷到 5 点时, 显然没有必要再玩下去了, 因此此时的最优策略是停止游戏并赢得 5 元收益. 但对于 $k \leqslant 4$ 时, $v(k)$ 的值就没这么明显了.

现令 $u(k)(k \leqslant 5)$ 表示玩家在掷到 k 点时, 然后采用最优策略继续游戏的期望总收益, 在此例子中 $u(k)$ 对所有的 k 是相等的, 即

$$u(k) = \frac{1}{6}v(1) + \frac{1}{6}v(2) + \frac{1}{6}v(3) + \frac{1}{6}v(4) + \frac{1}{6}v(5) + \frac{1}{6}v(6).$$

利用 $u(k)$, 我们可以写出最优策略了: 若 $f(k) > u(k)$, 那么玩家应该停止游戏并赢得当轮的收益; 若 $f(k) < u(k)$, 那么玩家应该继续游戏, 即

$$u(k) = \max\{u(k), f(k)\}.$$

特别地, 有 $v(k) \geqslant f(k)$, 从而有

$$u(k) \geqslant \frac{1}{6}f(1) + \frac{1}{6}f(2) + \frac{1}{6}f(3) + \frac{1}{6}f(4) + \frac{1}{6}f(5) = \frac{5}{2}.$$

现在对最优策略有了进一步的理解: 若当前所掷的点数是 1 或 2, 那么玩家应该继续游戏. 因此

$$
\begin{aligned}
v(1) &= \frac{v(1) + \cdots + v(6)}{6} = \frac{v(1) + \cdots + v(4)}{6} + \frac{5}{6}, \\
v(2) &= \frac{v(1) + \cdots + v(4)}{6} + \frac{5}{6}.
\end{aligned}
\tag{5.1}
$$

假设第一次所掷骰子的点数为 4, 又假定最优策略是继续游戏. 显然这个策略也同样是第一次所掷骰子的点数为 3 的最优策略. 在此策略下, 游戏必须一直进行下去直到出现 5 点或者 6 点为止, 而这两个使得游戏结束的点数出现的概率是相等的, 从而可以给出期望收益为

$$\frac{5 + 0}{2} = \frac{5}{2} < 4.$$

因此上面所假设的最优策略并不是真正的开局是 4 的最优策略. 故当第一次所掷骰子的点数为 4, 最优策略应该是停止游戏, 然后得到收益 $v(4) = f(4) = 4$. 最后, 考虑当第一次所掷骰子的点数为 3 时, 假设玩家继续游戏, 记在此情形下的期望收益为 E, 则

$$E = \mathbb{P}\{\text{掷点数} \leqslant 3\}E + \frac{1}{6} \times 4 + \frac{1}{6} \times 5 = \frac{1}{2}E + \frac{3}{2}.$$

易得 $E = 3 = f(3)$, 从而可知继续游戏的期望收益和停止游戏是一样的, 即 $v(3) = 3$. 将 $v(3) = 3, v(4) = 4$ 代入式 (5.1) 可得 $v(1) = v(2) = 3$. 综上可知:

(1) 当骰子被掷到 1 点或 2 点, 最优策略是继续游戏;

(2) 当骰子被掷到 3 点, 最优策略是既可以继续游戏也可以停止游戏;

(3) 当骰子被掷到 4, 5, 6 点, 最优策略是停止游戏.

下面我们把它推广到 Markov 链的最优停时. 假定 $\boldsymbol{P}$ 是状态空间 S 的一个离散时间 Markov 链 X_n 的转移概率矩阵. 为了简单起见, 假设 S 是有限的, 但下面的很多结论对无限状态空间同样成立. 假设 f 是对应于每个状态的一个收益函数, 它表示当该 Markov 链到达这一状态后停止时的收益. 我们感兴趣的是: $\boldsymbol{P}$ 并非不可约, 否则玩家可以一直进行游戏直到到达收益最大的状态. 为研究最优停时, 我们先给出停时的概念.

定义 5.2.1(停时) 假设 $\{X_n, n \geqslant 0\}$ 是一个随机变量序列, 称随机变量 T 是关于 $\{X_n, n \geqslant 0\}$ 的停时, 如果 T 在 $\{0, 1, 2, \cdots, \infty\}$ 中取值, 且对每个 $n \geqslant 0$, $\{T = n\} \in \sigma(X_0, X_1, \cdots, X_n)$.

由定义我们知道事件 $\{T = n\}$ 或 $\{T \neq n\}$ 都应该由 n 时刻及其之前的信息完全确定, 而不需要也无法借助将来的情况. 显然, 自然时 $T = n$ 肯定是停时, 容易验证**首达时**也是停时.

由集合的含义可得如下等式:

$$\{T \leqslant n\} = \bigcup_{k=0}^{n} \{T = k\},$$
$$\{T > n\} = \Omega - \{T \leqslant n\},$$
$$\{T = n\} = \{T \leqslant n\} - \{T \leqslant n-1\}.$$

借助于上面的等式, 可以证明如下命题.

命题 5.2.1 设 T 是取值于 $\{0, 1, 2, \cdots, \infty\}$ 的随机变量, 则下述三者等价:

(1) $\{T = n\} \in \sigma(X_0, X_1, \cdots, X_n)$;

(2) $\{T \leqslant n\} \in \sigma(X_0, X_1, \cdots, X_n)$;

(3) $\{T > n\} \in \sigma(X_0, X_1, \cdots, X_n)$.

停时很重要的一点: **玩家在 n 时刻停止与否仅仅依赖于 n 时刻以前发生的状态, 换句话说, 不能用未来的信息决定是否停止.**

再次回到 Markov 链的最优停时. 我们仅考虑时齐 Markov 链, 因此不难知道最合理的不考虑未来的停止规则具有如下形式: 状态空间被分为两个集合 S_1 和 S_2. 如果 Markov 链的状态在 S_1 中取值, 那么玩家继续游戏; 如果 Markov 链的状态在 S_2 中取值, 玩家停止游戏. 其目的是在所有的停止规则中选择能使期望收益最大化的停止规则. 令 $v(x)$ 为状态 x 的价值, 即在最优停止策略下的期望收益. $v(x)$ 有如下形式:

$$v(x) = \max_{T} \mathbb{E}[f(X_T) | X_0 = x],$$

其中最大值的选取基于所有合法的停止规则. v 满足两个主要的不等式: 第一, v 大于等于停止游戏的收益, 即

$$v(x) \geqslant f(x);$$

第二, v 大于等于玩家继续游戏的最大期望收益, 即

$$v(x) \geqslant \boldsymbol{P}v(x) = \sum_{y \in S} p(x, y)v(y).$$

事实上, v 等于这些值的最大值

$$v(x) = \max\{f(x), \boldsymbol{P}v(x)\}.$$

如果令 S_1 表示在最优策略下玩家继续游戏的状态集; S_2 表示在最优策略下玩家停止游戏的状态集, 并令

$$T = \min\{j \geqslant 0, X_j \in S_2\},$$

则

$$v(x) = \mathbb{E}[f(X_T)|X_0 = x].$$

现在来研究函数 v 的性质. 首先给出**上调和函数**的概念.

定义 5.2.2 称函数 u 为对应于转移矩阵 $\boldsymbol{P}$ 的上调和函数, 若满足

$$u(x) \geqslant \boldsymbol{P}u(x).$$

假设 u 是上调和函数, T 是停时. 考虑 $T_n = \min\{T, n\}$, 断言下面结论成立

$$u(x) \geqslant \mathbb{E}[u(X_{T_n})|X_0 = x].$$

利用数学归纳法证明断言. 当 $n = 0$ 时, 上面的结论显然成立. 假设 $n - 1$ 时结论也成立, 那么有

$$\begin{aligned}
\mathbb{E}[u(X_{T_n})|X_0 = x] &= \sum_{y \in S} \mathbb{P}\{X_{T_n} = y|X_0 = x\}u(y) \\
&= \sum_{y \in S} \sum_{z \in S} \mathbb{P}\{X_{T_n} = y|X_{T_{n-1}} = z\}\mathbb{P}\{X_{T_{n-1}} = z|X_0 = x\}u(y) \\
&= \sum_{z \in S_2} \sum_{y \in S} \mathbb{P}\{X_{T_n} = y|X_{T_{n-1}} = z\}\mathbb{P}\{X_{T_{n-1}} = z|X_0 = x\}u(y) \\
&\quad + \sum_{z \in S_1} \sum_{y \in S} \mathbb{P}\{X_{T_n} = y|X_{T_{n-1}} = z\}\mathbb{P}\{X_{T_{n-1}} = z|X_0 = x\}u(y).
\end{aligned}$$

若 $z \in S_2$, 则 $\mathbb{P}\{X_{T_n} = z|X_{T_{n-1}} = z\} = 1$, 从而上式中最后一个表达式的第一个两次求和项等于

$$\sum_{z \in S_2} \mathbb{P}\{X_{T_{n-1}} = z|X_0 = x\}u(y).$$

若 $z \in S_1$, 则 $\mathbb{P}\{X_{T_n} = z|X_{T_{n-1}} = z\} = p(z, y)$, 从而

$$\sum_{y \in S} \mathbb{P}\{X_{T_n} = y|X_{T_{n-1}} = z\}u(y) = \boldsymbol{P}u(z) \leqslant u(z).$$

因此

$$\begin{aligned}
\mathbb{E}[u(X_{T_n})|X_0 = x] &\leqslant \sum_{z \in S} \mathbb{P}\{X_{T_{n-1}} = z|X_0 = x\}u(z) \\
&= \mathbb{E}[u(X_{T_{n-1}})|X_0 = x] \leqslant u(x).
\end{aligned}$$

注意到 u 是有界函数, 令 $n \to \infty$ 得

$$u(x) \geqslant \lim_{n \to \infty} \mathbb{E}[u(X_{T_n})|X_0 = x] = \mathbb{E}[u(X_T)|X_0 = x].$$

现在假定对所有的 x, 有 $u(x) \geqslant f(x)$, 则

$$u(x) = \mathbb{E}[u(X_T)|X_0 = x] \geqslant \mathbb{E}[f(X_T)|X_0 = x] = v(x).$$

因此, 每个大于 f 的上调和函数都大于等于收益函数 v. 同理可证: 如果 $\{u_i(x)\}$ 是任意的上调和函数集, 那么

$$u(x) = \inf_i u_u(x)$$

同样也是上调和的. 因此得到如下结论.

定理 5.2.1 v 是对应于 $\boldsymbol{P}$ 且大于等于 f 的最小上调和函数, 即

$$v(x) = \inf_{u \text{是上调和函数且} u(x) \geqslant f(x)} u(x).$$

该定理告诉了我们一个求 v 的算法. 算法从函数 $u_1(x)$ 出发, 这里当 x 是吸收状态时, $v(x) = f(x)$; 其他情况, $u_1(x)$ 等于函数 f 的最大值. 这就给出了一个大于 f 的上调和函数. 令

$$u_2(x) = \max\{\boldsymbol{P}u_1(x), f(x)\}.$$

由于 u_1 是上调和的, 且 $u_1 \geqslant f$, 因此 $u_2(x) \leqslant u_1(x)$. 同样地, 有

$$\boldsymbol{P}u_2(x) \leqslant \boldsymbol{P}u_1(x) \leqslant u_2(x).$$

因此, u_2 是一个大于 f 的上调和函数. 同理可以定义

$$u_n(x) = \max\{\boldsymbol{P}u_{n-1}(x), f(x)\},$$

并且 u_n 是一个大于 f 但小于 u_{n-1} 的上调和函数. 进一步可证明 $v(x) = \lim_{n \to \infty} u_n(x)$.

接下来, 我们将引出鞅的停时定理. 首先, 对于一个关于 σ 代数 $\mathscr{F}_n = \sigma\{X_k, 0 \leqslant k \leqslant n\}$ 的鞅 $\{M_n, n \geqslant 0\}$, 由定义易知对 $\forall n \geqslant 0$, 有

$$\mathbb{E}[M_n] = \mathbb{E}[M_0], \quad \forall n \geqslant 0. \tag{5.2}$$

其次, 我们想知道如果把此处固定的时间 n 换作一个随机变量 T, 是否仍然有

$$\mathbb{E}[M_T] = \mathbb{E}[M_0]?$$

对于一般的随机变量 T, 此结论未必成立. 但对于停时而言, 其结论成立, 这就是鞅的停时定理. 鞅的停时定理的意义是 "在公平的赌博中, 你不可能赢". 假设 $\{M_n, n \geqslant 0\}$ 是一种公平的博弈, M_n 表示第 n 次赌局结束后的赌本. 式 (5.2) 表明在平均意义下, 每次赌局结束时的赌本与他开始时的赌本一样. 而停时定理告诉我们把自然时换成停时结论依然成立.

在给出停时定理之前先注意以下事实.

命题 5.2.2 设 $\{M_n, n \geqslant 0\}$ 是一个关于 $\{X_n, n \geqslant 0\}$ 的鞅, T 是一个关于 $\{X_n, n \geqslant 0\}$ 的停时并且 $T \leqslant K$, $\mathscr{F}_n = \sigma(X_0, X_1, \cdots, X_n)$, 则

$$\mathbb{E}[M_T|\mathscr{F}_n] = M_0,$$

特别地, 有

$$\mathbb{E}[M_T] = \mathbb{E}[M_0].$$

证明 由于 $T \leqslant K$ 且考虑的是离散随机过程, 从而 T 只取有限值, 且当 $T = j$ 时 $M_T = M_j$, 故 M_T 可以记作

$$M_T = \sum_{j=0}^{K} M_j I_{\{T=j\}}. \tag{5.3}$$

在式 (5.3) 两边关于 $\mathscr{F}_{K-1}$ 取条件期望, 有

$$\mathbb{E}\left[M_T \,|\, \mathscr{F}_{K-1}\right] = \mathbb{E}\left[\sum_{j=0}^{K} M_j I_{\{T=j\}} \,|\, \mathscr{F}_{K-1}\right]$$

$$= \mathbb{E}\left[\sum_{j=0}^{K-1} M_j I_{\{T=j\}} \,|\, \mathscr{F}_{K-1}\right] + \mathbb{E}\left[M_K I_{\{T=K\}} \,|\, \mathscr{F}_{K-1}\right].$$

当 $j \leqslant K-1$ 时, M_j 和 $I_{\{T=j\}}$ 都是 $\mathscr{F}_{K-1}$ 可测的, 从而由条件期望的性质知

$$\mathbb{E}\left[\sum_{j=0}^{K-1} M_j I_{\{T=j\}} \,|\, \mathscr{F}_{K-1}\right] = \sum_{j=0}^{K-1} M_j I_{\{T=j\}}.$$

又因为 $T \leqslant K$ 已知, 则 $\{T = K\}$ 与 $\{T > K-1\}$ 是等价的, 由命题 5.2.1 知 $\{T > K-1\} \in \sigma(X_0, X_1, \cdots, X_{K-1})$. 因此

$$\mathbb{E}\left[M_K I_{\{T=K\}} \,|\, \mathscr{F}_{K-1}\right] = I_{\{T>K-1\}} \mathbb{E}\left[M_K \,|\, \mathscr{F}_{K-1}\right]$$

$$= I_{\{T>K-1\}} M_{K-1},$$

从而

$$\mathbb{E}\left[M_T \,|\, \mathscr{F}_{K-1}\right] = I_{\{T>K-1\}} M_{K-1} + \sum_{j=0}^{K-1} M_j I_{\{T=j\}}$$

$$= I_{\{T>K-2\}} M_{K-1} + \sum_{j=0}^{K-2} M_j I_{\{T=j\}}.$$

类似地, 关于 $\mathscr{F}_{K-2}$ 取条件期望, 可以得到

$$\mathbb{E}\left[M_T \,|\, \mathscr{F}_{K-2}\right] = \mathbb{E}\left[\mathbb{E}\left[M_T \,|\, \mathscr{F}_{K-1}\right] \,|\, \mathscr{F}_{K-2}\right]$$

$$= I_{\{T>K-3\}} M_{K-2} + \sum_{j=0}^{K-3} M_j I_{\{T=j\}}.$$

重复此过程, 可得

$$\mathbb{E}\left[M_T \,|\, \mathscr{F}_0\right] = I_{\{T \geqslant 0\}} M_0 = M_0. \qquad \square$$

命题 5.2.2 是鞅停时定理的一种特殊情况, 可它的条件太强了. 下面我们把条件弱化, 即假设 T 是一停时并且 $\mathbb{P}\{T < \infty\} = 1$, 也就是说以概率 1 可以保证会停止 (相对于 $\mathbb{P}\{T = \infty\} = 0$). 但与 T 有界不同的是, 并没有确定的 K 使 $\mathbb{P}\{T \leqslant K\} = 1$.

定理 5.2.2(鞅的停时定理) 设 $\{M_n, n \geqslant 0\}$ 是一个关于 $\{\mathscr{F}_n = \sigma(X_0, X_1, \cdots, X_n)\}$ 的鞅, T 是停时且满足

(1) $\mathbb{P}\{T < \infty\} = 1$;

(2) $\mathbb{E}\left[|M_T|\right] < \infty$;

(3) $\lim\limits_{n\to\infty} \mathbb{E}\left[|M_n|\, I_{\{T>n\}}\right] = 0$,

则有

$$\mathbb{E}\left[M_T\right] = \mathbb{E}\left[M_0\right].$$

证明 令 $T_n = \min\{T, n\}$，则

$$M_T = M_{T_n} + M_T I_{\{T>n\}} - M_n I_{\{T>n\}},$$

从而

$$\mathbb{E}\left[M_T\right] = \mathbb{E}\left[M_{T_n}\right] + \mathbb{E}\left[M_T I_{\{T>n\}}\right] - \mathbb{E}\left[M_n I_{\{T>n\}}\right].$$

由定义知 T_n 是一个有界停时 $\{T_n \leqslant n\}$，由命题 5.2.2 知

$$\mathbb{E}\left[M_{T_n}\right] = \mathbb{E}\left[M_0\right].$$

由已知 $\lim\limits_{n\to\infty} \mathbb{E}\left[|M_n|\, I_{\{T>n\}}\right] = 0$，则

$$\mathbb{E}\left[M_n I_{\{T>n\}}\right] = 0.$$

此定理的证明只需证 $\lim\limits_{n\to\infty} \mathbb{E}\left[M_T I_{\{T>n\}}\right] = 0$，因为

$$|M_T| = |M_T|I_{\{T\leqslant n\}} + |M_T|I_{\{T>n\}} \geqslant |M_T|I_{\{T\leqslant n\}},$$

且

$$\lim_{n\to\infty} I_{\{T\leqslant n\}} = \lim_{n\to\infty} \sum_{k=1}^{n} I_{\{T=k\}} = \sum_{k=1}^{\infty} I_{\{T=k\}} = 1,$$

因此，当 $n \to \infty$，我们有

$$\mathbb{E}[|M_T|] \geqslant \mathbb{E}[|M_T|I_{\{T\leqslant n\}}] \to \sum_{k=0}^{\infty} \mathbb{E}[|M_T|I_{\{T=k\}}] = \mathbb{E}[|M_T|].$$

于是有

$$\lim_{n\to\infty} \mathbb{E}\left[|M_T|I_{\{T>n\}}\right] = 0,$$

暗含了 $\lim\limits_{n\to\infty} \mathbb{E}\left[M_T I_{\{T>n\}}\right] = 0$. $\qquad\square$

推论 5.2.1 设 $\{M_n, n \geqslant 0\}$ 是一个关于 $\{\mathscr{F}_n = \sigma(X_0, X_1, \cdots, X_n)\}$ 的鞅，T 是停时且满足

(1) $\mathbb{P}\{T < \infty\} = 1$;

(2) 对某个 $k < \infty$, $\forall n \geqslant 0$, $\mathbb{E}\left[M_{T\wedge n}^2\right] \leqslant k$,

则有

$$\mathbb{E}\left[M_T\right] = \mathbb{E}\left[M_0\right].$$

证明 注意到 $M_{T\wedge n}^2 \geqslant 0$ 几乎必然成立. 由 (2) 知

$$\mathbb{E}\left[M_{T\wedge n}^2 I_{\{T\leqslant n\}}\right] \leqslant \mathbb{E}\left[M_{T\wedge n}^2\right] \leqslant k.$$

而

$$\mathbb{E}\left[M_{T \wedge n}^2 I_{\{T \leqslant n\}}\right] = \sum_{k=0}^n \mathbb{E}\left[M_I^2 | T = k\right] \mathbb{P}\{T = k\}$$

$$\xrightarrow{n \to \infty} \sum_{k=0}^{\infty} \mathbb{E}\left[M_T^2 | T = k\right] \mathbb{P}\{T = k\} = \mathbb{E}\left[M_T^2\right],$$

因此

$$\mathbb{E}\left[M_T^2\right] \leqslant k < \infty.$$

由施瓦兹 (Schwartz) 不等式知

$$\mathbb{E}\left[|M_T|\right] \leqslant \left(\mathbb{E}\left[M_T^2\right]\right)^{\frac{1}{2}} < \infty,$$

以及

$$\left(\mathbb{E}\left[|M_n| I_{\{T > n\}}\right]\right)^2 = \left(\mathbb{E}\left[|M_{T \wedge n}| I_{\{T > n\}}\right]\right)^2 \leqslant \mathbb{E}\left[M_T^2\right] \mathbb{E}\left[I_{\{T > n\}}^2\right],$$

即

$$\left(\mathbb{E}\left[M_n I_{\{T > n\}}\right]\right)^2 \leqslant k\mathbb{P}\{T > n\} \xrightarrow{n \to \infty} 0.$$

因此

$$\lim_{n \to \infty} \mathbb{E}\left[|M_n| I_{\{T > n\}}\right] = 0.$$

利用定理 5.2.2 得结论成立.   □

例 5.2.1(随机游动)   假设 $X_0 = 0$, $\{X_k, k \geqslant 1\}$ 独立同分布, 且

$$\mathbb{P}\{X_k = 1\} = p, \ \mathbb{P}\{X_k = -1\} = 1 - p.$$

假设 $Y_n = \sum_{k=1}^n X_k$ 是在 $\{0, 1, \cdots, N\}$ 上的简单随机游动 $(p = 1/2)$, 0 和 N 是两个吸收壁. 设 $Y_0 = a \in \{0, 1, \cdots, N\}$, 则 $\{Y_n\}$ 是关于 $\sigma(X_1, \cdots, X_n)$ 的一个鞅 (利用定义便可证明). 令 $T = \min\{j : Y_j = 0 或 N\}$, 则 T 是一个停时, 由于 Y_n 的取值有界, 故定理 5.2.2 的 (2) 和 (3) 满足. 利用离散 Markov 链的极限性质可知 (1) 成立, 从而

$$\mathbb{E}[X_T] = \mathbb{E}[X_0] = a.$$

由于此时 X_T 只取 $N, 0$ 两个值, 有

$$\mathbb{E}[X_T] = N \cdot \mathbb{P}\{X_T = N\} + 0 \cdot \mathbb{P}\{X_T = 0\},$$

从而得到

$$\mathbb{P}\{X_T = N\} = \frac{\mathbb{E}[X_T]}{N} = \frac{a}{N},$$

即在被吸收时刻它处于 N 点的概率为 $\dfrac{a}{N}$.

在鞅的停时定理 5.2.2 的条件中, (3) 一般是很难验证的, 因此我们将给出一些容易验证的条件, 这些条件蕴含了 (3) 成立.

首先考虑一个随机变量 X, 满足 $\mathbb{E}[|X|] < \infty$, $|X|$ 的分布函数为 F, 则

$$\lim_{n \to \infty} \mathbb{E}\left[|X| I_{\{|X| > n\}}\right] = \lim_{n \to \infty} \int_n^\infty x \mathrm{d} F(x) = 0.$$

设 $\mathbb{P}\{|X| > n\} = \delta$, A 是另外一个发生概率为 δ 的事件, 即 $\mathbb{P}(A) = \delta$. 容易看出 $\mathbb{E}\left[|X| I_A\right] \leqslant \mathbb{E}\left[|X| I_{\{|X|>n\}}\right]$, 从而我们可以有以下结论: 如果随机变量 X 满足 $\mathbb{E}[|X|] < \infty$, 则 $\forall \varepsilon > 0, \exists \delta > 0$, 当 $\mathbb{P}(A) < \delta$ 时, $\mathbb{E}\left[|X| I_A\right] < \varepsilon$.

定义 5.2.3 假设有一列随机变量 $X_1, X_2, \cdots$, 称它们是**一致可积**的, 如果 $\forall \varepsilon > 0, \exists \delta > 0$, 使得 $\forall A$, 当 $\mathbb{P}(A) < \delta$, 有

$$\mathbb{E}\left[|X_n| I_A\right] < \varepsilon \tag{5.4}$$

对任意 n 成立.

这个定义的关键在于 δ 不能依赖于 n, 并且式 (5.4) 对任意 n 成立. 为便于读者理解, 先给一个不一致可积的例子.

例 5.2.2(赌博策略) 考虑一个公平博弈问题. 设 $X_1, X_2, \cdots$ 独立同分布, 分布函数为

$$\mathbb{P}\{X_i = 1\} = \mathbb{P}\{X_i = -1\} = \frac{1}{2}.$$

于是可以将 $X_i\,(i = 1, 2, \cdots)$ 看作一个抛硬币游戏的结果: 如果出现正面就赢 1 元, 出现反面则输 1 元. 假设我们按以下的规则来赌博: 每次抛硬币之前的赌注都比上一次翻一倍, 直到赢了赌博即停. 令 W_n 表示第 n 次赌博后所输 (或赢) 的总金额, 则 $W_0 = 0$, 由于无论何时只要赢了就停止赌博, 所以 W_n 从赢了之后就不再变化, 于是有 $\mathbb{P}\{W_{n+1} = 1 | W_n = 1\} = 1$.

假设前 n 次抛硬币都出现了反面, 按照规则, 我们已经输了 $1 + 2 + 4 + \cdots + 2^{n-1} = 2^n - 1$, 即 $W_n = -(2^n - 1)$. 假如下一次抛硬币出现的是正面, 按规则 $W_{n+1} = 2^n - (2^n - 1) = 1$, 由公平的前提知道

$$\mathbb{P}\{W_{n+1} = 1 | W_n = -(2^n - 1)\} = \frac{1}{2},$$

$$\mathbb{P}\{W_{n+1} = -2^n - 2^n + 1 | W_n = -(2^n - 1)\} = \frac{1}{2}.$$

易证 $\mathbb{E}(W_{n+1} | \mathscr{F}_n) = W_n$, 这里 $\mathscr{F}_n = \sigma(X_1, X_2, \cdots, X_n)$, 从而 $\{W_n\}$ 是一个关于 $\{\mathscr{F}_n\}$ 的鞅.

更进一步, 令 A_n 是事件 $\{X_1 = X_2 = \cdots = X_n = -1\}$, 则 $\mathbb{P}(A_n) = \frac{1}{2^n}$, $\mathbb{E}(|W_n| I_{A_n}) = 2^{-n}(2^n - 1) \to 1$. 容易看出它不满足一致可积的条件.

假设 $\{M_n, n \geqslant 0\}$ 是一个关于 $\{X_n, n \geqslant 0\}$ 的一致可积鞅, T 是停时且 $\mathbb{P}\{T < \infty\} = 1$ 或 $\lim\limits_{n \to \infty} \mathbb{P}\{T > n\} = 0$, 则由一致可积性可得

$$\lim_{n \to \infty} \mathbb{E}\left[|M_n| I_{\{T > A\}}\right] = 0,$$

即定理 5.2.2 (3) 成立, 据此我们给出停时定理的另一种叙述.

定理 5.2.3(停时定理) 设 $\{M_n, n \geqslant 0\}$ 是一个关于 $\{X_n, n \geqslant 0\}$ 的一致可积鞅, T 是停时, 满足 $\mathbb{P}\{T < \infty\} = 1$ 且 $\mathbb{E}[|M_T|] < \infty$, 则有 $\mathbb{E}[M_T] = \mathbb{E}[M_0]$.

一致可积的条件一般较难验证, 详细的内容参考文献《随机分析学基础》(黄志远, 2001). 下面给出两个一致可积的充分条件.

命题 5.2.3 假设 $X_1, X_2, \cdots$ 是一列随机变量, 并且存在常数 $C < \infty$, 使得 $\mathbb{E}[X_n^2] <$

C 对所有的 n 成立, 则此序列是一致可积的.

证明 $\forall \varepsilon > 0$, 令 $\delta = \dfrac{\varepsilon^2}{4C}$, 设 $\mathbb{P}\{A\} < \delta$, 则

$$\mathbb{E}\left[|X_n| I_A\right] = \mathbb{E}\left[|X_n| I_{\left\{A \cap \left\{|X_n| \geqslant \frac{2C}{\varepsilon}\right\}\right\}}\right] + \mathbb{E}\left[|X_n| I_{\left\{A \cap \left\{|X_n| < \frac{2C}{\varepsilon}\right\}\right\}}\right]$$

$$\leqslant \frac{\varepsilon}{2C} \cdot \mathbb{E}\left[|X_n|^2 I_{\left\{A \cap \left\{|X_n| \geqslant \frac{2C}{\varepsilon}\right\}\right\}}\right] + \frac{2C}{\varepsilon} \cdot \mathbb{P}\left\{A \cap \left\{|X_n| < \frac{2C}{\varepsilon}\right\}\right\}$$

$$\leqslant \frac{\varepsilon}{2C} \mathbb{E}\left(X_n^2\right) + \frac{2C}{\varepsilon} \mathbb{P}(A) < \varepsilon. \qquad \Box$$

命题 5.2.4 设 $\{M_n\}$ 是关于 $\{\mathscr{F}_n\}$ 的鞅. 如果存在一个非负随机变量 Y, 满足 $\mathbb{E}[Y] < \infty$ 且 $|M_n| < Y$, 对 $\forall n \geqslant 0$ 成立, 则 $\{M_n\}$ 是一致可积鞅.

由控制收敛定理可证明此命题, 具体细节留给有兴趣的读者.

对于一致可积鞅的例子: 令 X_n 表示分支过程第 n 代的个体数. 设每个个体产生后代的分布有均值 μ 和方差 σ^2, 由课后习题 5.6 可知 $\{M_n = \mu^{-n} X_n\}$ 是关于 $\{X_n\}$ 的鞅. 假设 $\mu > 1$, 由课后习题 5.7 可知存在一个常数 C, 使得 $\forall n$, $\mathbb{E}[M_n^2] \leqslant C$, 从而由命题 5.2.3 知 $\{M_n\}$ 是一致可积鞅.

5.3 鞅收敛定理

设 $\{X_n, n \geqslant 0\}$ 关于 $\{Y_n, n \geqslant 0\}$ 是 (上、下) 鞅, 研究在各种意义下 $\lim\limits_{n \to \infty} X_n$ 是否存在的问题, 即是鞅收敛的问题. 本节将给出鞅收敛定理, 即在很一般的条件下, 鞅 $\{M_n\} \xrightarrow{n \to \infty} M_\infty$. 我们首先来考虑一个特殊的例子——Polya 坛子抽样模型 (见例 5.1.4). 令 M_n 表示第 n 次摸球后红球所占的比例, 当 $n \to \infty$ 时, 这个比例会如何变化呢? 下面来说明其变化趋势.

设 $0 < a < b < 1$, $M_n < a$, 且令

$$T = \min\{j : j \geqslant n, M_j \geqslant b\},$$

其中 T 表示 n 次摸球之后第一个比例从小于 a 到超越 b 的时刻. 令 $T_m = \min\{T, m\}$, 则对于 $m > n$, 由停时定理可知

$$\mathbb{E}[M_{T_m}] = M_n < a.$$

但是

$$\mathbb{E}[M_{T_m}] \geqslant \mathbb{E}\left[M_{T_m} I_{\{T \leqslant m\}}\right]$$
$$= \mathbb{E}\left[M_T I_{\{T \leqslant m\}}\right]$$
$$\geqslant b \mathbb{P}\{T \leqslant m\},$$

从而

$$\mathbb{P}\{T \leqslant m\} < \frac{a}{b}.$$

因为上式对一切 $m > n$ 成立, 于是有

$$\mathbb{P}\{T < \infty\} \leqslant \frac{a}{b}.$$

这说明至少以概率 $1 - \dfrac{a}{b}$ 红球的比例永远不会超过 b. 现在我们假定这一比例确实超过了 b, 那么它能够再一次降回到 a 以下的概率是多少呢? 由同样的讨论可知, 这一概率最大为 $\dfrac{1-b}{1-a}$. 继续同样的讨论, 我们可以知道, 从 a 出发超过 b, 再小于 a, 再大于 b, …… , 有 n 个循环的概率应为

$$\left(\frac{a}{b}\right)\left(\frac{1-b}{1-a}\right)\left(\frac{a}{b}\right)\cdots\left(\frac{a}{b}\right)\left(\frac{1-b}{1-a}\right) = \left(\frac{a}{b}\right)^n\left(\frac{1-b}{1-a}\right)^n \to 0, \quad n \to \infty.$$

由此可见, 这个比例不会在 a, b 之间无限次地跳跃. 由 a, b 的任意性, 也表明这一比例不会在任意的两个数之间无限地跳跃. 换言之, 极限 $\lim\limits_{n\to\infty} M_n$ 存在, 记为 M_∞. 这一极限是一个随机变量, 可以证明 M_∞ 服从 $[0,1]$ 上的均匀分布.

下面不加证明地给出一般的结论.

定理 5.3.1(鞅收敛定理) 设 $\{M_n, n \geqslant 0\}$ 是关于 $\{X_n, n \geqslant 0\}$ 的鞅, 并且存在常数 $C < \infty$, 使得 $\mathbb{E}(|M_n|) < C$ 对任意 n 成立, 则当 $n \to \infty$ 时, $\{M_n\}$ 收敛到一个随机变量 M_∞.

注意到极限随机变量 M_∞ 是关于 $\sigma(M_0, M_1, \cdots)$ 可测的, 该定理的证明与上面的讨论类似. 鞅的性质意味着对任意的 n, 有 $\mathbb{E}[M_n] = \mathbb{E}[M_0]$. 然而, $\mathbb{E}[M_\infty] = \mathbb{E}[M_0]$ 并非在所有的情况下都成立. 比如例 5.2.2 中, $W_\infty = \lim\limits_{n\to\infty} W_n = 1$, 因此 $\mathbb{E}[M_\infty] \neq \mathbb{E}[M_0] = 0$. 但我们有如下的结论.

定理 5.3.2 如果 $\{M_n, n \geqslant 0\}$ 是关于 $\{X_n, n \geqslant 0\}$ 的一致可积鞅, 则 $\lim\limits_{n\to\infty} M_n$ 存在, 记为 M_∞, 并且

$$\mathbb{E}[M_\infty] = \mathbb{E}[M_0].$$

定理 5.3.3 如果 $\{M_n, n \geqslant 0\}$ 是关于 $\{X_n, n \geqslant 0\}$ 的鞅, 且存在一常数 k, 使得 $\forall n$, $\mathbb{E}[M_n^2] \leqslant k < \infty$, 则存在一有限随机变量 M_∞ 使得

$$\mathbb{P}\{\lim_{n\to\infty} M_n = M_\infty\} = 1,$$
$$\lim_{n\to\infty} \mathbb{E}[|M_n - M_\infty|^2] = 0.$$

更一般地,

$$\mathbb{E}[M_0] = \mathbb{E}[M_n] = \mathbb{E}[M_\infty], \quad \forall n.$$

此定理的证明较长, 在此略去, 有兴趣的读者参考文献 *A First Course in Stochastic Processes* (Karlin and Taylor, 1975).

例 5.3.1 令 X_n 表示分支过程中第 n 代的个体数, 每个个体生育后代的分布有均值 μ 和方差 σ^2, 假定 $X_0 = 1$, 令 $M_n = \mu^{-n} X_n$. 由课后习题 5.6 知道 $\{M_n\}$ 是鞅. 如果 $\mu \leqslant 1$, 由第 3 章的结论知道灭绝一定会发生, 由此 $M_n \to M_\infty = 0$, 从而 $\mathbb{E}[M_\infty] \neq \mathbb{E}[M_0]$. 在 5.2 节我们说明了若 $\mu > 1$, 则 $\{M_n\}$ 是一致可积的, 所以在 $\mu > 1$ 时, 有 $\mathbb{E}[M_\infty] = \mathbb{E}[M_0] = 1$.

例 5.3.2 令 $X_1, X_2, \cdots$ 是独立同分布的随机变量序列, 满足

$$\mathbb{P}\{X_i = 3/2\} = 1/3, \quad \mathbb{P}\{X_i = 3/4\} = 2/3.$$

令 $M_0 = 1$, 对 $n > 0$, 令 $M_n = X_1 X_2 \cdots X_n$. 注意到 $\mathbb{E}[M_n] = \mathbb{E}[X_1] \cdots \mathbb{E}[X_n] = 1$, 由条件期望的性质得

$$\mathbb{E}[M_{n+1} | \mathscr{F}_n] = \mathbb{E}[X_1 X_2 \cdots X_{n+1} | \mathscr{F}_n]$$

$$= X_1 X_2 \cdots X_n \cdot \mathbb{E}[X_{n+1} | \mathscr{F}_n]$$

$$= X_1 X_2 \cdots X_n \cdot \mathbb{E}[X_{n+1}]$$

$$= M_n,$$

所以 $\{M_n\}$ 是关于 $X_1, X_2, \cdots$ 的鞅. 由于 $\mathbb{E}[|M_n|] = \mathbb{E}[M_n] = 1$, 鞅收敛定理的条件成立, 从而 $M_n \to M_\infty$.

那么 $\{M_n\}$ 一致可积吗? 答案是否定的. 事实上, $M_\infty = 0$(这样 $\mathbb{E}[M_\infty] \neq \mathbb{E}[M_0]$). 为此考虑

$$\ln M_n = \sum_{j=1}^{n} \ln X_j,$$

右边是独立同分布随机变量的和, 并且

$$\mathbb{E}(\ln X_i) = \frac{1}{3} \ln \frac{3}{2} + \frac{2}{3} \ln \frac{3}{4} < 0.$$

根据大数定律, $\ln M_n \to -\infty$, 从而 $M_n \to 0$, 故 $\{M_n\}$ 不是一致可积的.

5.4　连续参数鞅

前面我们讨论了离散时间的鞅 (以 n 为参数), 本节引入连续参数鞅. 为此, 首先回顾一下 σ 代数流. 随机过程 $X = \{X_t, t \geq 0\}$ 是概率空间上的一族随机变量, 它描述随时间而进行的一种随机现象, 和它相联系的有一族子 σ 代数 $\mathscr{F}^X = \{\mathscr{F}_t^X, t \geq 0\}$, 其中 $\mathscr{F}_t^X = \sigma\{X_s, s \leq t\}$ 表示过程进行到 t 时刻以前的事件 σ 代数, 它是一族随时间 t 递增的 σ 代数, 称为**由过程 X 产生的 σ 代数流**. 我们总假定 σ 代数流满足通常条件: 递增性、完备性、右连续性. 首先, 给出连续参数鞅的定义.

定义 5.4.1　$\{X(t), t \geq 0\}$ 是一随机过程, 记 $\mathscr{F}_t = \sigma\{X_s, s \leq t\}$. 过程 $\{X(t), t \geq 0\}$ 关于 $\mathscr{F}_t$ 是鞅, 如果满足:

(1) $\forall t \geq 0$, 有 $\mathbb{E}[|X(t)|] < \infty$;

(2) $\forall s, t \geq 0$, 有 $\mathbb{E}[X(t+s)|\mathscr{F}_t] = X(t)$ a.s.;

(3) $\forall t \geq 0$, $X(t)$ 关于 $\mathscr{F}_t$ 是可测的.

例 5.4.1　设 $\{N(t), t \geq 0\}$ 是时齐的 Poisson 过程, 参数为 $\lambda > 0$. 令

$$X(t) = N(t) - \lambda t, \quad Y(t) = X^2(t) - \lambda t, \quad U(t) = \mathrm{e}^{-\theta X(t) + \lambda t(1 - \mathrm{e}^{-\theta})},$$

其中 $-\infty < \theta < \infty$, 则 $X(t), Y(t), U(t)$ 是关于 Poisson 过程 $\{N(t), t \geq 0\}$ 的鞅.

为了引入停时定理, 需要先给出连续参数的停时定义.

定义 5.4.2　设有非负广义随机函数 T(即 $T : \Omega \to [0, \infty]$) 及随机过程 $\{X(t), t \geq 0\}$, $\mathscr{F}_t = \sigma\{X_s, s \leq t\}$. 若对 $\forall t \geq 0$, $\{T \leq t\} \in \mathscr{F}_t$, 则称 T 为 $\{X(t), t \geq 0\}$ 的停时. 若存在

常数 $k > 0$ 使得 $\mathbb{P}\{T \leqslant k\} = 1$, 则称 T 为有界停时.

下面给出连续参数鞅的停时定理和收敛定理.

定理 5.4.1 若 T 是有界停时, 则有

$$\mathbb{E}[X_T] = \mathbb{E}[X_0].$$

定理 5.4.2 设 $\{X_t, t \geqslant 0\}$ 是一个鞅并且 $X_t \geqslant 0, \forall t \geqslant 0$(简称非负鞅), 则存在几乎处处收敛的有限极限, 即有

$$\lim_{t \to \infty} = X_\infty < \infty, \text{a.s.}.$$

名人介绍

杜 布

杜布 (Doob) 的主要贡献是概率论. 他深入研究了随机过程理论, 得出了任意的随机过程都具有可分修正, 建立了随机函数理论的公理结构. 他是鞅论的奠基人, 虽然莱维等早在 1935 年发表了一些孕育着鞅论的工作, 1939 年维尔引进 "鞅"(martingale) 这个名称, 但对鞅进行系统研究并使之成为随机过程论的一个重要分支的人, 则应为杜布. 他还引进了半鞅的概念. 在鞅论中有以他的姓氏命名的著名的杜布停止定理、杜布–迈耶 (Meyer) 上鞅分解定理等. 鞅论使随机过程的研究进一步抽象化, 不仅丰富了概率论的内容, 而且为其他数学分支 (如调和分析、复变函数、位势理论等) 提供了有力的工具.

课 后 习 题

5.1 设 $\{Y_t, t \geqslant 0\}$ 是零初值具有平稳独立增量的随机过程, 令 $X_t = X_0 e^{Y_t}$, 其中 X_0 为一常数. 证明若 $\mathbb{E}[e^{Y_1}] = 1$, 则 $\{X_t, t \geqslant 0\}$ 是一个鞅.

5.2 设 $\{N(t), t \geqslant 0\}$ 是强度为 $\lambda > 0$ 的 Poisson 过程, 证明 $\{N(t) - \lambda t, t \geqslant 0\}$ 关于 $\mathscr{F}_t = \sigma(N(u), 0 \leqslant u \leqslant t)$ 是鞅.

5.3 设 $\{X_n, n = 0, 1, 2, \cdots\}$ 是非负下鞅, 证明对任意的 $\lambda > 0$, 有

$$\lambda \mathbb{P}\left(\max_{0 \leqslant k \leqslant n} X_k > \lambda\right) \leqslant \mathbb{E}[X_n], \quad n \geqslant 0.$$

5.4 设 $\{X_n, n = 0, 1, 2, \cdots\}$ 是鞅, 证明对任意的 $\lambda > 0$, 有

$$\lambda \mathbb{P}\left(\max_{0 \leqslant k \leqslant n} |X_k| > \lambda\right) \leqslant \mathbb{E}[|X_n|], \quad n \geqslant 0.$$

5.5 设 $X_i (i = 1, 2, \cdots)$ 是独立同分布的随机变量, 若 $\mathbb{E}(X_i) = 1$, $\mathbb{E}(|X_i|) < \infty$ 且 $S_n = \sum_{k=1}^{n} X_k$, 计算验证 $\{M_n = S_n - n\}$ 是关于 $\mathscr{F}_n = \sigma(X_1, X_2, \cdots, X_n)$ 的鞅.

5.6 令 $X_0, X_1, \cdots$ 表示分支过程各代的个体数, $X_0 = 1$, 任意一个个体生育后代的分布有均值 μ. 证明 $\{M_n = \mu^{-n} X_n\}$ 是一个关于 $X_0, X_1, \cdots$ 的鞅.

5.7 令 X_n 表示分支过程第 n 代的个体数. 设每个个体产生后代的分布有均值 μ 和方差 σ^2, 则由习题 5.6 可知 $\{M_n = \mu^{-n} X_n\}$ 是关于 $\{X_n\}$ 的鞅.

(1) 令 $\mathscr{F}_n = \sigma(X_0, X_1, \cdots, X_n)$, 证明

$$\mathbb{E}[X_{n+1}^2 | \mathscr{F}_n] = \mu^2 X_n^2 + \sigma^2 X_n;$$

(2) 设 $\mu > 1$, 证明存在 $C < \infty$ 使得对所有 n, 有 $\mathbb{E}[M_n^2] \leqslant C$;

(3) 证明当 $\mu \leqslant 1$ 时, 上式不成立.

第 6 章　Brown 运动

1827 年, 英国植物学家布朗使用显微镜观察悬浮在液体中的花粉微粒时, 发现微粒总是在做无规则的运动. 后来人们发现, 这是一种广泛存在于自然界、工程技术和人类社会中的动态随机现象, 如空气污染扩散、陀螺随机游动和股票价格波动等. 1905 年, 爱因斯坦首先使用概率分析方法对布朗运动进行了定量研究, 为统计热力学和随机过程基础理论的发展奠定了基础. 维纳在 1923 年将爱因斯坦的布朗运动物理模型抽象为数学模型, 为其他学科研究动态随机现象提供了重要数学工具, 因此布朗运动也被称为维纳过程.

6.1　定义与性质

考虑在一直线上的简单的、对称的随机游动. 设有一个粒子在经过 Δt 时间, 随机地以概率 1/2 向右移动 $\Delta x > 0$, 以概率 1/2 向左移动 $\Delta x > 0$, 且每次移动都相互独立. 如果以 $X(t)$ 记时刻 t 粒子的位置, 则

$$X(t) = \Delta x(X_1 + X_2 + \cdots + X_{\left[\frac{t}{\Delta t}\right]}), \tag{6.1}$$

式中 $[t/\Delta t]$ 表示 $t/\Delta t$ 的整数部分, 其中

$$X_i = \begin{cases} 1, & \text{第}i\text{步向右}, \\ -1, & \text{第}i\text{步向左}, \end{cases}$$

且假设诸 X_i 相互独立, 有

$$\mathbb{P}\{X_i = 1\} = \mathbb{P}\{X_i = -1\} = \frac{1}{2}.$$

由于

$$\mathbb{E}(X_i) = 0, \quad \text{Var}(X_i) = \mathbb{E}(X_i^2) = 1,$$

及式 (6.1), 我们有

$$\mathbb{E}[X(t)] = 0, \quad \text{Var}[X(t)] = (\Delta x)^2 \left[\frac{t}{\Delta t}\right].$$

现在加速这个过程, 在越来越小的时间间隔中走越来越小的步子. 若能以正确的方式趋于极限, 我们就得到 Brown 运动. 现在要令 Δx 和 Δt 趋于零, 并使得极限有意义. 我们先考虑几种特殊情况.

(1) 如果取 $\Delta x = \Delta t$, 令 $\Delta t \to 0$, 则 $\text{Var}[X(t)] \to 0$, 从而 $X(t) = 0$ 几乎必然成立. 从而这种情况不合理.

(2) 如果取 $\Delta t = (\Delta x)^3$, 则 $\text{Var}[X(t)] \to \infty$, 这是不合理的, 因为粒子的运动是连续的, 不可能在很短时间内远离出发点. 因此, 我们做下面的假设.

(3) 令 $\Delta x = \sigma\sqrt{\Delta t}$, σ 为某个正常数. 从上面的讨论可见, 当 $\Delta t \to 0$ 时, $\mathbb{E}[X(t)] = 0$,

$\text{Var}[X(t)] \to \sigma^2 t$. 另一方面, $X(t) = \Delta x(X_1 + X_2 + \cdots + X_{[\frac{t}{\Delta t}]})$ 可看作是独立同分布的随机变量之和, 因而它是独立增量过程, 即 $X(t)$ 可看作是由许多微小的相互独立的随机变量 $X(t_i) - X(t_{i-1})$ 组成之和. 故当 $\Delta t \to 0$ 时, 由中心极限定理知, $X(t)$ 经标准化以后, 它的分布趋向标准正态分布, 即对 $\forall x \in \mathbb{R}, t > 0$, $\Phi(x)$ 为标准正态函数, 有

$$\lim_{\Delta t \to 0} \mathbb{P}\left\{ \frac{\mathrm{d}s \sum_{i=0}^{[\frac{t}{\Delta t}]} \Delta x X_i - 0}{\sigma t} \leqslant x \right\} = \Phi(x),$$

等价于

$$\lim_{\Delta t \to 0} \mathbb{P}\left\{ \frac{X(t)}{\sigma t} \leqslant x \right\} = \Phi(x) = \frac{1}{\sqrt{2\pi}} \int_{-\infty}^{x} \mathrm{e}^{-\frac{u^2}{2}} \mathrm{d}u.$$

从而可得

(1) $X(t)$ 服从均值 0, 方差为 $\sigma^2 t$ 的正态分布.

由于随机游动的值在不相重叠的时间区间中的变化是独立的, 所以有

(2) $\{X(t), t \geqslant 0\}$ 有独立增量.

又因为随机游动在任一时间区间中的位置变化的分布只依赖于区间的长度, 可见

(3) $\{X(t), t \geqslant 0\}$ 有平稳增量.

下面我们给出 Brown 运动的严格定义.

定义 6.1.1 随机过程 $\{X(t), t \geqslant 0\}$ 如果满足

(1) $X(0) = 0$ 几乎必然成立;

(2) $\{X(t), t \geqslant 0\}$ 有平稳独立增量;

(3) 对每个 $t > 0$, $X(t)$ 服从正态分布 $N(0, \sigma^2 t)$,

则称 $\{X(t), t \geqslant 0\}$ 为 **Brown 运动**, 也称为 **Wiener 过程**, 常记为 $\{B(t), t \geqslant 0\}$ 或 $\{W(t), t \geqslant 0\}$.

如果 $\sigma = 1$, 我们称之为标准 Brown 运动; 如果 $\sigma \neq 1$, 则可考虑 $\{X(t)/\sigma, t \geqslant 0\}$, 它是标准 Brown 运动. 故不失一般性, 可以只考虑标准 Brown 运动的情形.

定义 6.1.1 理论上非常漂亮, 但在应用中不是十分方便, 因此我们不加证明地给出下面的性质作为 Brown 运动的等价定义.

性质 6.1.1 Brown 运动是具有下述性质的随机过程 $\{B(t), t \geqslant 0\}$:

(1) $B(0) = 0$ 几乎必然成立;

(2) (正态增量) $\forall 0 \leqslant s < t, B(t) - B(s) \sim N(0, t - s)$, 即 $B(t) - B(s)$ 服从均值为 0, 方差为 $t - s$ 的正态分布 (当 $s = 0$ 时, $B(t) - B(0) \sim N(0, t)$);

(3) (独立增量) $\forall 0 \leqslant s < t, B(t) - B(s)$ 独立于过程的过去状态 $B(u), 0 \leqslant u \leqslant s$;

(4) (路径的连续性) 函数 $t \to B(t)$ 是一个 t 的连续函数.

在性质 6.1.1 中假设 $B(0) = 0$, 为了强调起始点, 记为 $\{B^0(t)\}$. 若初始值是始于 x 的 Brown 运动, 则记为 $\{B^x(t)\}$, 意味着 $B(0) = x$. 易知

$$B^x(t) - x = B^0(t). \tag{6.2}$$

式 (6.2) 按照下面的定义 6.1.2 称为 Brown 运动的空间齐次性. 此性质也说明, $B^x(t)$ 和 $x + B^0(t)$ 是相同的, 从而只需要研究始于 0 的 Brown 运动就可以了. 如不加说明, Brown 运动就是指始于 0 的 Brown 运动.

定义 6.1.2 设 $\{X(t),\ t \geqslant 0\}$ 是随机过程, 如果它的有限维分布是空间平移不变的, 即

$$\mathbb{P}\{X(t_1) \leqslant x_1, X(t_2) \leqslant x_2, \cdots, X(t_n) \leqslant x_n \,|\, X(0) = 0\}$$
$$= \mathbb{P}\{X(t_1) \leqslant x_1 + x, X(t_2) \leqslant x_2 + x, \cdots, X(t_n) \leqslant x_n + x \,|\, X(0) = x\},$$

则称此过程为**空间齐次的**.

标准 Brown 运动 $\{B(t),\ t \geqslant 0\}$ 在 t 时刻的概率密度为

$$\phi_t(x) = \frac{1}{\sqrt{2\pi t}} \mathrm{e}^{-\frac{x^2}{2t}}.$$

如果过程从 x 开始, $B(0) = x$, 则 $B(t) \sim N(x, t)$, 于是

$$\mathbb{P}_x\{B(t) \in (a, b)\} = \int_a^b \phi_t(x, y)\mathrm{d}y = \int_a^b \frac{1}{\sqrt{2\pi t}} \mathrm{e}^{-\frac{(y-x)^2}{2t}}\mathrm{d}y. \tag{6.3}$$

这里, 概率 $\mathbb{P}_x$ 的下标 x 表示过程始于 x, 且 $\phi_t(x, y) = \phi_t(y - x)$ 表示初始时刻处于位置 x, 经过时间 t, 到达位置 y 的概率. 利用独立增量性以及转移概率密度, 我们可以计算任意 Brown 运动的有限维分布

$$\mathbb{P}_x\{B(t_1) \leqslant x_1, B(t_2) \leqslant x_2, \cdots, B(t_n) \leqslant x_n\}$$

$$= \int_{-\infty}^{x_1} \phi_{t_1}(x, y_1)\mathrm{d}y_1 \int_{-\infty}^{x_2} \phi_{t_2 - t_1}(y_1, y_2)\mathrm{d}y_2 \cdots \int_{-\infty}^{x_n} \phi_{t_n - t_{n-1}}(y_{n-1}, y_n)\mathrm{d}y_n. \tag{6.4}$$

对式 (6.4) 两端求导, 或者利用概率论中随机变量函数的分布函数, 可得如下的定理.

定理 6.1.1 设 $\{B(t),\ t \geqslant 0\}$ 是标准 Brown 运动, 则对 $\forall 0 < t_1 < t_2 < \cdots < t_n$, $(B(t_1), B(t_2), \cdots, B(t_n))$ 的联合概率密度为

$$f(x_1, x_2, \cdots, x_n) = \prod_{i=1}^n \phi_{t_i - t_{i-1}}(x_i - x_{i-1}).$$

此结果是来自概率论的结论, 其证明参考《应用随机过程》(林元烈, 2002).

由上述定理不难得出, 在给定 $B(t_1) = x_1$ 的条件下, $B(t_2)$ 的条件概率密度函数为

$$f(x, t_2 - t_1 | x_1) = \frac{1}{\sqrt{2\pi(t_2 - t_1)}} \exp\left(-\frac{(x - x_1)^2}{2(t_2 - t_1)}\right)$$

$$= \phi_{t_2 - t_1}(x - x_1)$$

$$:= \phi(x - x_1; t_2 - t_1).$$

同样, 在 $B(t_0) = x_0$ 的条件下, $B(t + t_0)$ 的条件概率密度为

$$f(x, t | x_0) = \phi(x - x_0; t) = \frac{1}{\sqrt{2\pi t}} \exp\left(-\frac{(x - x_0)^2}{2t}\right).$$

所以

$$\mathbb{P}\{B(t+t_0) > x_0 | B(t_0) = x_0\} = \mathbb{P}\{B(t+t_0) \leqslant x_0 | B(t_0) = x_0\} = \frac{1}{2}.$$

上式表明, 在给定初始条件 $B(t_0) = x_0$, 对任意的 $t > 0$, Brown 运动在 $t_0 + t$ 时刻的位置高于或低于初始位置的概率相等, 即均为 $1/2$, 这就是 Brown 运动的对称性.

下面给出关于 Brown 运动的概率计算的例子.

例 6.1.1 设 $\{B(t), t \geqslant 0\}$ 是标准 Brown 运动, 计算 $\mathbb{P}\{B(2) \leqslant 0\}$, $\mathbb{P}\{B(t) \leqslant 0, t = 1, 2\}$, 以及 $\mathbb{P}\{B(1) \leqslant 0 | B(2) \leqslant 0\}$.

解 由于 $B(2) \sim N(0, 2)$, 所以 $\mathbb{P}\{B(2) \leqslant 0\} = \frac{1}{2}$. 注意到

$$\mathbb{P}\{B(t) \leqslant 0, t = 1, 2\} = P\{B(1) \leqslant 0, B(2) \leqslant 0\}.$$

虽然 $B(1)$ 和 $B(2)$ 不是独立的, 但是由性质 6.1.1 (2) 和 (3) 可知 $B(2) - B(1)$ 与 $B(1)$ 是相互独立的标准正态分布随机变量, 于是利用分解式

$$B(2) = B(1) + [B(2) - B(1)],$$

有

$$\begin{aligned}
\mathbb{P}\{B(1) \leqslant 0, B(2) \leqslant 0\} &= \mathbb{P}\{B(1) \leqslant 0, B(1) + [B(2) - B(1)] \leqslant 0\} \\
&= \mathbb{P}\{B(1) \leqslant 0, B(2) - B(1) \leqslant -B(1)\} \\
&= \int_{-\infty}^{0} \mathbb{P}\{B(2) - B(1) \leqslant -x\} \phi(x) \mathrm{d}x \\
&= \int_{-\infty}^{0} \Phi(-x) \mathrm{d}\Phi(x) = \int_{0}^{\infty} \Phi(x) \mathrm{d}\Phi(x) \\
&= \int_{\frac{1}{2}}^{1} y \mathrm{d}y = \frac{3}{8}.
\end{aligned}$$

这里 Φ 和 ϕ 分别表示标准正态分布的分布函数和密度函数. 根据条件概率的定义可得

$$\mathbb{P}\{B(1) \leqslant 0 | B(2) \leqslant 0\} = \frac{\mathbb{P}\{B(1) \leqslant 0, B(2) \leqslant 0\}}{\mathbb{P}\{B(2) \leqslant 0\}} = \frac{3}{4}. \qquad \square$$

在本节的最后, 给出 Brown 运动的鞅性质. 由第 5 章的内容, 很容易证明如下的定理.

定理 6.1.2 设 $\{B(t)\}$ 是 Brown 运动, 则

(1) $\{B(t)\}$ 关于 $\mathscr{F}_t = \sigma\{B(u), 0 \leqslant u \leqslant t\}$ 是鞅;

(2) $\left\{B(t)^2 - t\right\}$ 关于 $\mathscr{F}_t = \sigma\{B(u), 0 \leqslant u \leqslant t\}$ 是鞅;

(3) 对任意实数 u, $\exp\left\{uB(t) - \dfrac{u^2}{2}t\right\}$ 关于 $\mathscr{F}_t = \sigma\{B(u), 0 \leqslant u \leqslant t\}$ 是鞅.

证明略. 留作习题.

注 上述定理所给的这三个鞅在理论上也有十分重要的意义, 比如鞅 $\{B^2(t) - t\}$ 就是 Brown 运动的特征, 即如果连续鞅 $X(t)$ 使得 $\{X^2(t) - t\}$ 也是鞅, 则 $X(t)$ 就是 Brown 运动.

6.2 Brown 运动轨道的性质

本节研究 Brown 运动轨道的性质. 假设 $\{B(t), t \geqslant 0\}$ 是标准 Brown 运动.

定理 6.2.1 对给定的 $t > 0$, 有

$$\mathbb{P}\left\{ \omega : \lim_{n \to \infty} \sum_{k=1}^{2^n} \left(B\left(\frac{k}{2^n}t\right) - B\left(\frac{k-1}{2^n}t\right) \right)^2 = t \right\} = 1.$$

证明 对任意固定的时间 $t > 0$, 令

$$W_{nk} = \left(B\left(\frac{k}{2^n}t\right) - B\left(\frac{k-1}{2^n}t\right) \right)^2 - \frac{t}{2^n}, \quad 1 \leqslant k \leqslant 2^n, \quad X_n = \sum_{k=1}^{2^n} W_{nk}, \qquad (6.5)$$

则

$$\mathbb{E}[W_{nk}] = 0, \quad \mathbb{E}[W_{nk}^2] = \frac{2t^2}{2^{2n}}, \quad \mathbb{E}[X_n] = 0, \quad \mathbb{E}[X_n^2] = \frac{2t^2}{2^n}.$$

易知证明式 (6.5) 等价于证明 $\mathbb{P}\{ \lim_{n \to \infty} X_n = 0 \} = 1$. 由 Chebyshev 不等式可得, 对 $\forall \varepsilon > 0$, 有

$$\mathbb{P}\{|X_n| > \varepsilon\} \leqslant \frac{2t^2}{\varepsilon^2} \left(\frac{1}{2}\right)^n.$$

因 $\sum_{n=1}^{\infty} \left(\frac{1}{2}\right)^n = 1 < \infty$, 故对 $\forall m \geqslant 1$, 由

$$0 \leqslant \mathbb{P}\left\{ \bigcap_{l=1}^{\infty} \bigcup_{n=l}^{\infty} \left(|X_n| \geqslant \frac{1}{m} \right) \right\} = \lim_{l \to \infty} \mathbb{P}\left\{ \bigcup_{n=l}^{\infty} \left(|X_n| \geqslant \frac{1}{m} \right) \right\}$$

$$\leqslant \lim_{l \to \infty} \sum_{n=l}^{\infty} 2t^2 m^2 \left(\frac{1}{2}\right)^n,$$

得

$$\mathbb{P}\left\{ \bigcap_{l=1}^{\infty} \bigcup_{n=l}^{\infty} \left(|X_n| \geqslant \frac{1}{m} \right) \right\} = 0,$$

从而有

$$\mathbb{P}\left\{ \bigcup_{m=1}^{\infty} \bigcap_{l=1}^{\infty} \bigcup_{n=l}^{\infty} \left(|X_n| \geqslant \frac{1}{m} \right) \right\} = 0,$$

于是可得

$$\mathbb{P}\{ \lim_{n \to \infty} X_n = 0 \} = \mathbb{P}\left\{ \bigcap_{m=1}^{\infty} \bigcap_{l=1}^{\infty} \bigcup_{n=l}^{\infty} \left(|X_n| < \frac{1}{m} \right) \right\} = 1,$$

故式 (6.5) 得证. $\qquad\qquad\qquad\qquad\qquad\qquad\qquad\qquad\qquad\qquad\qquad\qquad\qquad\qquad\square$

在定理 6.2.1 的证明中, 我们用到了

$$\left\{\omega : \lim_{n\to\infty} X_n(\omega) = 0\right\} = \left\{\bigcap_{m=1}^{\infty} \bigcap_{l=1}^{\infty} \bigcup_{n=l}^{\infty} \left(|X_n| < \frac{1}{m}\right)\right\}.$$

其原因是

$$\forall \omega \in \left\{\omega : \lim_{n\to\infty} X_n(\omega) = 0\right\}$$

$$\Leftrightarrow \forall m \geqslant 1, \exists n \geqslant 1, \text{当} k \geqslant n \text{ 时}, \omega \in \left\{|X_k| < \frac{1}{m}\right\}$$

$$\Leftrightarrow \forall m \geqslant 1, \exists n \geqslant 1, \omega \in \bigcap_{k=n}^{\infty} \left\{|X_k| < \frac{1}{m}\right\}$$

$$\Leftrightarrow \forall m \geqslant 1, \omega \in \bigcup_{n=1}^{\infty} \bigcap_{k=n}^{\infty} \left\{|X_k| < \frac{1}{m}\right\}$$

$$\Leftrightarrow \omega \in \bigcap_{m=1}^{\infty} \bigcup_{n=1}^{\infty} \bigcap_{k=n}^{\infty} \left\{|X_k| < \frac{1}{m}\right\},$$

故得证.

引理 6.2.1 令 $Y_n = \max_{1 \leqslant k \leqslant 2^n} \left| B\left(\frac{k}{2^n}t\right) - B\left(\frac{k-1}{2^n}t\right) \right|$, $k \geqslant 1$, 则

$$\mathbb{P}\{\lim_{n\to\infty} Y_n = 0\} = 1.$$

证明 对 $\forall k, m \geqslant 1$, 由

$$\mathbb{P}\left\{|Y_n| \geqslant \frac{1}{m}\right\} = \mathbb{P}\left\{\bigcup_{l=1}^{2^k} \left| B\left(\frac{l}{2^n}t\right) - B\left(\frac{l-1}{2^n}t\right) \right| \geqslant \frac{1}{m}\right\}$$

$$\leqslant \sum_{l=1}^{2^k} \mathbb{P}\left\{\left| B\left(\frac{l}{2^n}t\right) - B\left(\frac{l-1}{2^n}t\right) \right| \geqslant \frac{1}{m}\right\}$$

$$\leqslant \sum_{l=1}^{2^k} \frac{\mathbb{E}\left[\left| B\left(\frac{l}{2^n}t\right) - B\left(\frac{l-1}{2^n}t\right) \right|^4\right]}{(1/m)^4}$$

$$\leqslant \sum_{l=1}^{2^k} 3\left(\frac{t}{2^k}\right)^2 m^4 = 3m^4 t^2 2^{-k},$$

得

$$\mathbb{P}\left\{\bigcup_{k=n}^{\infty} \left(|Y_k| \geqslant \frac{1}{m}\right)\right\} \leqslant 3m^4 t^2 \sum_{k=n}^{\infty} 2^{-k},$$

从而有

$$0 \leqslant \mathbb{P}\left\{\bigcap_{n=1}^{\infty}\bigcup_{k=n}^{\infty}\left(|Y_k| \geqslant \frac{1}{m}\right)\right\} \leqslant 3m^4t^2 \lim_{n\to\infty}\sum_{k=n}^{\infty} 2^{-k} = 0.$$

所以

$$0 \leqslant \mathbb{P}\left\{\bigcup_{m=1}^{\infty}\bigcap_{n=1}^{\infty}\bigcup_{k=n}^{\infty}\left(|Y_k| \geqslant \frac{1}{m}\right)\right\} \leqslant \sum_{m=1}^{\infty}\mathbb{P}\left\{\bigcap_{n=1}^{\infty}\bigcup_{k=n}^{\infty}\left(|Y_k| \geqslant \frac{1}{m}\right)\right\} = 0,$$

故

$$\mathbb{P}\{\lim_{n\to\infty} Y_n = 0\} = \mathbb{P}\left\{\bigcup_{m=1}^{\infty}\bigcap_{n=1}^{\infty}\bigcup_{k=n}^{\infty}\left(|Y_k| < \frac{1}{m}\right)\right\} = 1. \qquad \square$$

定理 6.2.2

$$\mathbb{P}\left\{\lim_{n\to\infty}\sum_{k=1}^{2^n}\left|B\left(\frac{k}{2^n}t\right) - B\left(\frac{k-1}{2^n}t\right)\right| = \infty\right\} = 1.$$

证明 令

$$A = \left\{\omega : \sum_{k=1}^{2^n}\left[\left(B\left(\frac{k}{2^n}t\right) - B\left(\frac{k-1}{2^n}t\right)\right)^2 \xrightarrow{\text{a.s.}} t\right]\right\},$$

$$B = \left\{\omega : \max_{1 \leqslant k \leqslant 2^n}\left|B\left(\frac{k}{2^n}t\right) - B\left(\frac{k-1}{2^n}t\right)\right| \to 0\right\},$$

$$C = \left\{\omega : \lim_{n\to\infty}\sum_{k=1}^{2^n}\left|B\left(\frac{k}{2^n}t\right) - B\left(\frac{k-1}{2^n}t\right)\right| = \infty\right\}.$$

由定理 6.2.1 知 $\mathbb{P}\{A\} = 1$, 由引理 6.2.1 知 $\mathbb{P}\{B\} = 1$. 又因

$$\sum_{k=1}^{2^n}\left(B\left(\frac{k}{2^n}t\right) - B\left(\frac{k-1}{2^n}t\right)\right)^2 \leqslant \max_{1 \leqslant k \leqslant 2^n}\left|B\left(\frac{k}{2^n}t\right) - B\left(\frac{k-1}{2^n}t\right)\right|$$

$$\times \left|B\left(\frac{k}{2^n}t\right) - B\left(\frac{k-1}{2^n}t\right)\right|,$$

可得

$$\sum_{k=1}^{2^n}\left|B\left(\frac{k}{2^n}t\right) - B\left(\frac{k-1}{2^n}t\right)\right| \geqslant \frac{\sum_{k=1}^{2^n}\left(B\left(\frac{k}{2^n}t\right) - B\left(\frac{k-1}{2^n}t\right)\right)^2}{\max_{1 \leqslant k \leqslant 2^n}\left|B\left(\frac{k}{2^n}t\right) - B\left(\frac{k-1}{2^n}t\right)\right|}. \qquad (6.6)$$

当 $n \to \infty$ 时, 对任意的 $\omega \in AB$, 有

$$\sum_{k=1}^{2^n}\left(B\left(\frac{k}{2^n}t\right) - B\left(\frac{k-1}{2^n}t\right)\right)^2 \to t, \quad \max_{1 \leqslant k \leqslant 2^n}\left|B\left(\frac{k}{2^n}t\right) - B\left(\frac{k-1}{2^n}t\right)\right| \to 0.$$

故由式 (6.6) 得

$$\left| B\left(\frac{k}{2^n}t\right) - B\left(\frac{k-1}{2^n}t\right) \right| \to \infty.$$

从而 $\omega \in C$, 即 $AB \subset C$. 而

$$\mathbb{P}\{A\} = \mathbb{P}\{AB\} + \mathbb{P}\{A\bar{B}\}, \quad 0 \leqslant \mathbb{P}\{A\bar{B}\} \leqslant \mathbb{P}\{\bar{B}\} = 1 - \mathbb{P}\{B\} = 0,$$

故 $\mathbb{P}\{AB\} = \mathbb{P}\{A\} = 1$, 从而 $\mathbb{P}\{C\} = 1$. □

定理 6.2.2 表明, 对 t 在任意区间上, 对几乎所有的 ω, Brown 运动 $B(t,\omega)$ 关于时间 t 不是有界变差函数. 为了讨论 Brown 运动的路径性质, 首先给出二次变差的定义.

定义 6.2.1　假设 $\{t_i^n\}_{i=0}^n$ 是 $[0,t]$ 上的任一分割, 记 $\delta_n = \max\limits_{0 \leqslant i \leqslant n-1}\{t_{i+1}^n - t_i^n\}$. 若在依概率收敛意义下, 极限

$$\lim_{\delta_n \to 0} \sum_{i=0}^{n-1} \left| B(t_{i+1}^n) - B(t_i^n) \right|^2 \tag{6.7}$$

存在, 则称上面的极限为 Brown 运动的二次变差, 并记为 $[B,B](t)$, 有时也记为 $[B,B](0,t)$.

下面是 Brown 运动的路径性质. 从时刻 0 到时刻 T 对 Brown 运动的一次观察称为 Brown 运动在区间 $[0,T]$ 上的一个路径或一个实现. Brown 运动的几乎所有样本路径 $B(t)(0 \leqslant t \leqslant T)$ 都具有下述性质:

(1) 是 t 的连续函数;

(2) 在任意区间 (无论区间多么小) 上都不是单调的;

(3) 在任意点都不是可微的;

(4) 在任意区间 (无论区间多么小) 上都是无限变差的;

(5) 对任意 t, 在 $[0,t]$ 上的二次变差都等于 t.

上述性质 (1), (2) 不难理解, (4) 可以从 (5) 得到, 本节结尾我们将证明 (3).

定理 6.2.3　$[B,B](t) = t$.

证明　假设 $\{t_i^n\}_{i=0}^n$ 是 $[0,t]$ 上的分割且使得 $\sum\limits_n \delta_n < \infty$. 令

$$S_n = \sum_{i=0}^{n-1} [B(t_{i+1}^n) - B(t_i^n)]^2,$$

则

$$\mathbb{E}(S_n) = \sum_{i=0}^{n-1} \mathbb{E}[B(t_{i+1}^n) - B(t_i^n)]^2 = \sum_{i=0}^{n-1} (t_{i+1}^n - t_i^n) = t.$$

利用 $\mathbb{E}[B^4(t)] = 3t^2$, 得

$$\mathrm{Var}(S_n) = \mathrm{Var}\left\{ \sum_{i=0}^{n-1} [B(t_{i+1}^n) - B(t_i^n)]^2 \right\}$$

$$= \sum_{i=0}^{n-1} \mathrm{Var}\{[B(t_{i+1}^n) - B(t_i^n)]^2\}$$

$$= \sum_{i=0}^{n-1} 3(t_{i+1}^n - t_i^n)^2$$

$$\leqslant 3 \max\{t_{i+1}^n - t_i^n\}t = 3t\delta_n,$$

两边取无穷项和, 得

$$\sum_{n=1}^{\infty} \mathrm{Var}(S_n) < \infty.$$

由单调收敛定理, 得

$$\mathbb{E}\left[\sum_{n=1}^{\infty}(S_n - t)^2\right] < \infty.$$

因此 $\sum\limits_{n=1}^{\infty}(S_n - t)^2 < \infty$, a.s., 于是有 $S_n - t \to 0$, a.s., 故 $[B,B](t) = t$. □

引理 6.2.2 设 $\{B(t), t \geqslant 0\}$ 是标准 Brown 运动, 则对任意固定的 $t \geqslant 0$ 和 $h > 0$, 有

$$\mathbb{P}\left\{\lim_{h \to 0+} \sup \frac{B(t+h) - B(t)}{h} = +\infty\right\} = 1,$$

$$\mathbb{P}\left\{\lim_{h \to 0+} \inf \frac{B(t+h) - B(t)}{h} = -\infty\right\} = 1.$$

证明 先证明第一个式子. 对 $\forall t \geqslant 0$, $\delta \geqslant 0$ 和 $0 < h < \delta$, 有

$$\sup_{0 < h < \delta} \frac{B(t+h) - B(t)}{h} \geqslant \frac{1}{\delta} \sup_{0 < h < \delta}[B(t+h) - B(t)],$$

故对 $\forall x > 0$, 有

$$\mathbb{P}\left\{\sup_{0<h<\delta} \frac{B(t+h) - B(t)}{h} > x\right\} \geqslant \mathbb{P}\left\{\sup_{0<h<\delta}[B(t+h) - B(t)] > \delta x\right\}$$

$$= \mathbb{P}\left\{\sup_{0<h<\delta} B(h) > \delta x\right\} \text{ (利用增量时齐性)}$$

$$= 2(1 - \Phi(\sqrt{\delta}x)) \xrightarrow{\delta \to 0} 1 (利用式 \Phi(0) = \frac{1}{2}),$$

故有

$$\mathbb{P}\left\{\lim_{h \to 0+} \sup \frac{B(t+h) - B(t)}{h} = +\infty\right\} = 1.$$

再利用 $B(t)$ 与 $-B(t)$ 有相同的分布, 可得

$$\mathbb{P}\left\{\lim_{h \to 0+} \inf \frac{B(t+h) - B(t)}{h} = -\infty\right\} = 1.$$ □

由引理 6.2.2 可知 Brown 运动在任意一点 $t \geqslant 0$, 几乎所有的轨道均不存在有限的导数, 于是性质 (3) 得证, 且有以下的定理.

定理 6.2.4 Brown 运动 $\{B(t), t \geqslant 0\}$ 几乎对所有的轨道 ω 都没有有限的导数.

通过以上定理, 可得 Brown 运动轨道有以下的性质:

(1) 对任意给定的小区间, 几乎对所有的轨道 ω, Brown 运动 $B(t)$ 关于 t 都不是有界变差函数, 其二阶变差有限;

(2) 对任意的 $t \geqslant 0$, 几乎所有的轨道 ω, Brown 运动 $B(t)$ 关于 t 都没有有限的导数.

6.3　正态过程与 Markov 性

所谓**正态过程**, 是指所有有限维分布都是多元正态分布的随机过程, 又称高斯 (Gauss) 过程. 本节有两个目标, 一是证明 Brown 运动是 Gauss 过程; 二是考虑 Brown 运动的 Markov 性. 首先, 由多元正态分布的性质易知下面的结论.

引理 6.3.1 设 $X \sim N(\mu_1, \sigma_1^2)$, $Y \sim N(\mu_2, \sigma_2^2)$ 是相互独立的, 则 $(X, X+Y) \sim N(\boldsymbol{\mu}, \boldsymbol{\Sigma})$. 其中均值 $\boldsymbol{\mu} = (\mu_1, \mu_1 + \mu_2)'$, 协方差矩阵 $\boldsymbol{\Sigma} = \begin{pmatrix} \sigma_1^2 & \sigma_1^2 \\ \sigma_1^2 & \sigma_1^2 + \sigma_2^2 \end{pmatrix}$.

定理 6.3.1 Brown 运动是均值函数为 $m(t) = 0$、协方差函数为 $\gamma(s,t) = \min\{t, s\} = t \wedge s$ 的正态过程.

证明 由于 Brown 运动的均值是 0, 所以其协方差函数为
$$\gamma(s,t) = \mathrm{Cov}[B(t), B(s)] = \mathbb{E}[B(t)B(s)].$$
若 $t < s$, 则 $B(s) = B(t) + B(s) - B(t)$, 由独立增量性可得
$$\mathbb{E}[B(t)B(s)] = \mathbb{E}[B^2(t)] + \mathbb{E}\{B(t)[B(s) - B(t)]\} = \mathbb{E}[B^2(t)] = t.$$
类似地, 若 $t > s$, 则 $\mathbb{E}[B(t)B(s)] = s$. 再由上述引理及数学归纳法我们得到, $B(t)$ 的任何有限维分布都是正态的. $\qquad \square$

定理 6.3.2 设 $\{B(t), t \geqslant 0\}$ 是正态过程, 轨道连续, $B(0) = 0$, $\forall s, t > 0$ 有 $\mathbb{E}[B(t)] = 0$, $\mathbb{E}[B(t)B(s)] = t \wedge s$, 则 $\{B(t), t \geqslant 0\}$ 是 Brown 运动, 反之亦然.

证明 由定理 6.3.1 可知充分性成立. 下证必要性. 当 $\{B(t), t \geqslant 0\}$ 是正态过程且满足 $\mathbb{E}[B(t)] = 0$, $\mathbb{E}[B(t)B(s)] = t \wedge s$ 时, 对 $\forall s, t > 0$, 有
$$\mathbb{E}[B(t) - B(s)] = \mathbb{E}[B(t)] - \mathbb{E}[B(s)] = 0,$$
$$\begin{aligned} \mathbb{E}[(B(t) - B(s))^2] &= \mathbb{E}[B^2(t)] + \mathbb{E}[B^2(s)] - 2\mathbb{E}[B(t)B(s)] \\ &= t + s - t \wedge s = |t - s|. \end{aligned}$$
再者 $\forall s_1 < t_1 \leqslant s_2 < t_2$, 有
$$\begin{aligned} &\mathbb{E}[(B(t_1) - B(s_1))(B(t_2) - B(s_2))] \\ &= \mathbb{E}[B(t_1)B(t_2)] - \mathbb{E}[B(t_1)B(s_2)] - \mathbb{E}[B(s_1)B(t_2)] + \mathbb{E}[B(s_1)B(s_2)] \\ &= t_1 - t_1 - s_1 + s_1 = 0. \end{aligned}$$
再由正态分布知不相关即相互独立, 得 $B(t)$ 是独立增量过程, 且 $B(t) - B(s) \sim N(0, |t-s|)$. 又 $\{B(t), t \geqslant 0\}$ 是轨道连续的, 得 $\{B(t), t \geqslant 0\}$ 是 Brown 运动. 定理得证. $\qquad \square$

定理 6.3.3 设 $\{B(t), t \geqslant 0\}$ 是 Brown 运动, 则

(1) $\{B(t + \tau) - B(\tau), t \geqslant 0\}$, $\forall \tau \geqslant 0$;

(2) $\left\{\dfrac{1}{\sqrt{\lambda}}B(\lambda t), t \geqslant 0\right\}$, $\lambda > 0$;

(3) $\left\{tB\left(\dfrac{1}{t}\right), t \geqslant 0\right\}$, 其中 $\left\{tB\left(\dfrac{1}{t}\right)\right\}\Big|_{t=0} \triangleq 0$;

(4) $\{B(t_0 + s) - B(t_0), 0 \leqslant s \leqslant t_0\}$, $t_0 > 0$,

仍为 Brown 运动.

证明 将利用定理 6.3.2 的结论去证明 (1)~(4). 由于可以类似地证明, 我们只给出 (1) 的证明. 因为 $\{B(t), t \geqslant 0\}$ 是正态过程, 其线性组合 $B(t + \tau) - B(\tau)$ 仍为正态过程, 且 $B(0 + \tau) - B(\tau) = 0$. 对于任意的 $t > 0$, 有

$$\mathbb{E}[B(t + \tau) - B(\tau)] = \mathbb{E}[B(t + \tau)] - \mathbb{E}[B(\tau)] = 0,$$
$$\mathbb{E}[(B(t + \tau) - B(\tau))(B(s + \tau) - B(\tau))] = \mathbb{E}[B(t + \tau)B(s + \tau)] - \tau - \tau + \tau$$
$$= (t + \tau) \wedge (s + \tau) - \tau = s \wedge t.$$

因此定理 6.3.2 的条件均满足, 故 $\{B(t + \tau) - B(\tau), t \geqslant 0\}$, $\forall \tau \geqslant 0$ 是 Brown 运动. $\qquad\square$

下面我们给出两个例子.

例 6.3.1 设 $B(t)$ 是标准的 Brown 运动, 求 $B(1) + B(2)$ 的分布.

解 因为 $B(t)$ 是 Brown 运动, 由定理 6.3.1 知它也是正态过程. 从而 $B(1)$ 和 $B(2)$ 服从正态分布, $B(1) + B(2)$ 是正态分布的线性组合, 从而也是正态分布. 故只需要求出均值和方差即可. 易知 $\mathbb{E}[B(1) + B(2)] = 0$. 利用定理 6.3.1 得

$$\begin{aligned}\mathrm{Var}(B(1) + B(2)) &= \mathbb{E}[(B(1) + B(2))^2]\\ &= \mathbb{E}[B(1)^2] + \mathbb{E}[B(2)^2] + 2\mathbb{E}[B(1)B(2)]\\ &= 1 + 2 + 2 = 5,\end{aligned}$$

即 $B(1) + B(2) \sim N(0, 5)$. $\qquad\square$

例 6.3.2 设 $B(t)$ 是标准的 Brown 运动, 求概率

$$\mathbb{P}\left\{\int_0^1 B(t)\mathrm{d}t > \frac{1}{\sqrt{3}}\right\}.$$

解 由于 Brown 运动具有连续路径, 所以积分 $\int_0^1 B(t)\mathrm{d}t$ 适定. 由黎曼 (Riemann) 积分的定义可知, $\int_0^1 B(t)\mathrm{d}t$ 可以由 $\sum B(t_i)\Delta t_i$ 来逼近. 注意到逼近和是正态分布的线性组合, 故 $\int_0^1 B(t)\mathrm{d}t$ 服从正态分布. 于是只需要求得其均值和方差即可. 由逼近和可知 $\int_0^1 B(t)\mathrm{d}t$ 的均值为零. 下面来计算 $\int_0^1 B(t)\mathrm{d}t$ 的方差.

$$\begin{aligned}\mathrm{Var}\left[\int_0^1 B(t)\mathrm{d}t\right] &= \mathrm{Cov}\left[\int_0^1 B(t)\mathrm{d}t, \int_0^1 B(s)\mathrm{d}s\right]\\ &= \mathbb{E}\left[\int_0^1 B(t)\mathrm{d}t \int_0^1 B(s)\mathrm{d}s\right]\end{aligned}$$

$$= \int_0^1 \int_0^1 \mathbb{E}\left[B(t)B(s)\right]\mathrm{d}t\mathrm{d}s$$

$$= \int_0^1 \int_0^1 \mathrm{Cov}\left[B(t)B(s)\right]\mathrm{d}t\mathrm{d}s$$

$$= \int_0^1 \int_0^1 \min\{t,s\}\mathrm{d}t\mathrm{d}s = \frac{1}{3},$$

从而

$$\int_0^1 B(t)\mathrm{d}t \sim N\left(0, \frac{1}{3}\right).$$

于是所求概率为

$$\mathbb{P}\left\{\int_0^1 B(t)\mathrm{d}t > \frac{1}{\sqrt{3}}\right\} = \mathbb{P}\left\{\sqrt{3}\int_0^1 B(t)\mathrm{d}t > 1\right\} = 1 - \varPhi(1),$$

其中 $\varPhi(x)$ 是标准正态分布的分布函数. □

接下来我们将考虑 Brown 运动的另一个性质——Markov 性. 首先, Markov 性是指在知道过程现在与过去状态的条件下, 过程将来仅与现在有关, 与过去无关. 类似于第 3 章和第 4 章中的 Markov 性, 我们给出连续时间连续状态的 Markov 性的定义.

定义 6.3.1　设 $\{X(t), t \geqslant 0\}$ 是连续型随机过程, 如果对 $\forall t, s > 0$, 有

$$\mathbb{P}\{X(t+s) \leqslant y \,|\, \mathscr{F}_t\} = \mathbb{P}\{X(t+s) \leqslant y \,|\, X(t)\}, \quad \text{a.s.}, \tag{6.8}$$

则称 $X(t)$ 为 Markov 过程, 这里 $\mathscr{F}_t = \sigma\{X(u), 0 \leqslant u \leqslant t\}$. 性质 (6.8) 称为 Markov 性.

定理 6.3.4　Brown 运动 $B(t)$ 具有 Markov 性.

证明　利用矩母函数方法来证明

$$\mathbb{P}\{B(t+s) \leqslant x \,|\, \mathscr{F}_t\} = \mathbb{P}\{B(t+s) \leqslant x \,|\, B(t)\}, \quad \forall x \in \mathbb{R}.$$

事实上

$$\mathbb{E}\left[e^{uB(t+s)} \,|\, \mathscr{F}_t\right] = e^{uB(t)}\mathbb{E}\left\{e^{u[B(t+s)-B(t)]} \,|\, \mathscr{F}_t\right\}$$

$$= e^{uB(t)}\mathbb{E}\left\{e^{u[B(t+s)-B(t)]}\right\}$$

$$= e^{uB(t)}e^{\frac{u^2 s}{2}}$$

$$= e^{uB(t)}\mathbb{E}\left\{e^{u[B(t+s)-B(t)]} \,|\, B(t)\right\}$$

$$= \mathbb{E}\left\{e^{u[B(t+s)-B(t)]} \,|\, B(t)\right\},$$

故 $B(t)$ 具有 Markov 性. □

下面给出 Brown 运动的强 Markov 性, 为此先给出停时的定义.

定义 6.3.2　如果非负随机变量 T 可以取无穷值, 即 $T: \Omega \to [0, \infty]$, 并且 $\forall t$, 有 $\{T > t\} \in \mathscr{F}_t = \sigma\{B(u), 0 \leqslant u \leqslant t\}$, 则称 T 为关于 $\{B(t), t \geqslant 0\}$ 的停时.

强 Markov 性就是将 Markov 性中固定的时间 t 用停时 T 来代替. 下面我们不加证明地给出关于 Brown 运动的强 Markov 性定理, 其证明见参考文献《随机过程导论》(Lawler, 2010).

定理 6.3.5 设 T 是关于 Brown 运动 $B(t)$ 的有限停时, 记
$$\mathscr{F}_T = \{A \in \mathscr{F}, A \cap \{T \leqslant t\} \in \mathscr{F}_t, \forall t \geqslant 0\},$$
则
$$\mathbb{P}\{B(T+t) \leqslant y \,|\, \mathscr{F}_T\} = \mathbb{P}\{B(T+t) \leqslant y \,|\, B(T)\}, \quad \text{a.s.,}$$
即 Brown 运动 $B(t)$ 具有强 Markov 性.

此定理蕴含了如果定义
$$\hat{B}(t) = B(T+t) - B(T),$$
则 $\hat{B}(t)$ 是始于 0 的 Brown 运动并且独立于 $\mathscr{F}_T$.

名人介绍

数学王子——高斯

高斯有"数学王子"的美誉, 并被誉为历史上伟大的数学家之一, 和阿基米德、牛顿并列, 同享盛名.

1777 年, 高斯生于德国不伦瑞克的一个工匠家庭, 幼时家境贫困, 但聪敏异常. 1792 年, 15 岁的高斯进入不伦瑞克学院. 在那里, 高斯开始对高等数学作研究, 独立发现了二项式定理的一般形式、数论上的"二次互反律"、"质数分布定理"及"算术几何平均". 当他 16 岁时, 预测在欧氏几何之外必然会产生一门完全不同的几何学. 他导出了二项式定理的一般形式, 将其成功地运用于无穷级数, 并发展了数学分析的理论. 1796 年, 19 岁的高斯得到了一个数学史上极重要的结果, 就是《正十七边形尺规作图之理论与方法》.

高斯的成就遍及数学的各个领域, 在数论、非欧几何、微分几何、超几何级数、复变函数论以及椭圆函数论等方面均有开创性贡献. 他十分注重数学的应用, 并且在对天文学、大地测量学和磁学的研究中也偏重用数学方法进行研究.

6.4 首中时及反正弦律

在这一节中, 将讨论 Brown 运动中的首达时间 (首中时) 的分布以及零点概率的反正弦律. 令
$$T_x = \inf\{t > 0, B(t) = x\},$$
则 T_x 表示 Brown 运动首次击中 x 的时间 (首中时). 要研究 $\mathbb{P}\{T_x \leqslant t\}$ 有多大, 需要考虑 $\mathbb{P}\{B(t) \geqslant x\}$. 由全概率公式

$$\mathbb{P}\{B(t) \geqslant x\} = \mathbb{P}\{B(t) \geqslant x \,|\, T_x \leqslant t\} \mathbb{P}\{T_x \leqslant t\}$$
$$+ \mathbb{P}\{B(t) \geqslant x \,|\, T_x > t\} \mathbb{P}\{T_x > t\}, \tag{6.9}$$

若 $T_x \leqslant t$, 则 $B(t)$ 在 $[0, t]$ 中的某个时刻击中 x, 由 Brown 运动的对称性得
$$\mathbb{P}\{B(t) \geqslant x \,|\, T_x \leqslant t\} = \frac{1}{2}.$$

再由轨道的连续性可知, $B(t)$ 不可能还未击中 x 就大于 x, 所以式 (6.9) 中第 2 项为零, 即 $\mathbb{P}\{B(t) \geqslant x \mid T_x > t\} = 0$. 因此

$$
\begin{aligned}
\mathbb{P}\{T_x \leqslant t\} &= 2\mathbb{P}\{B(t) \geqslant x\} \\
&= \frac{2}{\sqrt{2\pi t}} \int_x^\infty \mathrm{e}^{-\frac{u^2}{2t}}\mathrm{d}u \\
&= \frac{2}{\sqrt{2\pi}} \int_{x/\sqrt{t}}^\infty \mathrm{e}^{-\frac{y^2}{2}}\mathrm{d}y,
\end{aligned}
\tag{6.10}
$$

取极限可得

$$
\mathbb{P}\{T_x < \infty\} = \lim_{t\to\infty} \mathbb{P}\{T_x \leqslant t\} = \frac{2}{\sqrt{2\pi}} \int_0^\infty \mathrm{e}^{-\frac{y^2}{2}}\mathrm{d}y = 1.
$$

上式表明一定会在有限时刻击中 x. 更进一步, 对分布函数求导数可得其分布密度

$$
f_{T_x}(u) = \begin{cases} \dfrac{x}{\sqrt{2\pi}} u^{-\frac{3}{2}}\mathrm{e}^{-\frac{x^2}{2u}}, & u > 0, \\ 0, & u \leqslant 0. \end{cases}
\tag{6.11}
$$

上面已经得到: Brown 运动一定会在有限时刻到达任意一点. 一个自然的问题: 平均到达此点的时间是多少? 即求 $\mathbb{E}[T_x]$. 由期望的定义和式 (6.10), 可得

$$
\begin{aligned}
\mathbb{E}[T_x] &= \int_0^\infty \mathbb{P}\{T_x > t\}\mathrm{d}t \\
&= \int_0^\infty \left(1 - \frac{2}{\sqrt{2\pi}} \int_{x/\sqrt{t}}^\infty \mathrm{e}^{-\frac{y^2}{2}}\mathrm{d}y\right)\mathrm{d}t \\
&= \frac{2}{\sqrt{2\pi}} \int_0^\infty \int_0^{x/\sqrt{t}} \mathrm{e}^{-\frac{y^2}{2}}\mathrm{d}y\mathrm{d}t \\
&= \frac{2}{\sqrt{2\pi}} \int_0^\infty \mathrm{e}^{-\frac{y^2}{2}}\mathrm{d}y \int_0^{x^2/y^2}\mathrm{d}t \\
&= \frac{2x^2}{\sqrt{2\pi}} \int_0^\infty \frac{1}{y^2}\mathrm{e}^{-\frac{y^2}{2}}\mathrm{d}y \\
&\geqslant \frac{2x^2\mathrm{e}^{-\frac{1}{2}}}{\sqrt{2\pi}} \int_0^1 \frac{1}{y^2}\mathrm{d}y \\
&= \infty.
\end{aligned}
$$

由上式可知, T_x 虽然几乎必然是有限的, 但期望是无穷的. 直观上看, 就是 Brown 运动以概率 1 会击中 x, 但它的平均击中时间是无穷的. 性质 $\mathbb{P}_a\{T_x < \infty\} = 1$ 称为 Brown 运动的常返性. 由于始于 a 点的 Brown 运动与 $a + B(t)$ 是相同的, 这里 $B(t)$ 是始于 0 的标准 Brown 运动, 所以

$$
\mathbb{P}_a\{T_x < \infty\} = \mathbb{P}_0\{T_{x-a} < \infty\} = 1,
$$

即 Brown 运动从任意点出发, 击中 x 的概率都是 1.

当 $x < 0$ 时, 由对称性, T_x 与 T_{-x} 有相同的分布. 于是有

$$F_{T_x}(u) = \mathbb{P}\{T_x \leqslant u\} = \frac{2}{\sqrt{2\pi}} \int_{|x|/\sqrt{u}}^{\infty} e^{-\frac{y^2}{2}} dy,$$

$$f_{T_x}(u) = \begin{cases} \dfrac{-x}{\sqrt{2\pi}} u^{-\frac{3}{2}} e^{-\frac{x^2}{2u}}, & u > 0, \\ 0, & u \leqslant 0. \end{cases} \tag{6.12}$$

本节的另一个目标是考虑最大值问题, 即 Brown 运动在 $[0, t]$ 中达到的最大值 $M(t) = \max_{0 \leqslant s \leqslant t} B(s)$. 注意到由如下的等价性

$$\{M(t) \geqslant x\} \Leftrightarrow \{T_x \leqslant t\}, \quad \forall x > 0,$$

可得 $x > 0$ 时 $M(t)$ 的分布

$$\begin{aligned} \mathbb{P}\{M(t) \geqslant x\} &= \mathbb{P}\{T_x \leqslant t\} \\ &= \frac{2}{\sqrt{2\pi}} \int_{x/\sqrt{t}}^{\infty} e^{-\frac{y^2}{2}} dy. \end{aligned}$$

类似地可以得到 Brown 运动在 $[0, t]$ 中达到的最小值 $m(t) = \min_{0 \leqslant s \leqslant t} B(s)$ 的分布.

如果时刻 τ 使得 $B(\tau) = 0$, 则称 τ 为 Brown 运动的**零点**. 我们有下述定理.

定理 6.4.1 设 $\{B^x(t)\}$ 为始于 x 的 Brown 运动, 则 $B^x(t)$ 在 $(0, t)$ 中至少有一个零点的概率为

$$\frac{|x|}{\sqrt{2\pi}} \int_0^t u^{-\frac{3}{2}} e^{-\frac{x^2}{2u}} du.$$

证明 如果 $x < 0$, 则由 $\{B^x(t)\}$ 的连续性及 $B^x(t) = B(t) + x$, 注意到

$$\{B^x 在 (0,t) 中至少有一个零点\} \Leftrightarrow \left\{ \max_{0 \leqslant s \leqslant t} B^x(s) \geqslant 0 \right\},$$

从而有

$$\begin{aligned} \mathbb{P}\{B^x 在 (0,t) 中至少有一个零点\} \\ = \mathbb{P}\left\{ \max_{0 \leqslant s \leqslant t} B^x(s) \geqslant 0 \right\} \\ = \mathbb{P}\left\{ \max_{0 \leqslant s \leqslant t} B(s) + x \geqslant 0 \right\} \\ = \mathbb{P}\left\{ \max_{0 \leqslant s \leqslant t} B(s) \geqslant -x \right\} \\ = \mathbb{P}\{T_{-x} \leqslant t\} = \mathbb{P}\{T_x \leqslant t\} \\ = \int_0^t f_{T_x}(u) du \\ = \frac{-x}{\sqrt{2\pi}} \int_0^t u^{-\frac{3}{2}} e^{-\frac{x^2}{2u}} du. \end{aligned}$$

当 $x > 0$ 时, 可以类似地证明.   □

更进一步, 可得到如下的定理.

定理 6.4.2　$B^y(t)$ 在区间 (a,b) 中至少有一个零点的概率为

$$\frac{2}{\pi} \arccos \sqrt{\frac{a}{b}}.$$

证明　记 $g(x) = \mathbb{P}\{B^y 在(a,b)中至少有一个零点\,|B(a) = x\}$. 由 Markov 性,

$$\mathbb{P}\{B^y 在(a,b)中至少有一个零点\,|B(a) = x\}$$
$$= \mathbb{P}\{B^x 在(0, b-a)中至少有一个零点\}.$$

由定理 6.4.1 可知

$$g(x) = \frac{|x|}{\sqrt{2\pi}} \int_0^{b-a} u^{-\frac{3}{2}} \mathrm{e}^{-\frac{x^2}{2u}} \mathrm{d}u.$$

进而由条件概率, 我们可得

$$\mathbb{P}\{B^y 在(a,b)中至少有一个零点\}$$

$$= \int_{-\infty}^{\infty} \mathbb{P}\{B^y 在(a,b)中至少有一个零点\,|B(a) = x\} \mathbb{P}(\mathrm{d}x)$$

$$= \int_{-\infty}^{\infty} g(x) \mathbb{P}(\mathrm{d}x)$$

$$= \sqrt{\frac{2}{\pi a}} \int_0^{\infty} g(x) \mathrm{e}^{-\frac{x^2}{2a}} \mathrm{d}x$$

$$= \sqrt{\frac{2}{\pi a}} \int_0^{\infty} \frac{x}{\sqrt{2\pi}} \mathrm{e}^{-\frac{x^2}{2a}} \mathrm{d}x \int_0^{b-a} u^{-\frac{3}{2}} \mathrm{e}^{-\frac{x^2}{2u}} \mathrm{d}u$$

$$= \frac{1}{\pi\sqrt{a}} \int_0^{b-a} u^{-\frac{3}{2}} \int_0^{\infty} x \mathrm{e}^{-x^2 \left(\frac{1}{2u}+\frac{1}{2a}\right)} \mathrm{d}x \mathrm{d}u$$

$$= \frac{1}{\pi\sqrt{a}} \int_0^{b-a} u^{-\frac{3}{2}} \frac{au}{a+u} \mathrm{d}u$$

$$= \frac{\sqrt{a}}{\pi} \int_0^{b-a} \frac{u^{-\frac{1}{2}}}{a+u} \mathrm{d}u$$

$$= \frac{2}{\pi} \arctan \frac{\sqrt{b-a}}{\sqrt{a}}$$

$$= \frac{2}{\pi} \arccos \sqrt{\frac{a}{b}}.$$

□

综上可得 Brown 运动的反正弦律.

定理 6.4.3　设 $\{B^y(t), t \geqslant 0\}$ 是 Brown 运动, 则

$$\mathbb{P}\{B^y 在(a,b)中没有零点\} = \frac{2}{\pi} \arcsin \sqrt{\frac{a}{b}}.$$

下面介绍 Brown 运动在时刻 t 之前的最后一个零点以及在 t 之后的第一个零点的分布情况. 令

$$\zeta_t = \sup\{s \leqslant t, B(s) = 0\} = t \text{ 之前的最后一个零点,}$$

$$\beta_t = \inf\{s \geqslant t, B(s) = 0\} = t \text{ 之后的第一个零点.}$$

注意到 β_t 是一个停时, 而 ζ_t 不是停时 (请读者验证, 提示: 不能用当前的信息决定它的停止). 由反正弦律有

$$\mathbb{P}\{\zeta_t \leqslant x\} = \mathbb{P}\{B \text{在}(x,t)\text{中没有零点}\} = \frac{2}{\pi}\arcsin\sqrt{\frac{x}{t}},$$

$$\mathbb{P}\{\beta_t \geqslant y\} = \mathbb{P}\{B \text{在}(t,y)\text{中没有零点}\} = \frac{2}{\pi}\arcsin\sqrt{\frac{t}{y}},$$

$$\mathbb{P}\{\zeta_t \leqslant x, \beta_t \geqslant y\} = \mathbb{P}\{B \text{在}(x,y)\text{中没有零点}\} = \frac{2}{\pi}\arcsin\sqrt{\frac{x}{y}}, x < y.$$

6.5 Brown 运动的推广

6.5.1 Brown 桥

在许多实际问题中, 往往是在给定初始 $t=0$ 时的 $X(0) = x$ 和过程终点 t_0 时 $X(t_0) = y$ 的条件下研究中间过程的情形, 即考虑 $\{X(t), 0 \leqslant t \leqslant t_0 | X(0) = x, X(t_0) = y\}$ 的性质. 为此, 我们引入如下的 Brown 桥过程.

定义 6.5.1 设 $\{B(t), t \geqslant 0\}$ 是 Brown 运动. 令

$$B^*(t) = B(t) - tB(1), \quad 0 \leqslant t \leqslant 1,$$

则称随机过程 $\{B^*(t), 0 \leqslant t \leqslant 1\}$ 为 Brown 桥过程.

由 6.3 节可知 Brown 运动是正态过程, Brown 桥是 Brown 运动的线性组合, 所以 Brown 桥也是正态过程, 从而有限维分布可由它的均值函数和协方差函数完全确定, 且对 $\forall 0 \leqslant s \leqslant t \leqslant 1$, 有 $\mathbb{E}[B^*(t)] = 0$ 以及

$$\begin{aligned}\mathbb{E}[B^*(s)B^*(t)] &= \mathbb{E}\{[B(s) - sB(1)][B(t) - tB(1)]\}\\ &= \mathbb{E}[B(s)B(t) - tB(s)B(1) - sB(t)B(1) - tsB^2(1)]\\ &= s - ts - ts + ts = s(1-t).\end{aligned}$$

由定义可知 $B^*(0) = B^*(1) = 0$, 即此过程的起始点是固定的, 就像桥一样, 这就是 Brown 桥名称的由来. Brown 桥在实际中用途很广, 下面给出它的基本性质.

定理 6.5.1 Brown 桥 $\{B^*(t), 0 \leqslant t \leqslant 1\}$ 的分布与 $\{B(t), t \geqslant 0\}$ 在 $B(1) = 0$ 下的条件分布相同.

证明 由布朗运动是正态过程及正态分布的性质知, $B^*(t)$ 与 $\{B(t), 0 \leqslant t \leqslant 1 | B(0) = B(1) = 0\}$ 的分布均为正态分布, 故要证明这两个分布相同, 只需证其一阶矩和二阶矩均相等即可.

首先考虑一阶矩

$$\mathbb{E}[B^*(t)] = \mathbb{E}[B(t) - tB(1)] = 0.$$

由概率论的知识可知, 若 $(X,Y) \sim N(\mu_1, \mu_2, \rho, \sigma_1^2, \sigma_2^2)$, 则 $\mathbb{E}[Y|X] = \mu_2 + \rho\frac{\sigma_2}{\sigma_\perp}(X - \mu_1)$ (参看文献《应用随机过程》(林元烈, 2002) 中的定理 5.1.2). 利用此结论可得

$$\mathbb{E}[B(t)|B(1) = 0] = \mathbb{E}[B(t) - B(0)|B(1) - B(0) = 0] = 0.$$

从而二者的一阶矩相同. 现在来考虑二阶矩

$$\mathbb{E}\left[(B^*(t))^2\right]$$
$$= \mathbb{E}\left[B^2(t)\right] + t^2\mathbb{E}\left[B^2(1)\right] - 2t\mathbb{E}\left[B(t)B(1)\right]$$
$$= t + t^2 - 2t \cdot t = t(1 - t).$$

再利用条件概率分布和正态分布的性质 (参看文献《应用随机过程》(林元烈, 2002) 中的定理 5.1.2), 可得

$$\mathbb{E}\left[B^2(t)|B(1) = 0\right] = t(1 - t).$$

类似地, 可以考虑协方差. 对 $\forall 0 \leqslant s, t \leqslant 1$, 有

$$\mathrm{Cov}\left(B^*(t), B^*(s)\right)$$
$$= \mathbb{E}\left[(B(s) - sB(1))(B(t) - tB(1))\right]$$
$$= \mathbb{E}[B(s)B(t)] - t\mathbb{E}[B(s)B(1)] - s\mathbb{E}[B(1)B(t)] + st\mathbb{E}\left[B^2(1)\right]$$
$$= s \wedge t - st - st + st$$
$$= s(1 - t)(若 s \leqslant t).$$

类似于求方差和利用 $\mathbb{E}[B(t)|B(1) = 0] = 0$, 可得

$$\mathrm{Cov}\left[(B(s), B(t))|B(1) = 0\right]$$
$$= \mathbb{E}[B(s)B(t)|B(1) = 0] - \mathbb{E}[B(s)|B(1) = 0]\mathbb{E}[B(t)|B(1) = 0]$$
$$= \mathbb{E}[\mathbb{E}[B(s)B(t)|B(t), B(1) = 0]|B(1) = 0]$$
$$= \mathbb{E}[B(t)\mathbb{E}[B(s)|B(t), B(1) = 0]|B(1) = 0]$$
$$= \mathbb{E}\left[B(t)\left[0 + \frac{B(t)(s - 0)}{t - 0}\right]|B(1) = 0\right]$$
$$= \frac{s}{t}\mathbb{E}\left[B^2(t)|B(1) = 0\right]$$
$$= \frac{s}{t}(1 - t)t = s(1 - t).$$

从而可知两者的二阶矩均相同, 且它们又都是正态分布, 故两者的分布相同. □

6.5.2 吸收的 Brown 运动

设 T_x 为 Brown 运动 $B(t)$ 首次击中 x 的时刻, 不妨假设 $x > 0$.

定义 6.5.2 令

$$Z(t) = \begin{cases} B(t), & t < T_x, \\ x, & t \geqslant T_x, \end{cases}$$

则 $\{Z(t), t \geqslant 0\}$ 是击中 x 后, 永远停留在 x 处的 Brown 运动, 称为在 x 点被**吸收的 Brown 运动**.

注意到 $Z(t)$ 是混合型随机变量, 包含离散和连续两个部分. 为求 $\mathbb{P}\{Z(t) \leqslant y\}$, 再次利用 Brown 运动的对称性, 分情况讨论如下:

当 $y > x$ 时, $\mathbb{P}\{Z(t) \leqslant y\} = 1$;

当 $y = x$ 时,

$$\mathbb{P}\{Z(t) = x\} = \mathbb{P}\{T_x \leqslant t\} = \frac{2}{\sqrt{2\pi t}} \int_x^\infty \mathrm{e}^{-\frac{y^2}{2t}} \mathrm{d}y;$$

当 $y < x$ 时, 有

$$\mathbb{P}\{Z(t) \leqslant y\} = \mathbb{P}\left\{B(t) \leqslant y, \max_{0 \leqslant s \leqslant t} B(s) < x\right\}$$

$$= \mathbb{P}\{B(t) \leqslant y\} - \mathbb{P}\left\{B(t) \leqslant y, \max_{0 \leqslant s \leqslant t} B(s) \geqslant x\right\}. \tag{6.13}$$

首先计算式 (6.13) 右端第二项, 由条件概率公式, 得

$$\mathbb{P}\left\{B(t) \leqslant y, \max_{0 \leqslant s \leqslant t} B(s) \geqslant x\right\}$$

$$= \mathbb{P}\left\{B(t) \leqslant y \,\middle|\, \max_{0 \leqslant s \leqslant t} B(s) \geqslant x\right\} \mathbb{P}\left\{\max_{0 \leqslant s \leqslant t} B(s) \geqslant x\right\}. \tag{6.14}$$

注意到

$$\left\{\max_{0 \leqslant s \leqslant t} B(s) \geqslant x\right\} \Longleftrightarrow \{T_x \leqslant t\},$$

以及在 $\{T_x \leqslant t\}$ 发生的条件下 $\{B(t) \leqslant y\}$ 发生, 当且仅当 $B(s)$ 在 $s = T_x$ 到达 x 后, 在 $t - T_x$ 的时间内至少下降了 $x - y$. 由对称性知, 此事件的条件概率等于它至少上升了 $x - y$ 的概率, 即有

$$\mathbb{P}\left\{B(t) \leqslant y | \max_{0 \leqslant s \leqslant t} B(s) > x\right\} = \mathbb{P}\left\{B(t) \geqslant 2x - y | \max_{0 \leqslant s \leqslant t} B(s) > x\right\}. \tag{6.15}$$

由式 (6.14) 及式 (6.15) 得

$$\mathbb{P}\{B(t) \leqslant y, \max_{0 \leqslant s \leqslant t} B(s) \geqslant x\}$$

$$= \mathbb{P}\{B(t) \geqslant 2x - y, \max_{0 \leqslant s \leqslant t} B(s) \geqslant x\}$$

$$= \mathbb{P}\{B(t) \geqslant 2x - y\} \quad (\text{因为 } y \leqslant x).$$

由式 (6.13), 有

$$\mathbb{P}\{Z(t) \leqslant y\} = \mathbb{P}\{B(t) \leqslant y\} - P\{B(t) \geqslant 2x - y\}$$

$$= \mathbb{P}\{B(t) \leqslant y\} - P\{B(t) \leqslant y - 2x\}$$

$$= \frac{1}{\sqrt{2\pi t}} \int_{y-2x}^y \mathrm{e}^{-\frac{u^2}{2t}} \mathrm{d}u.$$

故得到了 $Z(t)$ 的分布

$$\begin{cases} \mathbb{P}\{Z(t) \leqslant y\} = 1, & \text{当} y > x, \\ \mathbb{P}\{Z(t) = x\} = \dfrac{2}{\sqrt{2\pi t}} \displaystyle\int_x^\infty \mathrm{e}^{-\frac{y^2}{2t}} \mathrm{d}y, & \text{当} y = x, \\ \mathbb{P}\{Z(t) \leqslant y\} = \dfrac{1}{\sqrt{2\pi t}} \displaystyle\int_{y-2x}^y \mathrm{e}^{-\frac{u^2}{2t}} \mathrm{d}u, & \text{当} y < x. \end{cases}$$

6.5.3 反射的 Brown 运动

令 $Y(t) = |B(t)| \, (t \geqslant 0)$, 则称 $\{Y(t), t \geqslant 0\}$ 为在原点**反射的 Brown 运动**. 研究其分布律 $\mathbb{P}\{Y(t) \leqslant y\}$ 为多少. 显然, 当 $y < 0$ 时, 有 $\mathbb{P}\{Y(t) \leqslant y\} = 0$. 当 $y > 0$ 时, 有

$$\begin{aligned} \mathbb{P}\{Y(t) \leqslant y\} &= \mathbb{P}\{B(t) \leqslant y\} - \mathbb{P}\{B(t) \leqslant -y\} \\ &= 2\mathbb{P}\{B(t) \leqslant y\} - 1 \\ &= \frac{2}{\sqrt{2\pi t}} \int_{-\infty}^y \mathrm{e}^{-\frac{u^2}{2t}} \mathrm{d}u - 1, \quad y > 0. \end{aligned}$$

6.5.4 几何 Brown 运动

令 $X(t) = \mathrm{e}^{B(t)} (t \geqslant 0)$, 则称 $\{X(t), t \geqslant 0\}$ 为**几何 Brown 运动**. 几何 Brown 运动有时可以作为相对变化为独立同分布情况的模型. 例如: 设 $Y_{(n)}$ 是 n 时刻商品的价格, $\dfrac{Y_{(n)}}{Y_{(n-1)}} := X_{(n)} \ (n \geqslant 1)$ 是独立同分布的. 若取 $Y_{(0)} = 1$, $Y_{(n)} = X_{(1)} X_{(2)} \cdots X_{(n)}$, 故 $\ln Y_{(n)} = \sum\limits_{i=1}^\infty \ln X_{(i)}$, 则当 $n \to \infty$ 时, 根据中心极限定理知, $\{\ln Y_{(n)}, n \geqslant 1\}$ 渐近为 Brown 运动. 于是 $\{Y_{(n)}, n \geqslant 0\}$ 就近似为几何 Brown 运动.

由于 Brown 运动的矩母函数为 $\mathbb{E}[\mathrm{e}^{sB(t)}] = \mathrm{e}^{\frac{ts^2}{2}}$, 则

$$\begin{aligned} \mathbb{E}[X(t)] &= \mathbb{E}[\mathrm{e}^{B(t)}] = \mathrm{e}^{\frac{t}{2}}, \\ \mathrm{Var}[X(t)] &= \mathbb{E}[X^2(t)] - \{\mathbb{E}[X(t)]\}^2 \\ &= \mathbb{E}[\mathrm{e}^{2B(t)}] - \mathrm{e}^t \\ &= \mathrm{e}^{2t} - \mathrm{e}^t. \end{aligned}$$

这样就得到了几何 Brown 运动的均值函数与方差函数. 在金融市场中, 人们经常假定股票的价格按照几何 Brown 运动变化.

6.5.5 带有漂移的 Brown 运动

这是一类非常重要的随机过程, 先给出定义.

定义 6.5.3 设 $B(t)$ 是标准 Brown 运动, 记 $X(t) = B(t) + \mu t$, μ 为常数, 称 $\{X(t), t \geqslant 0\}$ 为**带有漂移系数为 μ 的 Brown 运动**.

带有漂移的 Brown 运动的背景: 一个质点在直线上做非对称的随机游动. 它具有一定的趋向, 于不规则微观运动中又有一定的宏观规则运动存在, 如分子热扩散、电子不规则运动等. 准确的数学描述如下 (区别于随机游动是有一定的趋向性):

一质点在直线上每经 Δt 时间随机地游动 Δx 距离, 每次向右移 Δx 的概率为 p, 向左移 Δx 的概率为 q, 且每次移动都相互独立, 以 $X(t)$ 表示 t 时刻质点的位置. 记

$$X_i = \begin{cases} 1, & \text{第 } i \text{ 次向右移}, \\ -1, & \text{第 } i \text{ 次向左移}. \end{cases}$$

则 $X(t) = \Delta x(X_1 + X_2 + \cdots + X_{\left[\frac{t}{\Delta t}\right]})$.

设 $\Delta x = \sqrt{\Delta t}$, $p = (1 + \mu\sqrt{\Delta t})/2$, $q = (1 - \mu\sqrt{\Delta t})/2$, 对给定的 μ, 取充分小的 Δt, 使得 $\mu\sqrt{\Delta t} < 1$, 当 $\Delta t \to 0$ 时, 有

$$\mathbb{E}[X(t)] = \Delta x \left[\frac{t}{\Delta t}\right](p - q)$$

$$= \sqrt{\Delta t}\left[\frac{t}{\Delta t}\right]\mu\sqrt{\Delta t} \to \mu t,$$

$$\mathrm{Var}(X(t)) = (\Delta x)^2\left[\frac{t}{\Delta t}\right]\left(\mathbb{E}[X_i^2(t)] - \mathbb{E}[X_i(t)]^2\right)$$

$$= \Delta t\left[\frac{t}{\Delta t}\right]\left(1 - (2p - 1)^2\right) \to t.$$

故 $X(t) \sim N(\mu t, t)$. 因此, $\{X(t), t \geqslant 0\}$ 是正态过程, μ 表示单位时间内质点漂移的平均值.

定理 6.5.2 设 $\{X(t) = B(t) + \mu t, t \geqslant 0\}$ 是漂移系数为 μ 的 Brown 运动. 对于 $A, B > 0, -B < x < A, T_A = \min\{t : t > 0, X(t) = A\}, T_{-B} = \min\{t : t > 0, X(t) = -B\}$, 有

$$p(x) = \mathbb{P}(T_A < T_{-B} < \infty | X(0) = x) = \frac{\mathrm{e}^{2\mu B} - \mathrm{e}^{-2\mu x}}{\mathrm{e}^{2\mu B} - \mathrm{e}^{-2\mu A}}.$$

证明 记 $C = \{T_A < T_{-B} < \infty\}$, $B = \{T_A > h, T_{-B} > h\}$, $h > 0$ 且充分小 $(A - x - |\mu|h > 0)$, $X(h) - x = Y$, 则 $B^{\mathrm{c}} = \{T_A \leqslant h\} \cup \{T_{-B} \leqslant h\}$. 于是

$$\mathbb{P}(B^{\mathrm{c}} | X(0) = x) \leqslant \mathbb{P}(T_A \leqslant h | X(0) = x) + \mathbb{P}(T_{-B} \leqslant h | X(0) = x)$$

$$= \mathbb{P}(T_{A-x} \leqslant h | X(0) = 0) + \mathbb{P}(T_{-B-x} \leqslant h | X(0) = 0)$$

$$= \mathbb{P}_0(T_{A-x} \leqslant h) + \mathbb{P}_0(T_{-B-x} \leqslant h),$$

$\mathbb{P}_0$ 表示从 0 出发. 只考虑第一项 $\mathbb{P}_0(T_{A-x} \leqslant h)$, 对第二项的处理类似.

$$\mathbb{P}_0(T_{A-x} \leqslant h) = \mathbb{P}_0(\max_{0 \leqslant s \leqslant h} X(s) \geqslant A - x) = \mathbb{P}_0(\max_{0 \leqslant s \leqslant h}[B(s) + \mu s] \geqslant A - x).$$

由下面的包含关系

$$\left\{\max_{0 \leqslant s \leqslant h}[B(s) + \mu s] \geqslant A - x\right\} \subset \left\{\max_{0 \leqslant s \leqslant h} B(s) \geqslant A - x - |\mu|h\right\},$$

可得

$$\mathbb{P}_0(T_{A-x} \leqslant h) \leqslant \mathbb{P}_0\left\{\max_{0 \leqslant s \leqslant h} B(s) \geqslant A - x - |\mu|h\right\}$$

$$= \mathbb{P}_0(T_{A-x-|\mu|h} \leqslant h)$$

$$\leqslant 2\mathbb{P}_0\{|B(h)| \geqslant A - x - |\mu|h\}$$

$$= 2 \times \frac{1}{\sqrt{2\pi h}} \int_{y \geqslant A - x - |\mu|h} \mathrm{e}^{-y^2/2h} \mathrm{d}y$$

$$\leqslant \frac{2}{(A - x - |\mu|h)^4} \cdot 3h^2.$$

这里我们用到了 $\int_{-\infty}^{\infty} \frac{y^4}{\sqrt{2\pi h}} \mathrm{e}^{-y^2/2h} \mathrm{d}y = 3h^2$. 类似地, 有 $\mathbb{P}_0(T_{-B-x} \leqslant h) = o(h)$. 从而 $\mathbb{P}(B^c|X(0) = x) = o(h)$, 因此 $\mathbb{P}(B|X(0) = x) = 1 - o(h)$. 利用条件概率可得

$$\begin{aligned}
p(x) &= \mathbb{P}(C|X(0) = x) \\
&= \mathbb{P}(B|X(0) = x)\mathbb{P}(C|X(0) = x, B) + \mathbb{P}(B^c|X(0) = x)\mathbb{P}(C|X(0) = x, B^c) \\
&= (1 - o(h))\mathbb{P}(C|X(0) = x, B) + o(h) \\
&= \mathbb{P}\left\{C|X(0) = x, \min_{0 \leqslant s \leqslant h} X(s) > -B, \max_{0 \leqslant s \leqslant h} X(s) < A\right\} + o(h) \\
&= \mathbb{E}\left\{\mathbb{P}\left\{T_A < T_{-B} < \infty|X(0) = x, \min_{0 \leqslant s \leqslant h} X(s) > -B, \right.\right.\\
&\qquad\qquad \left.\left. \max_{0 \leqslant s \leqslant h} X(s) < A, X(h)\right\}\right\} + o(h).
\end{aligned}$$

令

$$X'(t) = X(t + h),$$

$$T_A' = \min\{t : t > 0, X'(t) = A\}, \ T_{-B}' = \min\{t : t > 0, X'(t) = -B\}.$$

易知在 $B = \{T_A > h, T_{-B} > h\}$ 发生的情况下, 有

$$T_A = h + T_A', \quad T_{-B} = h + T_{-B}',$$

故得

$$\begin{aligned}
p(x) &= \mathbb{E}\left\{\mathbb{P}\left\{h + T_A' < h + T_{-B}' < \infty|X(0) = x, \min_{0 \leqslant s \leqslant h} X(s) > -B, \right.\right.\\
&\qquad\qquad \left.\left. \max_{0 \leqslant s \leqslant h} X(s) < A, X(h)\right\}\right\} + o(h).
\end{aligned}$$

由 Brown 运动的 Markov 性知

$$\begin{aligned}
p(x) &= \mathbb{E}\left\{\mathbb{P}\left\{T_A' < T_{-B}' < \infty|X(h)\right\}\right\} + o(h) \\
&= \mathbb{E}\left\{\mathbb{P}\left\{T_A' < T_{-B}' < \infty|x + Y\right\}\right\} + o(h) \\
&= \mathbb{E}[p(x + Y)] + o(h).
\end{aligned}$$

假设 $p(x)$ 在 x 点附近有 Taylor 级数展开, 则形式上可得

$$p(x) = \mathbb{E}[p(x) + p'(x)Y + p''(x)Y^2/2 + \cdots] + o(h).$$

由于 Y 是正态分布的, 均值为 μh, 方差为 h, 得到

$$p(x) = p(x) + p'(x)\mu h + p''(x)\frac{\mu^2 h^2 + h}{2} + o(h), \tag{6.16}$$

所有大于二阶的微分项之和的均值是 $o(h)$. 由式 (6.16) 有

$$p'(x)\mu + \frac{p''(x)}{2} = \frac{o(h)}{h}.$$

令 $h \to 0$, 可得

$$p'(x)\mu + \frac{p''(x)}{2} = 0.$$

将上式积分, 得

$$2\mu p(x) + p'(x) = c_1,$$

即

$$\frac{\mathrm{d}}{\mathrm{d}x}[\mathrm{e}^{2\mu x} p(x)] = c_1 \mathrm{e}^{2\mu x}.$$

积分可得

$$\mathrm{e}^{2\mu x} p(x) = c_1 \mathrm{e}^{2\mu x} + c_2,$$

因此

$$p(x) = c_1 + c_2 \mathrm{e}^{-2\mu x}.$$

利用边界条件 $p(A) = 1$, $p(-B) = 0$, 解得

$$c_1 = \frac{\mathrm{e}^{2\mu B}}{\mathrm{e}^{2\mu B} - \mathrm{e}^{2\mu A}}, c_2 = \frac{-1}{\mathrm{e}^{2\mu B} - \mathrm{e}^{-2\mu A}},$$

从而

$$p(x) = \frac{\mathrm{e}^{2\mu B} - \mathrm{e}^{-2\mu x}}{\mathrm{e}^{2\mu B} - \mathrm{e}^{-2\mu A}}. \qquad \Box$$

特别地, 从 $x = 0$ 出发, 过程在到达 $-B$ 之前先到达 A 的概率 $p(0)$ 为

$$\mathbb{P}\{过程在下降到 -B 之前先上升至 A\} = \frac{\mathrm{e}^{2\mu B} - 1}{\mathrm{e}^{2\mu B} - \mathrm{e}^{2\mu A}}. \tag{6.17}$$

若 $\mu < 0$, 在式 (6.17) 中令 $B \to \infty$, 则有

$$\mathbb{P}\{过程迟早上升至 A\} = \mathrm{e}^{2\mu A}. \tag{6.18}$$

因此, 此时过程漂向负无穷, 而它的最大值是参数为 -2μ 的指数变量. 若在式 (6.17) 中令 $\mu \to 0$, 则有

$$\mathbb{P}\{\text{Brown 运动在下降到} -B \text{前上升至} A\} = \frac{B}{A + B}.$$

6.5.6 高维 Brown 运动

定义 6.5.4 设 $\{\boldsymbol{X}(t) = (X_1(t), X_2(t), \cdots, X_d(t)), t \geqslant 0\}$ 是取值为 $\mathbb{R}^d$ 的随机过程, 若满足:

(1) 对 $\forall 0 \leqslant t_1 < t_2 < \cdots < t_m$, $\boldsymbol{X}(t_1) - \boldsymbol{X}(0)$, $\boldsymbol{X}(t_2) - \boldsymbol{X}(t_1)$, $\cdots$, $\boldsymbol{X}(t_m) - \boldsymbol{X}(t_{m-1})$ 相互独立;

(2) 对 $\forall s \geqslant 0, t > 0$, 增量 $\boldsymbol{X}(t+s) - \boldsymbol{X}(s)$ 为 d 维正态分布, 其概率密度函数为

$$\frac{1}{(2\pi t)^{d/2}} \exp\left\{-\frac{1}{2t}\sum_{i=1}^{d}x_i^2\right\}, x \in \mathbb{R}^d;$$

(3) 对每一个 $\omega \in \Omega$, $\boldsymbol{X}(t,\omega)$ 是 t 的函数,

则称 $\{\boldsymbol{X}(t), t \geqslant 0\}$ 为 d 维 Brown 运动.

d 维 Brown 运动有如下简单性质:

(1) 设 $\boldsymbol{H}$ 是 $\mathbb{R}^d$ 中的正交变换, 则 $\boldsymbol{HX} = \{\boldsymbol{HX}(t), t \geqslant 0\}$ 仍然是 d 维 Brown 运动;

(2) 设 $\boldsymbol{a} \in \mathbb{R}^d$ 固定, $\{\boldsymbol{X}(t)+\boldsymbol{a}, t \geqslant 0\}$ 也是 d 维 Brown 运动;

(3) 设 $c > 0$ 为常数, 则 $\left\{\dfrac{\boldsymbol{X}(ct)}{\sqrt{c}}, t \geqslant 0\right\}$ 也是 d 维 Brown 运动.

历史介绍

布 朗 运 动

布朗运动是 1827 年英国植物学家布朗 (1773~1858 年) 用显微镜观察悬浮在水中的花粉时发现的, 后来把悬浮微粒的这种不规则的曲线运动叫做布朗运动. 不只是花粉, 对于液体中各种不同的悬浮微粒, 都可以观察到布朗运动. 长期以来, 人们都不知道其中的原理. 50 年后, J. 德耳索提出这些微小颗粒是受到周围液体分子不平衡的碰撞而导致的运动. 后来得到爱因斯坦的研究的证明. 布朗运动也就成为分子运动论和统计力学发展的基础. 布朗运动代表了一种随机涨落现象, 自 1860 年以来, 许多科学家都在研究此种现象. 经由谨慎的实验及讨论, 科学家发现布朗运动有下列主要特性:

(1) 粒子的运动由平移及转移所构成, 显得非常没规则而且其轨迹几乎处处没有切线;

(2) 粒子之移动显然互不相关, 甚至于当粒子互相接近至比其直径小的距离时也是如此;

(3) 粒子越小或液体黏性越低或温度越高时, 粒子的运动越活泼;

(4) 粒子的成分及密度对其运动没有影响;

(5) 粒子的运动永不停止.

课 后 习 题

6.1　假设 $B(t)$ 是一维的标准 Brown 运动, 证明:

(1) 其特征函数为 $\mathbb{E}[e^{iuB(t)}] = e^{-\frac{1}{2}u^2 t}, \forall u \in \mathbb{R}$;

(2) $\mathbb{E}[B^4(t)] = 3t^2$ 以及 $\mathbb{E}[B^{2k}(t)] = \dfrac{(2k)!}{2^k k!}t^k$.

6.2　证明定理 6.1.2.

6.3　设 $\{B(t), t \geqslant 0\}$ 为标准 Brown 运动, 求 $B(1)+B(2)+\cdots+B(n)$ 的分布, 并验证 $\left\{X(t) = \right.$

$tB\left(\dfrac{1}{t}\right)\Big\}$ 仍为 $[0,\infty)$ 上的 Brown 运动.

6.4 设 $\{B(t),t\geqslant 0\}$ 为标准 Brown 运动, 验证 $\left\{X(t)=(1-t)B\left(\dfrac{t}{1-t}\right),0\leqslant t\leqslant 1\right\}$ 是 Brown 桥.

6.5 设 $\{B(t),t\geqslant 0\}$ 为标准 Brown 运动, 计算条件概率 $\mathbb{P}\{B(2)>0|B(1)>0\}$. 问: 事件 $\{B(2)>0\}$ 与 $\{B(1)>0\}$ 是否独立?

6.6 设 $\{B_1(t),t\geqslant 0\}$, $\{B_2(t),t\geqslant 0\}$ 为相互独立的标准 Brown 运动, 试证 $\{X(t)=B_1(t)-B_2(t),t\geqslant 0\}$ 是 Brown 运动.

6.7 设 $\{B(t),t\geqslant 0\}$ 为标准 Brown 运动, 证明 $M(t)=\max\limits_{0\leqslant s\leqslant t}B(s)$, $|B(t)|$ 与 $M(t)-B(t)$ 具有相同的分布. 试找出 $m(t)=\min\limits_{0\leqslant s\leqslant t}B(s)$ 的分布.

6.8 设 $\{B(t),t\geqslant 0\}$ 是标准 Brown 运动, 试求其矩母函数 $\varphi(t)$.

6.9 设 $\{B(t),t\geqslant 0\}$ 是标准 Brown 运动, 则 (1) 计算 $\mathrm{Var}(B(1)+B(2))$; (2) 求其矩母函数 $\mathbb{E}(\mathrm{e}^{uB(t)})$.

6.10 设随机过程 $\{X(t)=aB(t)-\sqrt{b}B^*(t),t\geqslant 0\}$, 其中 $B(t)$ 和 $B^*(t)$ 是两个相互独立的标准 Brown 运动, $a>0,b>0$ 为常数.

(1) 计算 $\mathbb{E}[X(t)]$;

(2) 若 $0<s<t$, 计算 $\mathrm{Var}[X(t+s)-X(t)]$.

6.11 设随机过程 $\{Z(t)=\rho B(t)+\sqrt{1-\rho^2}B^*(t),t\geqslant 0\}$, 其中 $B(t),B^*(t)$ 是两个相互独立的标准 Brown 运动, $-1\leqslant\rho\leqslant 1$ 为常数.

(1) 计算 $\mathbb{E}[Z(t)]$ 和 $\mathrm{Var}[Z(t)]$;

(2) 讨论 $\{Z(t),t\geqslant 0\}$ 是否为 Brown 运动;

(3) 计算相关系数 $\mathrm{Corr}[Z(t),B(t)]$.

6.12 设随机过程 $\{X(t)=\sqrt{c}B\left(\dfrac{t}{c}\right),t\geqslant 0\}$, 其中 $B(t)$ 是标准 Brown 运动, $c>0$ 为常数.

(1) 计算 $\mathbb{E}[X(t)]$ 和 $\mathrm{Var}[X(t)]$;

(2) 若 $0<s<t$, 计算 $\mathrm{Var}[X(t+s)-X(t)]$;

(3) 计算 $X(t)$ 的概率分布函数 $F(x)$ 和概率密度 $f(x)$.

6.13 (股票期权的价值) 设某人拥有某种股票的交割时刻为 T, 交割价格为 K 的欧式看涨期权, 即他具有在时刻 T 以固定的价格 K 购买一股这种股票的权利. 假设这种股票目前的价格为 y, 并按照几何 Brown 运动变化, 我们计算拥有这个期权的平均价值.

第 7 章 随 机 积 分

类似于数学分析中的 Lebesgue 积分, 本章引入关于 Brown 运动的积分, 讨论其性质并给出 Itô 公式. 注意到, 不同于 Lebesgue 积分, 随机积分的定义中要取特殊的点才有意义. 事实上, 由 Lebesgue 积分知, 令 $\{t_i^n\}$ 为 $[0,T]$ 的一个分割, $\delta_n = \max_n \Delta t_i^n$, $\Delta t_i^n = t_{i+1}^n - t_i^n$, 则有

$$\int_0^T f(t)\mathrm{d}t = \lim_{\delta_n \to 0} \sum_{i=0}^n f(\xi_i)\Delta t_i^n,$$

其中 ξ_i 是区间 $[t_i^n, t_{i+1}^n]$ 中的任意一点. 类似地, 给出如下的随机积分的定义

$$\int_0^T f(t)\mathrm{d}B(t) = \lim_{\delta_n \to 0} \sum_{i=0}^n f(\xi_i)\Delta B_i,$$

其中 $\Delta B_i = B(t_{i+1}^n) - B(t_i^n)$, 此时 ξ_i 将不能随便选取, 对选择不同点我们有如下结果:

$$\begin{cases} \xi_i = t_i^n, & \text{Itô 积分}; \\ \xi_i = \dfrac{t_i^n + t_{i+1}^n}{2}, & \text{斯特拉托维奇 (Stratonovich) 积分}. \end{cases}$$

有兴趣的读者可以参考文献 *Stochastic Differential Equations and Diffusion Processes* (Iketa and Watanabe, 1989) 和《随机分析学基础》(黄志远, 2001), 我们这里仅讨论 Itô 积分.

7.1 Itô 积分与 Itô 积分过程

首先, 由数学分析中定积分的定义可知: 积分就是分割、求和、取极限. 对于 Itô 积分的定义, 我们将给出两种方式: 一种从简单过程出发, 利用逼近的思想, 给出积分的定义; 另一种是类似于数学分析中的积分定义, 利用分割、求和、取极限的思想给出 Itô 积分的定义.

现在我们考虑第一种方式定义 Itô 积分. 令 X_t 是关于 $\mathscr{F}_t = \sigma(B(u), 0 \leqslant u \leqslant t)$ 可测的随机过程, 我们来给出如下的定义

$$Y_t = \int_0^t X_s \mathrm{d}B_s.$$

定义上面的积分是一个非平凡的问题, 由于 Brown 运动样本轨迹的粗糙性质 (连续不可微), 我们不能像黎曼-斯蒂尔切斯 (Riemann-Stieltjes) 那样定义积分. 为了给出定义, 我们将考虑最简单的情形: 确定型简单函数, 即 X 是一个非随机的简单过程. 根据简单函数

的定义知, 存在 $[0,t]$ 的一个分割 $0 = t_0 < t_1 < \cdots < t_n = T$ 及常数 $c_0, c_1, \cdots, c_{n-1}$, 使得

$$X(t) = \begin{cases} c_0, & \text{如果} t = 0, \\ c_i, & \text{如果} t_i < t \leqslant t_{i+1}, i = 0, 1, \cdots, n-1, \end{cases}$$

或写为

$$X(t) = c_0 I_0(t) + \sum_{i=0}^{n-1} c_i I_{(t_i, t_{i+1}]}(t).$$

从而, 可得积分如下

$$\int_0^T X(t)\mathrm{d}B(t) = \sum_{i=0}^{n-1} c_i [B(t_{i+1}) - B(t_i)]. \tag{7.1}$$

上面的积分通常简记为 $\int_0^T X\mathrm{d}B$. 这里, $\{B(t)\}$ 是一维的标准 Brown 运动. 因 Brown 运动又称 Wiener 过程, 故也记为 $\{W(t)\}$.

注意到被积函数是确定型的函数, 且 Brown 运动具有独立增量性, 所以式 (7.1) 定义的积分是 Gauss 分布的随机变量. 易知, 其均值为 0, 方差为

$$\begin{aligned} \mathrm{Var}\left(\int X(t)\mathrm{d}B(t)\right) &= \mathbb{E}\left\{\sum_{i=0}^{n-1} c_i[B(t_{i+1}) - B(t_i)]\right\}^2 \\ &= \mathbb{E}\left\{\sum_{i=0}^{n-1}\sum_{j=0}^{n-1} c_i c_j [B(t_{i+1}) - B(t_i)][B(t_{j+1}) - B(t_j)]\right\} \\ &= \sum_{i=0}^{n-1}\sum_{j=0}^{n-1} c_i c_j \mathbb{E}\{[B(t_{i+1}) - B(t_i)][B(t_{j+1}) - B(t_j)]\} \\ &= \sum_{i=0}^{n-1} c_i^2 (t_{i+1} - t_i). \end{aligned}$$

现在, 我们将这一定义推广到随机的情形, 首先考虑简单随机过程, 即用随机变量 ζ_i 来代替确定型简单函数中的常数 c_i, 并假设 ζ_i 是 $\mathscr{F}_{t_i}$ 可测的, 其中 $\mathscr{F}_{t_i} = \sigma\{B(u), 0 \leqslant u \leqslant t\}$. 我们先给出简单过程的定义.

定义 7.1.1 称 $\{X(t), 0 \leqslant t \leqslant T\}$ 为一个简单随机过程, 若存在 $[0,T]$ 的分割 $0 = t_0 < t_1 < \cdots < t_n = T$, 随机变量 $\zeta^0, \zeta_0, \cdots, \zeta_{n-1}$ 使得 ζ^0 是常数, ζ_i 依赖于 $B(t)(t \leqslant t_i)$, 独立于 $B(t)(t > t_i; i = 0, 1, \cdots, n-1)$, 并且

$$X(t) = \zeta^0 I_0(t) + \sum_{i=0}^{n-1} \zeta_i I_{(t_i, t_{i+1}]}(t).$$

此时, Itô 积分 $\int_0^T X\mathrm{d}B$ 定义为

$$\int_0^T X(t)\mathrm{d}B(t) = \sum_{i=0}^{n-1} \zeta_i[B(t_{i+1}) - B(t_i)].$$

由 Brown 运动的鞅性质得

$$\mathbb{E}\{\zeta_i[B(t_{i+1}) - B(t_i)]|\mathscr{F}_{t_i}\} = \zeta_i\mathbb{E}[[B(t_{i+1}) - B(t_i)]|\mathscr{F}_{t_i}]$$
$$= \zeta_i\mathbb{E}[B(t_{i+1}) - B(t_i)] = 0, \tag{7.2}$$

因此

$$\mathbb{E}\{\zeta_i[B(t_{i+1}) - B(t_i)]\} = 0.$$

现在给出简单过程积分的性质.

性质 7.1.1 (1) **(线性组合)** 若 $X(t), Y(t)$ 是简单过程, 则

$$\int_0^T [\alpha X(t) + \beta Y(t)]\mathrm{d}B(t) = \alpha \int_0^T X(t)\mathrm{d}B(t) + \beta \int_0^T Y(t)\mathrm{d}B(t),$$

其中 α, β 是常数.

(2) **(线性)** 对于任意的 $0 \leqslant t \leqslant T$, 有 $\int_0^T X(s)\mathrm{d}s = \int_0^t X(s)\mathrm{d}s + \int_t^T X(s)\mathrm{d}s.$

(3) **(零平均)** 若 $\mathbb{E}[\zeta_i^2] < \infty$ $(i = 0, 1, \cdots, n-1)$, 则

$$\mathbb{E}\left[\int_0^T X(t)\mathrm{d}B(t)\right] = 0.$$

(4) **(等距性)** 若 $\mathbb{E}[X^2(t)] < \infty$, 则

$$\mathbb{E}\left[\int_0^T X(t)\mathrm{d}B(t)\right]^2 = \int_0^T \mathbb{E}[X^2(t)]\mathrm{d}t.$$

证明 性质 (1)、(2) 和 (3) 均可由定义直接验证, 只证明性质 (4). 由柯西–施瓦兹 (Cauchy-Schwartz) 不等式知

$$\mathbb{E}\{|\zeta_i[B(t_{i+1}) - B(t_i)]|\} \leqslant \sqrt{\mathbb{E}(\zeta_i^2)\mathbb{E}[B(t_{i+1}) - B(t_i)]^2} < \infty,$$

从而

$$\mathrm{Var}\left(\int_0^T X(t)\mathrm{d}B(t)\right)$$
$$= \mathbb{E}\left\{\sum_{i=0}^{n-1} \zeta_i[B(t_{i+1}) - B(t_i)]\right\}^2$$
$$= \sum_{i=0}^{n-1} \mathbb{E}\{\zeta_i^2[B(t_{i+1}) - B(t_i)]^2\}$$
$$+ 2\sum_{i<j} \mathbb{E}\{\zeta_i\zeta_j[B(t_{i+1}) - B(t_i)][B(t_{j+1}) - B(t_j)]\}. \tag{7.3}$$

利用 Brown 运动的独立增量性, 类似于式 (7.2), 可得

$$\mathbb{E}\{\zeta_i\zeta_j[B(t_{i+1}) - B(t_i)][B(t_{j+1}) - B(t_j)]\} = 0,$$

故式 (7.3) 中的最后一项为零. 又利用 Brown 运动的鞅性质, 得

$$
\begin{aligned}
\mathrm{Var}\left(\int_0^T X(t)\mathrm{d}B(t)\right) &= \sum_{i=0}^{n-1} \mathbb{E}\{\zeta_i^2[B(t_{i+1}) - B(t_i)]^2\} \\
&= \sum_{i=0}^{n-1} \mathbb{E}\{\mathbb{E}[\zeta_i^2(B(t_{i+1}) - B(t_i))^2 | \mathscr{F}_{t_i}]\} \\
&= \sum_{i=0}^{n-1} \mathbb{E}\{\zeta_i^2 \mathbb{E}[(B(t_{i+1}) - B(t_i))^2 | \mathscr{F}_{t_i}]\} \\
&= \sum_{i=0}^{n-1} \mathbb{E}(\zeta_i^2)(t_{i+1} - t_i) \\
&= \int_0^T \mathbb{E}[X^2(t)]\mathrm{d}t. \qquad \Box
\end{aligned}
$$

基于前面的讨论, 我们现在可以将上述随机积分的定义扩展到更一般的可测适应随机过程类. 为此, 我们先引入适应的定义.

定义 7.1.2 设 $\{X(t), t \geqslant 0\}$ 是随机过程, $\{\mathscr{F}_t, t \geqslant 0\}$ 是 σ 代数流, 若 $\forall t$, $X(t)$ 是 $\mathscr{F}_t$ 可测的, 则称 $\{X(t)\}$ 是 $\{\mathscr{F}_t\}$ **适应的**.

令

$$
\mathcal{V} = \left\{ h : h \text{是定义在 } [0, T] \text{ 上的可测适应过程, 满足} \int_0^T \mathbb{E}[h^2(s)]\mathrm{d}s < \infty \right\}.
$$

接下来, 我们将随机积分的定义按如下三步扩展到 $\mathcal{V}$. 在引入定义之前, 想一下为什么会要求 $\int_0^T \mathbb{E}[h^2(s)]\mathrm{d}s < \infty$? 其原因在于简单过程的性质 (4).

第一步: 假设 $h \in \mathcal{V}$ 且有界, 并且对任意的 $\omega \in \Omega$, $h(\cdot, \omega)$ 连续, 则存在简单过程 $\{\psi_n\}$ 使得当 $n \to \infty$ 时, 对任意的 $\omega \in \Omega$, 有

$$
\int_0^T (h - \psi_n)^2 \mathrm{d}t \to 0,
$$

其中

$$
\psi_n = \sum_j h(t_j, \omega) \cdot I_{[t_j, t_{j+1})}(t) \in \mathcal{V}.
$$

从而, 利用有界收敛定理可得

$$
\mathbb{E}\left[\int_0^T (h - \psi_n)^2 \mathrm{d}t\right] \to 0.
$$

第二步: 假设 $h \in \mathcal{V}$ 有界, 容易证明: 存在 $h_n \in \mathcal{V}$ 有界, 且 $\forall \omega \in \Omega$, $\forall n$, $h_n(\cdot, \omega)$ 连续, 使得

$$
\int_0^T \mathbb{E}[(h - h_n)^2] \mathrm{d}t \to 0. \tag{7.4}
$$

事实上, 由假设可知存在常数 M 使得 $|h(t,\omega)| \leqslant M$, $\forall(t,\omega)$. 令

$$h_n(t,\omega) = \int_0^t \eta_n(s-t)h(s,\omega)\mathrm{d}s,$$

其中 η_n 是 $\mathbb{R}$ 上的非负连续函数, 使得对所有的 $x \notin \left(-\dfrac{1}{n},0\right)$, $\eta_n = 0$ 且 $\displaystyle\int_{-\infty}^{\infty}\eta_n(x)\mathrm{d}x = 1$, 则对每个 $\omega \in \Omega$, $h_n(\cdot,\omega)$ 连续且 $|h_n(t,\omega)| \leqslant M$. 由 $h \in \mathcal{V}$ 可以看出 $h_n \in \mathcal{V}$ (为什么? 请看课后习题 7.1), 并且当 $n \to \infty$ 时, 对每个 $\omega \in \Omega$, 有

$$\int_0^T [h_n(s,\omega) - h(s,\omega)]^2\mathrm{d}s \to 0,$$

再次利用有界收敛定理得式 (7.4).

第三步: 对任意的 $f \in \mathcal{V}$, 存在有界列 $h_n \in \mathcal{V}$ 使得当 $n \to \infty$ 时, 有

$$\mathbb{E}\left[\int_0^T (f(t,\omega) - h_n(t,\omega))^2\mathrm{d}t\right] \to 0.$$

事实上, 只需令

$$h_n(t,\omega) = \begin{cases} -n, & f(t,\omega) < -n, \\ f(t,\omega), & -n \leqslant f(t,\omega) \leqslant n, \\ n, & f(t,\omega) > n. \end{cases}$$

利用控制收敛定理即得. 因此, 我们定义了 $f \in \mathcal{V}(0,T)$ 的随机积分, 更具体的定义如下.

定义 7.1.3　设 $f \in \mathcal{V}(0,T)$, 则 f 的 **Itô 积分**定义为

$$\int_0^T f(t,\omega)\mathrm{d}B_t(\omega) = \lim_{n\to\infty}\int_0^T \psi_n(t,\omega)\mathrm{d}B_t(\omega) \qquad (L^2(\Omega) \text{ 中极限}).$$

这里 $\{\psi_n\}$ 是简单随机过程序列, 使得当 $n \to \infty$ 时,

$$\mathbb{E}\left\{\int_0^T [f(t,\omega) - \psi_n(t,\omega)]^2\mathrm{d}t\right\} \to 0.$$

对于 Itô 积分, 定义 7.1.3 是从简单过程逼近的思想给出的. 除此之外, 我们也可以给出如下的定义.

定义 7.1.4　设 $g \in \mathcal{V}(0,T)$. 任取 $0 \leqslant t_0 < t_1 < t_2 < \cdots < t_n \leqslant T$, 令 $\Delta t_k = t_k - t_{k-1}$ $(1 \leqslant k \leqslant n)$, $\lambda = \max\limits_{1\leqslant k\leqslant n}\Delta t_k$. 若

$$\lim_{\lambda\to 0}\sum_{k=1}^n g(t_{k-1})(B(t_k) - B(t_{k-1})) = I_g(T),$$

均方极限存在, 则称

$$I_g(T) = \int_0^T g(s,\omega)\mathrm{d}B(s,\omega)$$

为 $\{g(t,\omega), 0 \leqslant t \leqslant T\}$ 关于 $\{B(t), t \geqslant 0\}$ 在 $[0,T]$ 的 **Itô 积分**.

由定义 7.1.4 给出的 **Itô 积分**和定义 7.1.3 的区别在于, 定义 7.1.4 可以直接计算出 Itô

积分的值, 而定义 7.1.3 只是理论上的结果. 我们将给出下面的例子加以说明.

类似于性质 7.1.1, 我们给出 $I_g(t) = \int_0^t g(s)\mathrm{d}B(s)$ 的性质. 记 $I_g(s,t) = \int_s^t g(u)\mathrm{d}B(u)$ 和 $I_g(t) = I_g(0,t)$.

性质 7.1.2 假设 $s, t \in [0, T]$ 以及 $g_1, g_2 \in \mathcal{V}(0, T)$, 则有下面的结论成立:

(1) $I_{\alpha g_1 + \beta g_2}(t) = \alpha I_{g_1}(t) + \beta I_{g_2}(t)$ $(\forall \alpha, \beta \in \mathbb{R})$;

(2) $I_g(0, t) = I_g(0, t_1) + I_g(t_1, t)$ $(\forall 0 \leqslant t_1 \leqslant t)$;

(3) $\mathbb{E}[I_g(t)] = 0$;

(4)
$$
\begin{cases}
\mathbb{E}[I_g^2(t)] = \displaystyle\int_0^t \mathbb{E}[g^2(s)]\mathrm{d}s, \\[3mm]
(I_g(t), I_g(s)) = \displaystyle\int_0^s \mathbb{E}[g^2(u)]\mathrm{d}u, \quad s \leqslant t;
\end{cases}
$$

(5) $\left\{ I_g(t) = \displaystyle\int_0^t g(s)\mathrm{d}B(s), t \geqslant 0 \right\}$ 关于 $\mathscr{F}_t$ 是鞅, 且 $\mathbb{E}[I_g(t)^2] < \infty$;

(6) **(Doob 极大值不等式)** 令 $X(t) = \displaystyle\int_0^t g(s)\mathrm{d}B(s)$, 则 $\forall t \geqslant 0, \lambda > 0, p \geqslant 1$ 有
$$
\mathbb{P}\left(\max_{0 \leqslant u \leqslant t} |X(u)| > \lambda \right) \leqslant \frac{\mathbb{E}[|X(t)|^p]}{\lambda^p}.
$$

证明 性质 (1)∼(4) 的证明类似于性质 7.1.1 中的证明. 现在考虑性质 (5) 的证明. 首先, $g(t) \in \mathcal{V}(0, T)$ 蕴含了 $I_g(t)$ 是适定的. 由 $\int_0^t \mathbb{E}[g^2(s)]\mathrm{d}s < \infty$ 可得 $I_g(t)$ 的一阶矩及二阶矩存在. 由定义 7.1.3 及性质 7.1.1(3), 类似地, 有
$$
\mathbb{E}\left[\int_s^t g(u)\mathrm{d}B(u) \Big| \mathscr{F}_s \right] = \mathbb{E}\left[\int_s^t g(u)\mathrm{d}B(u) \right] = 0, \forall s < t.
$$
因此, 我们有
$$
\begin{aligned}
\mathbb{E}[I_g(t) | \mathscr{F}_s] &= \mathbb{E}\left[\int_0^t g(u)\mathrm{d}B(u) \Big| \mathscr{F}_s \right] \\
&= \int_0^s g(u)\mathrm{d}B(u) + \mathbb{E}\left[\int_s^t g(u)\mathrm{d}B(u) \Big| \mathscr{F}_s \right] \\
&= \int_0^s g(u)\mathrm{d}B(u) = I_g(s)
\end{aligned}
$$
成立, 从而 $\left\{ I_g(t) = \displaystyle\int_0^t g(s)\mathrm{d}B(s), t \geqslant 0 \right\}$ 关于 $\mathscr{F}_t$ 是鞅. 等距性暗含了
$$
\mathbb{E}\left[\int_0^t g(s)\mathrm{d}B(s) \right]^2 = \int_0^t \mathbb{E}[g^2(s)]\mathrm{d}s < \infty.
$$

性质 (6) 的证明可参考文献《随机分析学基础》(黄志远, 2001), 我们在此略去. □

注 性质 (5) 说明了有 Itô 积分定义的过程一定是鞅. 事实上, 其逆命题也成立: 若 $\{X(t), t \geqslant 0\}$ 是鞅, $X(t) \in \mathcal{V}(0, T)$, 则必存在唯一的自适应的过程 $\{g(t), t \geqslant 0\}$ (即 $g \in$

$\mathcal{V}(0,T))$, 满足 $0 \leqslant t_0 \leqslant t \leqslant T$,

$$X(t) - X(t_0) = \int_{t_0}^{t} g(s)\mathrm{d}B(s).$$

这就是著名的**鞅表示定理**.

例 7.1.1　假设 $B(t)$ 是一标准的 Brown 运动, 求 $\int_0^t B(s)\mathrm{d}B(s)$.

解　显然 $B(t) \in \mathcal{V}(0,T)$, $\forall T > 0$. 任取 $0 \leqslant t_0 < t_1 < t_2 < \cdots < t_n = t$, 令 $\Delta t_k = t_k - t_{k-1} \, (1 \leqslant k \leqslant n)$, $\lambda = \max\limits_{1 \leqslant k \leqslant n} \Delta t_k$, $B_k = B(t_k)$, $\Delta B_k = B(t_k) - B(t_{k-1})$, 则

$$\Delta(B_k^2) = B_k^2 - B_{k-1}^2 = (B_k - B_{k-1})^2 + 2B_{k-1}(B_k - B_{k-1})$$
$$= (\Delta B_k)^2 + 2B_{k-1}\Delta B_k.$$

故

$$B^2(t) = \sum_{k=1}^{n} \Delta(B_k^2) = \sum_{k=1}^{n}(\Delta B_k)^2 + 2\sum_{k=1}^{n} B_{k-1}\Delta B_k,$$

从而

$$\sum_{k=1}^{n} B_{k-1}\Delta B_k = \frac{1}{2}B^2(t) - \frac{1}{2}\sum_{k=1}^{n}(\Delta B_k)^2.$$

由 Brown 运动轨道性质可得

$$\mathbb{E}\left[\left(\sum_{k=1}^{n}(\Delta B_k)^2 - t\right)^2\right] = \mathbb{E}\left[\left(\sum_{k=1}^{n}[(\Delta B_k)^2 - \Delta t_k]\right)^2\right] \xrightarrow{\lambda \to 0} 0,$$

即当 $\lambda \to 0$ 时, 有 $\sum\limits_{k=1}^{n}(\Delta B_k)^2 \xrightarrow{\text{均方意义下}} t$. 所以, 在均方意义下, 有

$$\int_0^t B(s)dB(s) = \lim_{\lambda \to 0} \sum_{k=1}^{n} B_{k-1}\Delta B_k = \frac{1}{2}B^2(t) - \frac{1}{2}t. \qquad \square$$

在实际问题中, 存在很多随机过程并不一定满足 $\mathcal{V}(0,T)$ 中的可积性条件, 而仅仅满足下述 $\mathcal{V}^*(0,T)$ 中的条件. 事实上, Itô 积分的定义可以推广到更广泛的函数类 (Lamberton and Lapeyre, 1996).

$$\mathcal{V}^*(0,T) = \left\{ h : h \text{是} [0,T] \text{上的适应过程, 且} \forall T > 0 \text{ 满足} \int_0^T h^2(s)\mathrm{d}s < \infty, \text{a.s.} \right\},$$

也可以在平方可积鞅空间、局部平方可积鞅空间定义 Itô 积分, 详细定义请参阅参考文献《随机分析学基础》(黄志远, 2001).

注意到对 $X(t) \in \mathcal{V}(0,T)$ 以及固定的 t, $\int_0^t X(s)\mathrm{d}B(s)$ 是一个随机变量, 所以作为 t 的函数, 它定义了一个随机过程 $\{Y(t)\}$, 其中

$$Y(t) = \int_0^t X(s)\mathrm{d}B(s),$$

我们称 $Y(t)$ 为 **Itô 积分过程**. 利用 Brown 运动的性质, 不难证明 Itô 积分过程 $Y(t)$ 存在连续样本路径的版本, 即存在一个连续随机过程 $\{Z(t)\}$, 使得对所有的 t, 有 $\mathbb{P}\{Y(t) = Z(t)\} = 1$, 参看文献 *Stochastic Differential Equations: An Introduction with Applications* (Øksendal, 2003) 定理 3.2.5. 因此, 我们总是假定 Itô 积分过程 $Y(t)$ 有连续的样本路径.

性质 7.1.2(5) 告诉我们 Itô 积分过程是鞅, 即给出了利用 Brown 运动构造鞅的方法. 但很难给出随机过程 $Y(t)$ 满足何种分布. 若作进一步假设, 假设被积函数是非随机的, 则根据定义可知 $Y(t)$ 便是 Brown 运动的线性组合. 由于 Brown 运动是正态过程, 不难猜测 $Y(t)$ 也是, 此内容将由下面的定理给出.

定理 7.1.1 假设 X 是非随机的, 且 $\int_0^T X^2(s)\mathrm{d}s < \infty$, 则

$$Y(t) = \int_0^t X(s)\mathrm{d}B(s), \quad t \leqslant T$$

是正态随机过程, 即 $\{Y(t), 0 \leqslant t \leqslant T\}$ 是 Gauss 过程, 其均值函数为零, 协方差函数为

$$\mathrm{Cov}[Y(t), Y(t+u)] = \int_0^t X^2(s)\mathrm{d}s, \quad \forall u \geqslant 0.$$

同时, $\{Y(t)\}$ 也是平方可积鞅.

证明 由被积函数是非随机的, 可得

$$\int_0^t \mathbb{E}[X^2(s)]\mathrm{d}s = \int_0^t X^2(s)\mathrm{d}s < \infty,$$

所以 $X(t) \in \mathcal{V}(0, T)$, 故由性质 7.1.2 知 $Y(t)$ 具有零均值且是平方可积鞅. 接下来, 利用定义可得

$$\begin{aligned}
&\mathrm{Cov}[Y(t), Y(t+u)] \\
=& \mathbb{E}\left[\int_0^t X(s)\mathrm{d}B(s) \int_0^{t+u} X(s)\mathrm{d}B(s)\right] \\
=& \mathbb{E}\left\{\int_0^t X(s)\mathrm{d}B(s)\left[\int_0^t X(s)\mathrm{d}B(s) + \int_t^{t+u} X(s)\mathrm{d}B(s)\right]\right\}.
\end{aligned} \tag{7.5}$$

利用条件期望和 $Y(t)$ 的鞅性质, 有

$$\begin{aligned}
&\mathbb{E}\left[\int_0^t X(s)\mathrm{d}B(s) \int_t^{t+u} X(s)\mathrm{d}B(s)\right] \\
=& \mathbb{E}\left\{\mathbb{E}\left[\int_0^t X(s)\mathrm{d}B(s) \int_t^{t+u} X(s)\mathrm{d}B(s)\Big|\mathscr{F}_t\right]\right\} \\
=& \mathbb{E}\left\{\int_0^t X(s)\mathrm{d}B(s)\mathbb{E}\left[\int_t^{t+u} X(s)\mathrm{d}B(s)\Big|\mathscr{F}_t\right]\right\} \\
=& 0.
\end{aligned} \tag{7.6}$$

将式 (7.6) 代入式 (7.5), 得

$$\text{Cov}[Y(t), Y(t+u)] = \mathbb{E}\left[\int_0^t X(s)\mathrm{d}B(s)\right]^2$$

$$= \int_0^t \mathbb{E}[X^2(s)]\mathrm{d}s = \int_0^t X^2(s)\mathrm{d}s. \qquad \Box$$

上面我们讨论了 Itô 积分过程 $\int_0^t X(s)\mathrm{d}B(s)$, 事实上还可以定义 **Itô 随机过程**.

定义 7.1.5 如果过程 $\{Y(t), 0 \leqslant t \leqslant T\}$ 可以表示为

$$Y(t) = Y(0) + \int_0^t \mu(s)\mathrm{d}s + \int_0^t \sigma(s)\mathrm{d}B(s), 0 \leqslant t \leqslant T, \qquad (7.7)$$

其中过程 $\{\mu(t)\}$ 和 $\{\sigma(t)\}$ 满足:

(1) $\mu(t)$ 是适应的并且 $\int_0^T |\mu(t)|\mathrm{d}t < \infty$ 几乎必然成立;

(2) $\sigma(t) \in \mathcal{V}(0, T)$,

则称 $\{Y(t)\}$ 为 **Itô 随机过程**.

也可以将 Itô 随机过程式 (7.7) 写成微分的形式:

$$\mathrm{d}Y(t) = \mu(t)\mathrm{d}t + \sigma(t)\mathrm{d}B(t), 0 \leqslant t \leqslant T,$$

其中函数 $\mu(t)$ 称为漂移项, $\sigma(t)$ 称为扩散项.

7.2 Itô 公式

在上一节中, 我们定义了 Itô 积分, 但是它应该怎么计算呢? 通常用 Itô 积分的定义直接计算是相当困难的. 因此, 引入一个重要法则——Itô 公式, 它可以看作是与通常微积分中的复合函数求微分相对应的法则, 但又有着很大的不同, 其原因是 Brown 运动的二阶变差是有限的.

为了引出 Itô 公式, 我们先介绍二次变差.

定义 7.2.1 设 $Y(t) = \int_0^t X(s)\mathrm{d}B(s)(0 \leqslant t \leqslant T)$ 是 Itô 积分, $\{t_i^n\}_{i=0}^n$ 是 $[0, t]$ 上的任一分割, 且记 $\delta_n = \max\limits_{0 \leqslant i \leqslant n-1}\{t_{i+1}^n - t_i^n\}$. 如果极限

$$\lim_{\delta_n \to 0} \sum_{i=0}^{n-1} |Y(t_{i+1}^n) - Y(t_i^n)|^2$$

在依概率收敛的意义下存在, 则称此极限为 Y 的二次变差, 记为 $[Y, Y](t)$.

定理 7.2.1 设 $Y(t) = \int_0^t X(s)\mathrm{d}B(s)(0 \leqslant t \leqslant T)$ 是 Itô 积分, 则 $Y(t)$ 的二次变差为

$$[Y, Y](t) = \int_0^t X^2(s)\mathrm{d}s.$$

证明 只需考虑 $\{X(s)\}$ 为简单过程的情形. 对一般的情形, 可以用简单过程逼近的方

法证明. 不失一般性, 假设 $X(s)$ 在 $[0,t]$ 上只取两个不同的值. 更进一步, 令 $t=1$, $X(t)$ 满足

$$X(t) = \zeta_0 I_{[0,1/2]}(t) + \zeta_1 I_{(1/2,1]}(t),$$

从而可得

$$Y(t) = \int_0^t X(s)\mathrm{d}B(s) = \begin{cases} \zeta_0 B(t), & t \leqslant \dfrac{1}{2}, \\ \zeta_0 B\left(\dfrac{1}{2}\right) + \zeta_1\left[B(t) - B\left(\dfrac{1}{2}\right)\right], & t > \dfrac{1}{2}. \end{cases}$$

设 $\{t_i^n\}$ 为 $[0,t]$ 上的任一分割, 则有

$$Y(t_{i+1}^n) - Y(t_i^n) = \begin{cases} \zeta_0[B(t_{i+1}^n) - B(t_i^n)], & t_i^n \leqslant t_{i+1}^n \leqslant \dfrac{1}{2}, \\ \zeta_1[B(t_{i+1}^n) - B(t_i^n)], & \dfrac{1}{2} \leqslant t_i^n < t_{i+1}^n. \end{cases}$$

当 $t \leqslant \dfrac{1}{2}$ 时, 利用 $[B,B]([a,b]) = b-a$(Brown 运动的性质), 可得

$$[Y,Y](t) = \lim_{n\to\infty} \sum_{i=0}^{n-1} [Y(t_{i+1}^n) - Y(t_i^n)]^2$$

$$= \zeta_0^2 \lim_{n\to\infty} \sum_{i=0}^{n-1} [B(t_{i+1}^n) - B(t_i^n)]^2$$

$$= \zeta_0^2[B,B](t) = \zeta_0^2 t = \int_0^t X^2(s)\mathrm{d}s;$$

当 $t > \dfrac{1}{2}$ 时, 类似地, 有

$$[Y,Y](t) = \lim_{n\to\infty} \sum_{i=0}^{n-1} [Y(t_{i+1}^n) - Y(t_i^n)]^2$$

$$= \zeta_0^2 \lim_{n\to\infty} \sum_{t_i < \frac{1}{2}} [B(t_{i+1}^n) - B(t_i^n)]^2 + \zeta_1^2 \lim_{n\to\infty} \sum_{t_i > \frac{1}{2}} [B(t_{i+1}^n) - B(t_i^n)]^2$$

$$= \zeta_0^2[B,B]\left(\dfrac{1}{2}\right) + \zeta_1^2[B,B]\left(\left(\dfrac{1}{2},t\right]\right) = \int_0^t X^2(s)\mathrm{d}s.$$

这里的极限都是当 $\delta_n \to 0$ 时, 在依概率收敛意义下的极限. $\qquad\square$

类似于上面的定理, 对于同一个 Brown 运动 $\{B(t)\}$ 的两个不同的 Itô 积分

$$Y_1(t) = \int_0^t X_1(s)\mathrm{d}B(s) \quad \text{和} \quad Y_2(t) = \int_0^t X_2(s)\mathrm{d}B(s),$$

由于 $Y_1(t) + Y_2(t) = \int_0^t [X_1(s) + X_2(s)]\mathrm{d}B(s)$, 我们可以定义 Y_1 和 Y_2 的二次协变差:

$$[Y_1, Y_2](t) = \frac{1}{2}\{[Y_1 + Y_2, Y_1 + Y_2](t) - [Y_1, Y_1](t) - [Y_2, Y_2](t)\}.$$

由定理 7.2.1 可得

$$[Y_1, Y_2](t) = \int_0^t X_1(s)X_2(s)\mathrm{d}s.$$

因为 Brown 运动在 $[0, t]$ 上的二次变差为 t (参看第 6 章的定理 6.2.3), 即 $[B, B](0, t) = t$, 也可以写成微分的形式 $\mathrm{d}B(t) \cdot \mathrm{d}B(t) = \mathrm{d}t$. 为了处理二阶变差项的收敛性, 我们给出如下的定理.

定理 7.2.2 设 g 是有界连续函数, $\{t_i^n\}$ 是 $[0, t]$ 上的一个分割, 则对任意 $\theta_i^n \in (B(t_i^n), B(t_{i+1}^n))$, 下面的极限在依概率收敛意义下成立

$$\lim_{\delta_n \to 0} \sum_{i=0}^{n-1} g(\theta_i^n)[B(t_{i+1}^n) - B(t_i^n)]^2 = \int_0^t g(B(s))\mathrm{d}s.$$

证明 先考虑一种特殊情况, 让 $\theta_i^n = B(t_i^n)$. 由 g 的连续性和 Lebesgue 积分的定义, 可得当 $n \to \infty$ 时, 容易证明

$$\sum_{i=0}^{n-1} g[B(t_i^n)](t_{i+1}^n - t_i^n) \xrightarrow{L^2} \int_0^t g(B(s))\mathrm{d}s. \tag{7.8}$$

记 $\Delta B_i = B(t_{i+1}^n) - B(t_i^n)$, $\Delta t_i = t_{i+1}^n - t_i^n$. 我们断言: 当 $n \to \infty$ 时,

$$\sum_{i=0}^{n-1} g(B(t_i^n))(\Delta B_i)^2 - \sum_{i=0}^{n-1} g(B(t_i^n))\Delta t_i \xrightarrow{L^2} 0. \tag{7.9}$$

利用 Brown 运动的独立增量性和条件期望的性质, 可得

$$\mathbb{E}\left\{\sum_{i=0}^{n-1} g(B(t_i^n))\left[(\Delta B_i)^2 - \Delta t_i\right]\right\}^2$$

$$=\mathbb{E}\left\{\mathbb{E}\left[\sum_{i=0}^{n-1} g^2(B(t_i^n))((\Delta B_i)^2 - \Delta t_i)^2 \,|\, \mathscr{F}_{t_i}\right]\right\}$$

$$=\mathbb{E}\left\{\sum_{i=0}^{n-1} g^2(B(t_i^n))\mathbb{E}[((\Delta B_i)^2 - \Delta t_i)^2 \,|\, \mathscr{F}_{t_i}]\right\}$$

$$=2\mathbb{E}\left\{\sum_{i=0}^{n-1} g^2(B(t_i^n))(\Delta t_i)^2\right\}$$

$$\leqslant 2\delta_n \mathbb{E}\left\{\sum_{i=0}^{n-1} g^2(B(t_i^n))\Delta t_i\right\} \xrightarrow{L^2} 0(当 \delta_n \to 0 时),$$

从而可得

$$\sum_{i=0}^{n-1} g[B(t_i^n)][(\Delta B_i)^2 - \Delta t_i] \xrightarrow{L^2} 0.$$

由式 (7.8) 和式 (7.9) 可知

$$\sum_{i=0}^{n-1} g[B(t_i^n)][B(t_{i+1}^n) - B(t_i^n)]^2 \xrightarrow{L^2} \int_0^t g(B(s))\mathrm{d}s;$$

$$\sum_{i=0}^{n-1} g[B(t_i^n)](t_{i+1}^n - t_i^n) \xrightarrow{L^2} \int_0^t g(B(s))\mathrm{d}s.$$

对任意 $\theta_i^n \in (B(t_{i+1}^n), B(t_i^n))$, 可得

$$\sum_{i=0}^{n-1} \{g(\theta_i^n) - g(B(t_i^n))\}(\Delta B_i)^2$$

$$\leqslant \max_i \{g(\theta_i^n) - g(B(t_i^n))\} \sum_{i=0}^{n-1} [B(t_{i+1}^n) - B(t_i^n)]^2.$$

由 g 和 B 的连续性可知, 当 $\delta_n \to 0$ 时, $\max_i\{g(\theta_i^n) - g[B(t_i^n)]\} \to 0$ 几乎必然成立. 由 Brown 运动二次变差的定义得, 当 $\delta_n \to 0$ 时, 有

$$\sum_{i=0}^{n-1} [B(t_{i+1}^n) - B(t_i^n)]^2 \xrightarrow{L^2} 0.$$

于是当 $\delta_n \to 0$ 时,

$$\sum_{i=0}^{n-1} \{g(\theta_i^n) - g[B(t_i^n)]\}(\Delta B_i)^2 \xrightarrow{L^2} 0.$$

所以, $\sum_{i=0}^{n-1} g(\theta_i^n)(\Delta B_i)^2$ 与 $\sum_{i=0}^{n-1} g(B(t_i^n))(\Delta B_i)^2$ 具有相同的依概率收敛意义下的极限 $\int_0^t g(B(s))\mathrm{d}s$. □

现在, 给出 Itô 公式.

定理 7.2.3 如果 f 是二次连续可微函数, 则对任意 $t \geqslant 0$, 有

$$f(B(t)) = f(0) + \int_0^t f'(B(s))\mathrm{d}B(s) + \frac{1}{2}\int_0^t f''(B(s))\mathrm{d}s. \tag{7.10}$$

证明 首先, 式 (7.10) 中的积分都是适定的. 取 $[0,t]$ 的分割 $\{t_i^n\}$, 利用 $B(0) = 0$ 可得

$$f(B(t)) = f(0) + \sum_{i=0}^{n-1} \{f(B(t_{i+1}^n)) - f(B(t_i^n))\}. \tag{7.11}$$

利用 Taylor 公式, 我们有

$$f(B(t_{i+1}^n)) - f(B(t_i^n)) = f'(B(t_i^n))[B(t_{i+1}^n) - B(t_i^n)] + \frac{1}{2}f''(\theta_i^n)[B(t_{i+1}^n) - B(t_i^n)]^2,$$

其中 $\theta_i^n \in (B(t_i^n), B(t_{i+1}^n))$. 将上式代入式 (7.11) 得

$$f[B(t)] = f(0) + \sum_{i=0}^{n} f'[B(t_i^n)][B(t_{i+1}^n) - B(t_i^n)]$$

$$+\frac{1}{2}\sum_{i=0}^{n-1}f''(0_i^n)[B(t_{i+1}^n)-B(t_i^n)]^2$$

$$=:\ I_1+I_2.\tag{7.12}$$

令 $\delta_n\to 0$, 则由 Itô 积分的定义和定理 7.2.2 可得

$$I_1\xrightarrow{L^2}\int_0^t f'[B(s)]\mathrm{d}B(s),$$

$$I_2\xrightarrow{L^2}\frac{1}{2}\int_0^t f''(B(s))\mathrm{d}s.$$

将上面的极限代入式 (7.12), 便得到了想要的结论. □

式 (7.10) 称为 Brown 运动的 Itô 公式, 它是随机分析中的一个主要工具. Itô 公式 (7.10) 微分形式表示为

$$\mathrm{d}f(B(t))=f'(B(t))\mathrm{d}B(t)+\frac{1}{2}f''(B(t))\mathrm{d}t.$$

下面定理给出了关于 Itô 随机过程的 Itô 公式, 其证明见参考文献 *Stochastic Differential Equations: An Introduction with Applications* (Øksendal, 2003) 和《随机分析学基础》(黄志远, 2001).

定理 7.2.4　设 Itô 随机过程 $\{X(t)\}$ 满足

$$\mathrm{d}X(t)=\mu(t,X(t))\mathrm{d}t+\sigma(t,X(t))\mathrm{d}B(t).$$

令 $f(t,x)\in C^{1,2}([0,\infty)\times\mathbb{R})$, 则 $\{Y(t)=f(t,X(t))\}$ 仍为 Itô 随机过程, 并且满足

$$\mathrm{d}Y(t)=\left(\frac{\partial f}{\partial t}(t,X(t))+\frac{\partial f}{\partial x}(t,X(t))\mu(t,X(t))+\frac{1}{2}\frac{\partial^2 f}{\partial x^2}(t,X(t))\sigma^2(t,X(t))\right)\mathrm{d}t$$

$$+\frac{\partial f}{\partial x}(t,X(t))\sigma(t,X(t))\mathrm{d}B(t).$$

证明　由 Itô 公式可得

$$\mathrm{d}Y(t)=\frac{\partial f}{\partial t}(t,X(t))\mathrm{d}t+\frac{\partial f}{\partial x}(t,X(t))\mathrm{d}X(t)$$

$$+\frac{1}{2}\frac{\partial^2 f}{\partial x^2}(t,X(t))\mathrm{d}X(t)\cdot\mathrm{d}X(t).\tag{7.13}$$

利用

$$\mathrm{d}t\cdot\mathrm{d}t=\mathrm{d}t\cdot\mathrm{d}B(t)=\mathrm{d}B(t)\cdot\mathrm{d}t=0;\ \mathrm{d}B(t)\cdot\mathrm{d}B(t)=\mathrm{d}t,$$

可得

$$\mathrm{d}X(t)\cdot\mathrm{d}X(t)=[\mu(t,X(t))\mathrm{d}t+\sigma(t,X(t))\mathrm{d}B(t)]\cdot[\mu(t,X(t))\mathrm{d}t+\sigma(t,X(t))\mathrm{d}B(t)]$$

$$=\sigma^2(t,X(t))\mathrm{d}t.$$

将上式代入式 (7.13), 有

$$
\mathrm{d}Y(t) = \left(\frac{\partial f}{\partial t}(t, X(t)) + \frac{\partial f}{\partial x}(t, X(t))\mu(t, X(t)) + \frac{1}{2}\frac{\partial^2 f}{\partial x^2}(t, X(t))\sigma^2(t, X(t)) \right) \mathrm{d}t
$$

$$
+ \frac{\partial f}{\partial x}(t, X(t))\sigma(t, X(t))\mathrm{d}B(t).
$$

两边积分, 可得

$$
Y(t) = Y(0) + \int_0^t \left(\frac{\partial f}{\partial s} + \frac{\partial f}{\partial x}\mu + \frac{1}{2}\frac{\partial^2 f}{\partial x^2}\sigma^2 \right)(s, X(s))\mathrm{d}s
$$

$$
+ \int_0^t \frac{\partial f}{\partial x}(s, X(s))\sigma(s, X(s))\mathrm{d}B(s).
$$

由随机过程 $\{X(t)\}$ 的性质可知, 上式的每一项积分都是适定的. 由定义可知 $\{Y(t)\}$ 是 Itô 随机过程. $\qquad\square$

定理 7.2.5(高维 Itô 公式) 设 $B(t) = (B^1(t), B^2(t), \cdots, B^d(t))$ 是 d 维 Brown 运动, 令

$$
\mathrm{d}X_i(t) = \mu_i(t)\mathrm{d}t + \sum_{j=1}^d \sigma_{ij}(t)\mathrm{d}B_j(t), i = 1, 2, \cdots, n
$$

是一个 n 维 Itô 过程, 设 $f = (f_1, f_2, \cdots, f_m) \in C^{1,2}([0, +\infty) \times \mathbb{R}^n)$, 则 $\{Y(t) = f(t, X(t))\}$ 仍为 Itô 过程, 即对 $k(1 \leqslant k \leqslant m)$, 均有

$$
\mathrm{d}Y_k(t) = \frac{\partial f_k}{\partial t}(t, X(t))\mathrm{d}t + \sum_j \frac{\partial f_k}{\partial x_j}(t, X(t))\mathrm{d}X_j(t)
$$

$$
+ \sum_{i,j} \frac{1}{2}\frac{\partial^2 f_k}{\partial x_i \partial x_j}(t, X(t))\mathrm{d}X_i(t)\mathrm{d}X_j(t),
$$

式中 $\mathrm{d}B_i \cdot \mathrm{d}B_j = \delta_{ij}\mathrm{d}t$, $\mathrm{d}t \cdot \mathrm{d}t = \mathrm{d}t \cdot \mathrm{d}B_i = \mathrm{d}B_i \cdot \mathrm{d}t = 0$.

下面我们给出几个例题来验证上面的结论.

例 7.2.1 求 $\mathrm{d}\left(\mathrm{e}^{B(t)}\right)$ 和 $\mathrm{d}\left(B^2(t)\right)$.

解 令 $f(x) = \mathrm{e}^x$, $g(x) = x^2$, 则 $f'(x) = f''(x) = \mathrm{e}^x$, $g'(x) = 2x$, $g''(x) = 2$. 从而由 Itô 公式可得

$$
\mathrm{d}\left(\mathrm{e}^{B(t)}\right) = \mathrm{e}^{B(t)}\mathrm{d}B(t) + \frac{1}{2}\mathrm{e}^{B(t)}\mathrm{d}t,
$$

$$
\mathrm{d}\left(B^2(t)\right) = 2B(t)\mathrm{d}B(t) + \mathrm{d}t. \qquad\square
$$

例 7.2.2 用 Itô 公式求 $\int_0^t B(s)\mathrm{d}B(s)$.

解 令 $X(t) = B(t)$, 则

$$
\mathrm{d}X(t) = 0 \times \mathrm{d}t + 1 \times \mathrm{d}B(t).
$$

令 $f(x) = \frac{1}{2}x^2$, $Y(t) = f(X(t))$, 则利用 Itô 公式得到

$$dY(t) = \frac{1}{2}dt + B(t)dB(t),$$

即

$$d\left(\frac{1}{2}B(t)^2\right) = \frac{1}{2}dt + B(t)dB(t).$$

两边在区间 $[0, t]$ 上积分, 得

$$\int_0^t d\left(\frac{1}{2}B(s)^2\right) = \int_0^t \frac{1}{2}ds + \int_0^t B(s)dB(s).$$

于是得到

$$\int_0^t B(s)dB(s) = \frac{1}{2}B(t)^2 - \frac{1}{2}t. \qquad \square$$

例 7.2.3 (人口增长模型) 假设 $N(t)$ 为 t 时刻的人口数, 且 $\{N(t), t \geqslant 0\}$ 满足
$$dN(t) = \alpha N(t)dt + \beta N(t)dB(t),$$
其中 α, β 为常数, $B(t)$ 为标准的 Brown 运动. 试用 Itô 公式求 $N(t)$ 的显式表达式.

解 由题可得
$$\frac{dN(t)}{N(t)} = \alpha dt + \beta dB(t).$$

令 $f(x) = \ln x$, $Y(t) = f(N(t))$, 则

$$\frac{\partial f}{\partial t} = 0, \ \frac{\partial f}{\partial x} = \frac{1}{x}, \ \frac{\partial^2 f}{\partial x^2} = -\frac{1}{x^2}.$$

利用 Itô 公式, 得

$$dY(t) = \left(\alpha N(t)\frac{1}{N(t)} - \frac{\beta^2 N(t)^2}{2N(t)^2}\right)dt + \beta N(t)\frac{1}{N(t)}dB(t),$$

即

$$d(\ln N(t)) = \left(\alpha - \frac{\beta^2}{2}\right)dt + \beta dB(t).$$

对上式积分, 得

$$N(t) = N(0)e^{\left(\alpha - \frac{\beta^2}{2}\right)t} \cdot e^{\beta B(t)}.$$

故 $N(t)$ 是几何 Brown 运动的变形. $\qquad \square$

例 7.2.4 设 $\boldsymbol{X}(t) = (X_1(t), X_2(t))$ 满足

$$\begin{pmatrix} dX_1(t) \\ dX_2(t) \end{pmatrix} = \begin{pmatrix} b_1(t) \\ b_2(t) \end{pmatrix}dt + \begin{pmatrix} b_1(t) & 0 \\ 0 & b_2(t) \end{pmatrix}\begin{pmatrix} dB_1(t) \\ dB_2(t) \end{pmatrix}.$$

令 $f(t, \boldsymbol{x}) = x_1 x_2$, $Y(t) = X_1(t)X_2(t)$, 则

$$dY(t) = [b_1(t)X_2(t) + b_2(t)X_1(t)]dt + b_1(t)X_2(t)dB_1(t)$$
$$+ b_2(t)X_1(t)dB_2(t).$$

7.3 随机微分方程

7.2 节定义了 Itô 随机过程并接触了随机微分方程, 那么给定一个随机微分方程, 它的解存在吗? 如果存在, 解唯一吗? 有什么性质呢? 因此如何求解一个随机微分方程是最基本的问题. 然而, 对于一般的随机微分方程来说, 我们通常很难或者根本就无法求出显式解. 本节只给出解的存在唯一性定理.

考虑一般形式的随机微分方程

$$\begin{cases} \mathrm{d}X(t) = b(t, X(t))\mathrm{d}t + \sigma(t, X(t))\mathrm{d}B(t), \\ X(t)|_{t=0} = X_0, \end{cases} \tag{7.14}$$

其中 b, σ 是 $[0, \infty) \times \mathbb{R}$ 上的函数, $B(t)$ 是一维标准 Brown 运动. 对微分方程 (7.14) 做首次积分, 得到如下的积分方程

$$X(t) = X_0 + \int_0^t b(s, X(s))\mathrm{d}s + \int_0^t \sigma(s, X(s))\mathrm{d}B(s). \tag{7.15}$$

首先, 给出随机微分方程 (7.14) 解的定义, 然后给出解的存在唯一性定理.

定义 7.3.1 若 $\mathbb{R}$ 值的随机过程 $\{X(t), t \geqslant 0\}$ 满足以下条件:

(1) $X(t)$ 是连续适应的过程;

(2) $b(t, x) \in L^1(\mathbb{R}_+ \times \mathbb{R})$, $\sigma(t, x) \in L^2(\mathbb{R}_+ \times \mathbb{R})$;

(3) $X(t)$ 满足方程 (7.15),

则称 $\{X(t), t \geqslant 0\}$ 为随机微分方程 (7.14) 的解.

在随机分析中, 还有不同类型的解, 比如鞅解等. 本节只给出解的存在唯一性定理, 至于解的更多性质, 请参看文献 *Stochastic Differential Equations: An Introduction with Applications* (Øksendal, 2003) 和《随机微分方程》(胡适耕等, 2008).

定理 7.3.1 设 $[0, T] \times \mathbb{R}$ 上的函数 $b(\cdot, \cdot)$, $\sigma(\cdot, \cdot)$ 满足:

(1) $b(t, x)$, $\sigma(t, x)$ 二元可测, 且 $|b(t, x)|^{1/2}$, $|\sigma(t, x)|$ 平方可积;

(2) (利普希茨 (Lipschitz) 条件) 存在常数 $K > 0$, 使得对于 $t \in [0, T]$, 有

$$|b(t, x) - b(t, y)| + |\sigma(t, x) - \sigma(t, y)| \leqslant K|x - y|, \forall x, y \in \mathbb{R};$$

(3) (线性增长条件) 存在常数 $C > 0$, 使得

$$|b(t, x)| + |\sigma(t, x)| \leqslant C(1 + |x|), \forall t \in [0, T], x \in \mathbb{R};$$

(4) (初始条件) 随机变量 $X(t_0)$ 关于 $\mathscr{F}_{t_0}$ 可测, 且 $\mathbb{E}[X^2(t_0)] < \infty$, 则存在唯一过程 $\{X(t), t \geqslant t_0\}$ 满足式 (7.14), 且 $X(t)$ 是自适应的, 关于 $\mathscr{F}_t$ 可测, 对 $\forall t \in [0, T]$, $\mathbb{E}[X^2(t)] < \infty$.

证明见参考文献 *Stochastic Differential Equations: An Introduction with Applications* (Øksendal, 2003) 和《随机微分方程》(胡适耕等, 2008).

本节的最后, 我们给出**扩散过程**的概念.

定义 7.3.2 设连续参数 Markov 过程 $\{X(t), t \geqslant 0\}$ 的状态空间为 $\mathbb{R}$(或 $\mathbb{R}^n$), 且满足对 $\forall x \in \mathbb{R}, t \geqslant 0, \varepsilon > 0$ 有

(1) $\lim\limits_{h \to 0} \dfrac{1}{h} \mathbb{P}(|X(t + h) - x| > \varepsilon | X(t) = x) = 0$;

(2) $\lim\limits_{h \to 0} \dfrac{1}{h} \mathbb{E}[(X(t+h) - x)|X(t) = x] = \mu(t,x) < \infty$;

(3) $\lim\limits_{h \to 0} \dfrac{1}{h} \mathbb{E}((X(t+h) - x)^2|X(t) = x) = \sigma^2(t,x) < \infty$,

其中 $\mu(t,x), \sigma(t,x)$ 是二元函数, 则称 $\{X(t), t \geqslant 0\}$ 是**扩散过程**, $\mu(t,x), \sigma(t,x)$ 分别称为扩散过程 $\{X(t), t \geqslant 0\}$ 的**漂移系数**和**扩散系数**.

例 7.3.1 漂移 Brown 运动 $\{X(t) = \mu t + \sigma B(t), t \geqslant 0\}$ (其中 μ, σ 为常数) 是连续参数 Markov 过程, 其微分形式为

$$\mathrm{d}X(t) = \mu \mathrm{d}t + \sigma \mathrm{d}B(t).$$

易知 $\{X(t), t \geqslant 0\}$ 是扩散过程. 事实上, 由独立增量得

$$\lim_{h \to 0} \frac{1}{h} \mathbb{P}(|X(t+h) - x| > \varepsilon|X(t) = x)$$

$$= \lim_{h \to 0} \frac{1}{h} \mathbb{P}(|\mu h + \sigma(B(t+h) - B(t))| > \varepsilon).$$

因为 Brown 运动是均方连续, 即 $B(t+h) \xrightarrow{\text{m.s.}} B(t)$ $(h \to 0)$ (m.s. 指 mean square, 即均方意义下), 故 $|\mu h + \sigma(B(t+h) - B(t))| \xrightarrow{\text{m.s.}} 0$, 从而 $|\mu h + \sigma(B(t+h) - B(t))| \xrightarrow{P} 0$. 所以定义 7.3.2 中的 (1) 成立.

注意到

$$\lim_{h \to 0} \frac{1}{h} \mathbb{E}[(X(t+h) - x)|X(t) = x]$$

$$= \lim_{h \to 0} \frac{1}{h} \mathbb{E}[\mu h + \sigma(B(t+h) - B(t))]$$

$$= \lim_{h \to 0} \frac{1}{h}[\mu h + \sigma(\mathbb{E}[B(h)])] = \mu,$$

从而满足定义 7.3.2 中的 (2). 同理可得

$$\lim_{h \to 0} \frac{1}{h} \mathbb{E}[(X(t+h) - x)^2|X(t) = x] = \sigma^2,$$

从而满足定义 7.3.2 中的 (3).

课 后 习 题

7.1　在将随机积分的定义扩展到 $\mathcal{V}$ 的定义 7.1.2 第二步中, 用到了如下事实 "$h \in \mathcal{V}$ 可以看出 $h_n \in \mathcal{V}$", 试证明这一事实.

7.2　求积分 $J = \displaystyle\int_0^1 t\mathrm{d}B(t)$ 的均值与方差.

7.3　估计使得积分 $\displaystyle\int_0^1 (1-t)^{-\alpha}\mathrm{d}B(t)$ 适定的 α 的值.

7.4　利用 Itô 公式证明

$$\int_0^t B^3(s)\mathrm{d}B(s) = \frac{1}{3}B^3(t) - \int_0^t B(s)\mathrm{d}s.$$

7.5 假设 $X(t)$ 满足微分方程

$$\mathrm{d}X(t) = b(t)X(t)\mathrm{d}t + X(t)\mathrm{d}B(t).$$

试求过程 $Y(t) = X^2(t)$ 满足的随机微分方程.

7.6 假设 $\{X(t), t \geqslant 0\}$, $\{Y(t), t \geqslant 0\}$ 是 Itô 过程, 且满足

$$\mathrm{d}X(t) = b_1(t)X(t)\mathrm{d}t + \sigma_1(t)X(t)\mathrm{d}B(t),$$
$$\mathrm{d}Y(t) = b_2(t)Y(t)\mathrm{d}t + \sigma_2(t)Y(t)\mathrm{d}B(t).$$

令 $Z(t) = X(t)Y(t)$, 求 $Z(t)$ 满足的随机微分方程.

7.7 假设 $\{B(t), t \geqslant 0\}$ 是标准的 Brown 运动, σ 代数 $\mathscr{F}_t = \sigma\{B(u), 0 \leqslant u \leqslant t\}$. 利用 Itô 公式证明下列随机过程 $\{X(t), t \geqslant 0\}$ 是 $\mathscr{F}_t$ 的鞅:

(1) $X(t) = \mathrm{e}^{\frac{t}{2}} \sin B(t)$;

(2) $X(t) = [B(t) + t]\mathrm{e}^{-B(t)-\frac{1}{2}t}$.

7.8 假设 $\{X(t), t \geqslant 0\}$ 满足奥恩斯坦-乌伦贝克 (Ornstein-Uhlenbeck) 方程 (或称为朗之万方程)

$$\mathrm{d}X(t) = -\mu X(t)\mathrm{d}t + \sigma \mathrm{d}B(t).$$

设 $X_0 = X_0 \sim N(0, \sigma_0^2)$, 且与 $\{B(t), t \geqslant 0\}$ 独立, 其中 μ, σ 为常数, 试求 $\mathrm{Cov}(X(s), X(t))$, $0 < s < t$. 更进一步, $\{X(t), t \geqslant 0\}$ 是 Markov 过程.

第 8 章   随机过程在数理金融中的应用

随机过程起源于统计物理学领域, 是对一连串随机事件间动态关系的定量描述. 其理论严谨、应用广泛、发展迅速, 并且在处理问题的思路和方法上有着独特的风格. 气象预报、天文观测、原子物理、宇宙遥控、生物医学、管理科学、运筹决策、现代通信、自动控制、计算机科学、经济分析、金融工程以及可靠性与质量控制等许多领域都离不开用随机过程理论建立的各种模型. 本章重点关注在数理金融中的应用, 建立布莱克–斯科尔斯 (Black-Scholes) 模型并讨论其在欧式期权中的应用.

8.1   基本概念及例子

基本假定: 金融市场有一个最基本的假设, 即市场不允许存在没有初始投资的无风险利润. 若违背了这个市场原则, 则可以得到套利机会. 所谓套利, 即指在开始时无资本, 经过资本的市场运作后, 变成有非负的随机资金, 而且有正资金的概率为正. 在实际操作中, 套利机会也许存在, 但一般都是稍纵即逝. 所以, 一般假设正常运行的市场无套利机会.

期权, 是指一种合约, 源于 18 世纪后期的美国和欧洲市场, 该合约赋予持有人在某一特定日期或该日之前的任何时间以固定价格购进或售出一种资产的权利. 期权定义的要点如下:

(1) 期权是一种权利. 期权合约至少涉及买家和出售人两方. 持有人享有权利但不承担相应的义务.

(2) 期权的标的物. 期权的标的物是指选择购买或出售的资产. 它包括股票、政府债券、货币、股票指数、商品期货等. 期权是这些标的物 "衍生" 的, 因此称衍生金融工具. 值得注意的是, 期权出售人不一定拥有标的资产. 期权是可以 "卖空" 的. 期权购买人也不一定真的想购买资产标的物. 因此, 期权到期时双方不一定进行标的物的实物交割, 而只需按价差补足价款即可.

(3) 到期日. 双方约定的期权到期的那一天称为 "到期日", 如果该期权只能在到期日执行, 则称为欧式期权; 如果该期权可以在到期日及之前的任何时间执行, 则称为美式期权.

(4) 期权的执行. 依据期权合约购进或售出标的资产的行为称为 "执行". 在期权合约中约定的、期权持有人据已购进或售出标的资产的固定价格, 称为 "执行价格".

期权分类: 按期权的权利划分, 有看涨期权和看跌期权两种类型.

按期权的种类划分, 有欧式期权和美式期权两种类型.

按行权时间划分, 有欧式期权、美式期权、百慕大期权三种类型.

看涨期权: 在时刻 0 买方与卖方有一个合约, 按此合约规定买方有一项权利, 能在时刻 T (到期日) 以价格 K (执行价) 从卖方买进股票. 如果时刻 T 股票的市场价格 S_T 高于执行价格 K, 买方就一定会选择支付执行价同时获得高价格的股票, 称为期权被执行了.

综合起来, 买方在时刻 T 净得随机收益 (现金流) 为

$$(S_T - K)^+ = \max\{0, S_T - K\} = \begin{cases} S_T - K, & S_T > K, \\ 0, & S_T \leqslant K. \end{cases}$$

因为买方希望 S_T 尽量大, 以便有更多的获利, 也就是有选择权的买方盼望股票上涨, 所以这种合约称为看涨期权.

由于这个合约能给买方带来随机收益, 因此需要买方在 $t = 0$ 时刻用钱从卖方购买. 这个合约在 $t = 0$ 时刻的价格, 称为它的贴水或保证金. 如何确定这个合约在时刻 t $(t < T)$ 的价格 (包括贴水) 就是我们要重点讨论的问题. 欧式期权由于有执行时间的限制, 未来的现金流收入比美式期权要低些, 但是欧式期权现金流收入有明确的表达式, 所以估计这种期权的价格会容易些.

看跌期权: 在时刻 0 买方与卖方有一个合约, 按此合约规定买方有一项权利, 能在时刻 T 以价格 K (执行价) 卖给合约卖方一股股票. 如果时刻 T 股票的市场价格 S_T 高于执行价格 K, 买方可以拒绝执行期权; 如果时刻 T 股票的市场价格 S_T 低于执行价格 K, 买方就一定会选择执行期权而获利. 综合起来, 买方在时刻 T 净得随机收益 (现金流) 为

$$(K - S_T)^+ = \max\{0, K - S_T\} = \begin{cases} K - S_T, & S_T < K, \\ 0, & S_T \geqslant K. \end{cases}$$

因为买方希望 S_T 尽量小, 以便有更多的获利, 也就是有选择权的买方盼望股票下跌, 所以这种合约称为看跌期权.

比看涨期权与看跌期权更为一般的欧式期权是: 甲方卖给乙方一个由证券组合组成的合约, 此合约能在时刻 T 给乙方带来随机收益 $f(S_T)$, 称为欧式未定权益.

未定权益为 S_T 的欧式权益, 称为在时刻 T 到期的远期合约, 远期合约在任意时刻 $t(t < T)$ 的价格为证券的即时价格 S_t.

欧式看涨–看跌期权的平权关系: 假设看涨期权、看跌期权、远期合约在任意时刻 $t(t < T)$ 的价格分别为 C_t, P_t, S_t, 在无套利原则下, 有

$$C_t - P_t = S_t - Ke^{-rt},$$

其中 K 表示执行价格, r 表示银行利率.

有了这个平权关系, 欧式看涨期权与看跌期权中只要知道其中一个的价格, 就可以得到另一个的价格. 上述平权关系还可以写成

$$(S_T - K)^+ - (K - S_T)^+ = S_T - K,$$

即表示买进一张在时刻 T 到期的执行价格为 K 的欧式看涨期权与卖出一张相应的看跌期权, 就等价于买进一张远期合约与卖出一张在时刻 T 到期的额度为 K 的银行存款.

下面给出两个例子, 请参考文献《随机过程基础》(Durrett, 2014).

例 8.1.1(一个周期的例子) 在我们的第一种情况下, 股票在时间 0 时为 90, 并且可能在时间 1 时为 80 或 120. 现在假设你有一份欧洲看涨期权, 执行价格为 100, 到期日为 1. 这意味着, 在你看到股票的情况之后, 你可以选择在时间 1 以 100 的价格购买股票 (但没有义务这样做). 如果股价为 80, 你将不会行使购买期权股票, 你的利润将为 0. 如果股票价格是 120, 你将选择以 100 的价格买入股票, 然后立即以 120 的价格卖出以获得 20 的利

润. 结合这两种情况, 我们一般将收益写为 $(X_1 - 100)^+$, 其中 $z^+ = \max\{z, 0\}$ 表示 z 的正部分.

我们的问题是计算出这个期权的合适价格. 乍一看这似乎是不可能的, 因为我们没有给各种事件分配概率. 然而在这种情况下, 我们不必为事件分配概率来计算价格, 这是 "无套利定价" 的一个奇迹. 为了解释这一点我们首先注意到 X_1 将分别为 120("上") 或 80("下"), 利润为 30 或亏损为 10. 如果我们为期权支付 c, 那么当 X_1 上升时, 我们的利润是 $20 - c$, 当它下降时我们的利润是 $-c$. 最后两句话总结如下.

	股票	期权
上升	30	$20 - c$
下降	-10	$-c$

假设我们购买股票 x 单位和期权 y 单位, 其中负数表示我们卖出而不是买入. 一种可能的策略是选择 x 和 y 使股票上涨或下跌时的结果相同:

$$30x + (20 - c)y = -10x + (-c)y,$$

求解, 我们有 $40x + 20y = 0$ 或 $y = -2x$. 把这个 y 代入等式右边, 我们的利润将是 $(-10 + 2c)x$. 如果 $c > 5$, 那么我们可以通过买入大量股票并卖出两倍的期权, 在没有风险的情况下获得大笔利润. 当然如果 $c < 5$, 我们可以通过反向操作来赚取大笔利润. 因此在这种情况下期权的唯一合理价格是 5.

在没有任何损失可能性的情况下赚钱的方案被视为**套利机会**. 我们有理由认为金融市场上不会出现这种情况 (或者至少是短暂的), 因为如果它存在, 人们就会利用它, 机会就会消失. 换句话说, 期权的唯一价格与不存在套利一致的是 $c = 5$, 所以这一定是期权的价格.

例 8.1.2(二周期二叉树)　假设股票价格在 0 时刻从 100 开始. 在时间 1(我们认为是一个月后) 它要么值 120 要么值 90. 如果股票在时间 1 值 120, 那么它在时间 2 可能值 140 或 115. 如果时间 1 的价格是 90, 那么时间 2 的可能值是 120 或 80. 最后三句话可以简单地用下面的树来概括.

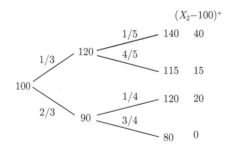

利用期权的价值是其在股票价格为鞅的概率下的期望值这一思想, 我们可以快速完成示例中的计算. 边缘上的概率使股票价格成为鞅, 所以期权的价值是

$$\frac{1}{15} \cdot 40 + \frac{4}{15} \cdot 15 + \frac{1}{6} \cdot 20 = \frac{80 + 120 + 100}{30} = 10.$$

最后的计算是基于与单周期情况的类比, 所以我们现在将给出基于无套利的期权价格的第

二次推导. 在上面描述的场景中, 我们的投资者有以下四种可能的操作:

A_0. 把 1 美元存到银行, 最后在所有可能的情况下都是 1 美元.

A_1. 在时间 0 买入 1 股股票, 在时间 1 卖出.

A_2. 如果股价是 120, 在时间 1 买入 1 股, 在时间 2 卖出.

A_3. 如果股价是 90, 在时间 1 买入 1 股, 在时间 2 卖出.

这些操作在指定的结果中产生以下回报:

X_1	X_2	A_0	A_1	A_2	A_3	期权
120	140	1	20	20	0	40
120	115	1	20	-5	0	15
90	120	1	-10	0	30	20
90	80	1	-10	0	-10	0

注意到这四个操作的收益本身是四维空间中的向量, 我们很自然地认为, 通过使用这些操作的线性组合, 可以精确地重现选项. 为了找到操作 A_i 的系数 z_i, 我们用四个未知数写了四个方程

$$z_0 + 20z_1 + 20z_2 = 40,$$

$$z_0 + 20z_1 - 5z_2 = 15,$$

$$z_0 - 10z_1 + 30z_3 = 20,$$

$$z_0 - 10z_1 - 10z_3 = 0.$$

用第一个方程减去第二个方程, 用第三个方程减去第四个方程, 得到 $25z_2 = 25$ 和 $40z_3 = 20$, 所以 $z_2 = 1$、$z_3 = 1/2$. 代入这些值, 我们得到两个方程、两个未知数:

$$z_0 + 20z_1 = 20, \quad z_0 - 10z_1 = 5,$$

作差, 我们得出 $30z_1 = 15$, 所以 $z_1 = 1/2$、$z_0 = 10$.

读者可能已经注意到 $z_0 = 10$ 是期权价格, 这并非偶然. 我们所展示的是在所有情况下, 可以用 10 美元现金买卖股票来产生期权的结果. 用华尔街的术语来说, $z_1 = 1/2$, $z_2 = 1$, $z_3 = 1/2$ 是一种**对冲策略**, 允许我们**复制期权**. 一旦我们能做到这一点, 那么合理的价格一定是 10 美元. 要做到这一点, 请注意, 如果我们能以 $x > 10$ 美元的价格出售, 那么我们可以拿出 10 美元现金来复制期权, 并获得 $(x - 10)$ 美元的确定利润.

8.2 模型的引入与发展

法国数学家 Barchelier 在其博士论文 *"The Theory of Speculation"* 中, 首次借用随机游动的思想定义了股票价格运行的随机模型. 但其随机游动模型有个缺陷, 即股票价格有可能为负值, 与现实中的股票价格相悖. 1942 年, 日本数学家 Itô 引入了随机积分的概念, 并开创了随机微分方程理论. 1965 年, 著名经济学家萨缪尔森 (Samuelson) 将 Itô 提出的随机分析学作为工具引入金融学中, 对 Barchelier 的股票模型进行了修正, 首次提出用几何布朗运动来描述股票价格过程, 这种思想得到了广泛而长期的应用. 几何布朗运动模型避

免了 Barchelier 的模型中可能使股票价格为负值这种与现实问题不符的情况, 基于这个模型, Samuelson 研究了看涨期权的定价问题.

Samuelson 所得出的定价公式有一个遗憾的地方, 就是依赖于投资者的个人风险偏好, 这就限制了一些问题的研究. Black 和 Scholes 在 1973 年找到了弥补这一遗憾的新方法, 他们建立期权定价模型的关键突破点在于, 构造一个由标的股票和无风险债券的适当组合 (投资组合), 其直观意义即不要把所有的鸡蛋放在同一个篮子里. 这个投资组合具有如下特点: 投资组合的损益特征与期权在到期日的损益特征是相同的, 不管标的股票的价格在未来的时间里怎样变化, 两种资产构成的投资组合都产生无风险的回报. 根据无套利原理 (即零投资只能得到零回报), 他们用动态复制的方法推导出了欧式期权 (看跌或看涨) 的定价公式, 并且是精确的显式解, 他们的考虑基于无红利支付的情况. Black 和 Scholes 的开创性工作在于在他们的模型中, 所有投资者的投资回报率都是同一个无风险利率, 不依赖于投资者的个人风险偏好. Black-Scholes 定价模型具有划时代的意义, 自问世以来, 有关欧式期权、美式期权、障碍期权、股票期权、股指期权、利率期权、外汇期权等各式各样的期权定价问题得到了广泛、深入的讨论.

国内期权的发展, 相对于国外, 有一定的滞后. 2015 年 2 月 9 日, 上证 50ETF 期权于上海证券交易所上市, 是国内首支场内期权品种. 这不仅宣告了中国期权时代的到来, 也意味着我国已拥有全套主流金融衍生品. 2017 年 3 月 31 日, 豆粕期权作为国内首支期货期权在大连商品交易所上市. 2017 年 4 月 19 日, 白糖期权在郑州商品交易所上市交易. 2018 年 9 月 25 日, 铜期权在上海期货交易所上市交易. 2019 年开始, 国内期权市场快速发展, 权益类扩充了上交所 300ETF 期权、深交所 300ETF 期权和中金所的 300 股指期权, 商品类期权陆续有玉米、棉花、黄金等十多个品种上市. 最近十几年来, 涌现出了大量的金融研究者, 并对国内期权的发展起到了推动作用, 参看文献《随机微分方程及其在数理金融中的应用》(蒲兴成和张毅, 2010) 和《数理金融: 资产定价的原理与模型》(佟孟华和郭多祚, 2018).

本节的最后, 回顾一下 Black-Scholes 的工作. 1973 年, Black 和 Scholes 利用随机微分方程和无风险投资理论得出了 Black-Scholes 偏微分方程

$$-\frac{\partial u(\tau, x)}{\partial \tau} + rx\frac{\partial u(\tau, x)}{\partial x} + \frac{1}{2}\sigma^2 x^2 \frac{\partial^2 u(\tau, x)}{\partial x^2} - ru(\tau, x) = 0,$$

并成功地利用边界条件求解了该偏微分方程: 利用边界条件 $u(0, x) = (x - K)^+, x > 0$ 得出计算公式

$$u(\tau, x) = x\Phi[d_1(\tau, x)] - Ke^{-r\tau}\Phi[d_2(\tau, x)],$$

其中 $\Phi(x)$ 为标准正态分布的分布函数.

$$d_1(\tau, x) = \frac{\ln(x/K) + (r + \sigma^2/2)\tau}{\sigma\sqrt{\tau}}, \quad d_2(\tau, x) = d_1(\tau, x) - \sigma\sqrt{\tau},$$

即有

$$V_0 = u(T, S_0) = S_0\Phi[d_1(T, S_0)] - Ke^{-rT}\Phi[d_2(T, S_0)],$$

其中

$$d_1(T, S_0) = \frac{\ln(S_0/K) + (r + \sigma^2/2)T}{\sigma\sqrt{T}}, \quad d_2(T, S_0) = d_1(T, S_0) - \sigma\sqrt{T}.$$

从这以后, 利用随机理论研究金融现象有了划时代的突破, 即从定性研究进入了定量研究阶段. 该公式是现代金融理论的核心基础. 1997 年 Myron Scholes 和 Robert Merton 由于在经济领域关于该公式的杰出工作而获得了诺贝尔奖. 国内数理金融也取得了突飞猛进的发展, 其理论部分参考文献《测度论讲义》(严加安, 1998) 和《数理金融——资产定价与金融决策理论》(叶中行和林建忠, 2010).

8.3　Black-Scholes 公式

Black-Scholes 期权定价模型给出了如下假设:

(1) 市场不存在无风险套利机会.

(2) 期权是欧式的, 即只能在到期日执行期权.

(3) 市场无摩擦, 即不存在税收和交易成本, 所有证券完全可分割.

(4) 无风险利率已知, 无风险利率和波动率在合约期限内均为常数, 投资者可以用无风险利率自由借贷.

(5) 股票不分发股利, 也不作其他任何形式的利润分配.

(6) 对卖空无任何限制.

(7) 交易时间及价格变动是连续的.

下面我们考虑欧式看涨期权, 并给出 Black-Scholes 期权定价公式.

(1) 设某种风险资产 (如股票) 在 t 时刻的价格为 S_t, 且满足:

$$\mathrm{d}S_t = \mu S_t \mathrm{d}t + \sigma S_t \mathrm{d}B_t, \quad t \in [0, T], \tag{8.1}$$

其中常数 μ 表示风险资产的平均回报率; $\sigma(\sigma > 0)$ 表示风险资产的波动率; B_t 表示标准 Brown 运动 (在概率测度 $\mathbb{P}$ 下); T 表示期权的到期日.

由第 7 章可知, 方程 (8.1) 的解是几何 Brown 运动:

$$S_t = S_0 \exp\left\{\left(\mu - \frac{\sigma^2}{2}\right)t + \sigma B_t\right\}.$$

(2) 对于无风险资产由微分方程来刻画:

$$\mathrm{d}\beta_t = r\beta_t \mathrm{d}t, \quad t \in [0, T].$$

假定银行利率为常数 r, 不依赖于时间.

(3) 令 a_t 表示 t 时刻投资于风险资产的资金数量, b_t 表示 t 时刻投资于无风险资产的资金数量, (a_t, b_t) 称为一个投资组合. 在 t 时刻, 由数量为 a_t 的风险资产和数量为 b_t 的无风险资产构成的投资组合的财富值为

$$V_t = a_t S_t + b_t \beta_t, \quad t \in [0, T].$$

(4) 假定投资组合是自融资的, 即财富的增量仅由 S_t 和 β_t 的变动引起, 即

$$\mathrm{d}V_t = a_t \mathrm{d}S_t + b_t \mathrm{d}\beta_t.$$

我们现在寻找一个自融资的策略 (a_t, b_t) 和一个相应的财富过程 V_t, 使得

$$V_t = a_t S_t + b_t \beta_t = u(T - t, S_t), \quad t \in [0, T],$$

其中 $u(\tau, x)$ 为待求的光滑函数, 其中 $\tau = T - t$.

在到期日 T 时刻, 投资组合的值 V_t 应为 T 时刻的现金流 $(S_T - K)^+$, 故可得到一个终端条件:

$$V_T = u(0, S_T) = (S_T - K)^+.$$

令 $f(t, x) = u(\tau, x)$, 则 $V_t = f(t, S_t)$. 注意到 S_t 满足如下积分方程

$$S_t = S_0 + \mu \int_0^t S_s \mathrm{d}s + \sigma \int_0^t S_s \mathrm{d}B_s,$$

由 Itô 公式可得

$$
\begin{aligned}
V_t - V_0 &= f(t, S_t) - f(0, S_0) \\
&= \int_0^t \left[\frac{\partial f(s, S_s)}{\partial t} - \mu S_s \frac{\partial f(s, S_s)}{\partial x} + \frac{1}{2} \sigma^2 S_s^2 \frac{\partial^2 f(s, S_s)}{\partial x^2} \right] \mathrm{d}s \\
&\quad + \int_0^t \sigma S_s \frac{\partial f(s, S_s)}{\partial x} \mathrm{d}B_s \\
&= \int_0^t \left[-\frac{\partial u(T - s, S_s)}{\partial x} + \mu S_s \frac{\partial u(T - s, S_s)}{\partial x} + \frac{1}{2} \sigma^2 S_s^2 \frac{\partial^2 u(T - s, S_s)}{\partial x^2} \right] \mathrm{d}s \\
&\quad + \int_0^t \sigma S_s \frac{\partial u(T - s, S_s)}{\partial x} \mathrm{d}B_s
\end{aligned}
\tag{8.2}
$$

另一方面, (a_t, b_t) 是自融资的, 故

$$V_t - V_0 = \int_0^t a_s \mathrm{d}S_s + \int_0^t b_s \mathrm{d}\beta_s.$$

由 $\mathrm{d}\beta_t = r\beta_s \mathrm{d}t$ 以及 $V_t = a_t S_t + b_t \beta_t$ 可知 $b_t = \dfrac{V_t - a_t S_t}{\beta_t}$ 和

$$
\begin{aligned}
V_t - V_0 &= \int_0^t a_s \mathrm{d}S_s + \int_0^t \frac{V_s - a_s S_s}{\beta_s} \mathrm{d}\beta_s \\
&= \int_0^t a_s \mathrm{d}S_s + \int_0^t r(V_s - a_s S_s) \mathrm{d}s \\
&= \int_0^t a_s(\mu S_s \mathrm{d}s + \sigma S_s \mathrm{d}B_s) + \int_0^t r(V_s - a_s S_s) \mathrm{d}s \\
&= \int_0^t [(\mu - r) a_s S_s + r V_s] \mathrm{d}s + \int_0^t \sigma a_s S_s \mathrm{d}B_s.
\end{aligned}
\tag{8.3}
$$

结合式 (8.2) 与式 (8.3), 得

$$a_t = \frac{\partial u(T - t, S_t)}{\partial x},$$

且根据定义可得

$$(\mu - r)a_t S_t + rV_t$$

$$= (\mu - r)a_t S_t + ru(T - t, S_t)$$

$$= (\mu - r)S_t \frac{\partial u(T - t, S_t)}{\partial x} + ru(T - t, S_t)$$

$$= -\frac{\partial u(T - t, S_t)}{\partial t} + \mu S_t \frac{\partial u(T - t, S_t)}{\partial x} + \frac{1}{2}\sigma^2 S_t^2 \frac{\partial^2 u(T - t, S_t)}{\partial x^2},$$

从而可得如下偏微分方程: 对于 $t \in [0, T]$,

$$-\frac{\partial u(T - t, S_t)}{\partial t} + rS_t \frac{\partial u(T - t, S_t)}{\partial x} + \frac{1}{2}\sigma^2 S_t^2 \frac{\partial^2 u(T - t, S_t)}{\partial x^2} - ru(T - t, S_t) = 0.$$

上式可写为: 对于 $t \in [0, T]$, $x > 0$,

$$-\frac{\partial u(\tau, x)}{\partial \tau} + rx \frac{\partial u(\tau, x)}{\partial x} + \frac{1}{2}\sigma^2 x^2 \frac{\partial^2 u(\tau, x)}{\partial x^2} - ru(\tau, x) = 0. \tag{8.4}$$

此外, 由 $V_T = u(0, S_T) = (S_T - K)^+$ 可得

$$u(0, x) = (x - K)^+, \quad x > 0.$$

接下来的目的是解偏微分方程 (8.4). 一般情况下很难得到显式解, Black 和 Scholes 基于无红利支付的情况, 根据无套利原理, 用动态复制的方法推导出了欧式期权 (看跌或看涨) 的定价公式, 给出了精确的显式解.

为得到 Black-Scholes 公式, 我们首先介绍等价概率测度与重要的吉尔萨诺夫 (Girsanov) 定理.

定义 8.3.1 令 $\mathbb{P}$ 和 $\mathbb{Q}$ 是定义在 σ 代数 $\mathscr{F}$ 上的两个概率测度, 若存在一个非负函数 f_1, 使得

$$\mathbb{Q}(A) = \int_A f_1(\omega)\mathrm{d}\mathbb{P}(\omega), \quad A \in \mathscr{F},$$

则称 f_1 为概率测度 $\mathbb{Q}$ 关于概率测度 $\mathbb{P}$ 的密度, 且称概率测度 $\mathbb{Q}$ 关于概率测度 $\mathbb{P}$ 绝对连续, 记为 $\mathbb{Q} \ll \mathbb{P}$.

定义 8.3.2 若 $\mathbb{P}$ 关于 $\mathbb{Q}$ 绝对连续, 且 $\mathbb{Q}$ 关于 $\mathbb{P}$ 绝对连续, 则称 $\mathbb{P}$ 和 $\mathbb{Q}$ 是等价的概率测度.

用 $B = (B_t, t \in [0, T])$ 表示在概率测度 $\mathbb{P}$ 下的 Brown 运动. 考虑如下形式的过程

$$\tilde{B}_t = B_t + qt, \quad t \in [0, T],$$

其中 q 为某个常数. 一般情况下, 当 $q \neq 0$ 时, $\tilde{B}_t$ 不是标准 Brown 运动. 我们将概率测度 $\mathbb{P}$ 转换成一个新的合适的概率测度 $\mathbb{Q}$, 使得 B 在新的概率测度 $\mathbb{Q}$ 下是一个标准 Brown 运动, 这就是 Girsanov 定理所要解决的问题. 一般, 令

$$\mathscr{F}_t = \sigma(B_s, s \leqslant t), \quad t \in [0, T]$$

表示由 Brown 运动生成的自然 σ 代数流.

我们不加证明地给出 Girsanov 定理.

定理 8.3.1　令 $Y(t) \in \mathbb{R}^n$ 为一个 Itô 过程,

$$\mathrm{d}\boldsymbol{Y}_t = \boldsymbol{\rho}_t \mathrm{d}t + \boldsymbol{\theta}_t \mathrm{d}\boldsymbol{B}_t, \tag{8.5}$$

其中 $\boldsymbol{B}_t \in \mathbb{R}^m, \boldsymbol{\rho}_t \mathrm{d}t \in \mathbb{R}^n, \boldsymbol{\theta}_t \in \mathbb{R}^{n \times m}$.

假设存在过程 $\boldsymbol{u}_t$ 和 $\boldsymbol{\alpha}_t$, 使得 $\boldsymbol{\theta}_t \boldsymbol{u}_t = \boldsymbol{\rho}_t - \boldsymbol{\alpha}_t$, 令

$$\boldsymbol{M}_t = \exp\left\{-\int_0^t \boldsymbol{u}_s \mathrm{d}\boldsymbol{B}_s - \frac{1}{2}\int_0^t \boldsymbol{u}_s^2 \mathrm{d}s\right\},$$

$$\mathrm{d}\mathbb{Q}(\omega) = \boldsymbol{M}_T(\omega)\mathrm{d}\mathbb{P}(\omega).$$

令 $\boldsymbol{M}_t$ 是关于概率测度 $\mathbb{P}$ 的鞅, 则 $\mathbb{Q}$ 也是概率测度. 更进一步, 过程

$$\tilde{\boldsymbol{B}}_t = \int_0^t \boldsymbol{u}_s \mathrm{d}s + \boldsymbol{B}_t, \quad t \leqslant T \tag{8.6}$$

关于概率测度 $\mathbb{Q}$ 为一个标准 Brown 运动. 过程 $\boldsymbol{Y}_t$ 满足如下方程:

$$\mathrm{d}\boldsymbol{Y}_t = \boldsymbol{\alpha}_t \mathrm{d}t + \boldsymbol{\theta}_t \mathrm{d}\tilde{\boldsymbol{B}}_t.$$

事实上, Girsanov 变换的目的是简化漂移项. 直观上看, 把式 (8.6) 代入式 (8.5) 便是定理的结果, 重要的是要证明 $\tilde{\boldsymbol{B}}_t$ 关于测度 $\mathbb{Q}$ 为一个标准 Brown 运动.

例 8.3.1　风险投资的价格过程满足线性随机微分方程

$$\mathrm{d}S_t = \mu S_t \mathrm{d}t + \sigma S_t \mathrm{d}B_t, \quad t \in [0, T],$$

其中 μ 和 σ 均为常系数, 且 $\sigma > 0$. 类似于例 7.2.3, 利用 Itô 公式, 可得方程的解为

$$S_t = S_0 \exp\left\{\left(\mu - \frac{1}{2}\sigma^2\right)t + \sigma B_t\right\}, \quad t \in [0, T].$$

令

$$\tilde{B}_t = B_t + \frac{\mu}{\sigma}t, \quad t \in [0, T],$$

则我们有

$$\mathrm{d}S_t = \mu S_t \mathrm{d}t + \sigma S_t \left(\mathrm{d}\tilde{B}_t - \frac{\mu}{\sigma}\mathrm{d}t\right) = \sigma S_t \mathrm{d}\tilde{B}_t, \quad t \in [0, T].$$

由 Girsanov 定理, $\tilde{B}_t$ 在等价鞅测度 $\mathbb{Q}$ 下是一个标准 Brown 运动.

当 $\mu \neq 0$ 时

$$\begin{aligned}
S_t &= S_0 \exp\left\{-\frac{1}{2}\sigma^2 t + \sigma \tilde{B}_t\right\} \\
&= S_0 \exp\left\{\left(\mu - \frac{1}{2}\sigma^2\right)t + \sigma B_t\right\}.
\end{aligned}$$

注意到在概率测度 $\mathbb{Q}$ 下, $\{S_t\}$ 是一个鞅, 则可以把鞅的性质运用到 $\{S_t\}$ 上.　　□

现在, 运用 Girsanov 定理来推导 Black-Scholes 公式.

首先, 股票的贴现价格为

$$\tilde{S}_t = \mathrm{e}^{-rt} S_t, \quad t \in [0, T].$$

在概率测度 $\mathbb{Q}$ 下, $\tilde{S}_t$ 是一个鞅. 令

$$f(t, x) = \mathrm{e}^{-rt} x,$$

由 Itô 公式可得

$$
\begin{aligned}
\mathrm{d}\tilde{S}_t &= -re^{-rt}S_t\mathrm{d}t + e^{-rt}\mathrm{d}S_t \\
&= -re^{-rt}S_t\mathrm{d}t + e^{-rt}S_t(\mu\mathrm{d}t + \sigma\mathrm{d}B_t) \\
&= e^{-rt}S_t\,[(\mu - r)\mathrm{d}t + \sigma\mathrm{d}B_t] \\
&= \sigma\tilde{S}_t\mathrm{d}\tilde{B}_t,
\end{aligned}
$$

其中 $\tilde{B}_t = B_t + \dfrac{\mu - r}{\sigma}t (t \in [0,T])$.

Girsanov 定理表明: 存在一个等价鞅测度 $\mathbb{Q}$, 使得 $\tilde{B}_t$ 在此测度下是一个标准 Brown 运动. 从而得到 $\tilde{S}_t$ 的表达式

$$
\tilde{S}_t = \tilde{S}_0 \exp\left\{ -\frac{1}{2}\sigma^2 t + \sigma\tilde{B}_t \right\}
$$

在概率测度 $\mathbb{Q}$ 下为一个鞅.

定理 8.3.2 假设在 Black-Scholes 模型中, 存在一个自融资策略 (a_t, b_t) 使得投资组合在 t 时刻的价值为

$$
V_t = a_t S_t + b_t \beta_t, \quad t \in [0,T],
$$

且此投资组合在到期日 T 时刻的价值等于未定权益在 T 时刻的价值, 即

$$
V_T = h(S_T),
$$

则有投资组合在到期日 t 时刻的价值为

$$
V_t = \mathbb{E}_{\mathbb{Q}}[e^{-r(T-t)}h(S_T)\,|\,\mathscr{F}_t], \quad t \in [0,T],
$$

其中 $\mathbb{E}_{\mathbb{Q}}[A\,|\,\mathscr{F}_t]$ 表示在新的概率测度 $\mathbb{Q}$ 下随机变量 A 关于 $\mathscr{F}_t = \sigma(B_s, s \leqslant t)$ 的条件期望.

证明 考虑贴现的财富过程

$$
\tilde{V}_t = e^{-rt}V_t = e^{-rt}(a_t S_t + b_t \beta_t).
$$

由 Itô 公式得

$$
\mathrm{d}\tilde{V}_t = -r\tilde{V}_t\mathrm{d}t + e^{-rt}\mathrm{d}V_t,
$$

更进一步有

$$
\begin{aligned}
\mathrm{d}\tilde{V}_t &= -re^{-rt}(a_t S_t + b_t \beta_t)\mathrm{d}t + e^{-rt}(a_t\mathrm{d}S_t + b_t\mathrm{d}\beta_t) \\
&= a_t(-re^{-rt}S_t\mathrm{d}t + e^{-rt}\mathrm{d}S_t) \\
&= a_t\mathrm{d}\tilde{S}_t, \\
\tilde{V}_0 &= V_0.
\end{aligned}
$$

从而

$$
\tilde{V}_t = V_0 + \int_0^t a_s\mathrm{d}\tilde{S}_s = V_0 + \sigma\int_0^t a_s\tilde{S}_s\mathrm{d}\tilde{B}_s,
$$

在等价鞅测度 $\mathbb{Q}$ 下, $\tilde{B}$ 为标准 Brown 运动, $\left\{ a_t\tilde{S}_t, t \in [0,T] \right\}$ 为 $\left\{ \mathscr{F}_t, t \in [0,T] \right\}$ 适应的.

故 $\{\tilde{V}_t\}$ 为关于 $\{\mathscr{F}_t\}$ 的鞅, 且由鞅的性质有

$$\tilde{V}_t = \mathbb{E}_{\mathbb{Q}}[\tilde{V}_T | \mathscr{F}_t], \quad t \in [0, T].$$

但

$$\tilde{V}_T = \mathrm{e}^{-rt} V_T = \mathrm{e}^{-rT} h(S_T),$$

故

$$\mathrm{e}^{-rt} V_t = \mathbb{E}_{\mathbb{Q}}[\mathrm{e}^{-rT} h(S_T) | \mathscr{F}_t],$$

即

$$V_t = \mathbb{E}_{\mathbb{Q}}[\mathrm{e}^{-r(T-t)} h(S_T) | \mathscr{F}_t]. \qquad \Box$$

利用定理 8.3.2 来计算欧式看涨期权的定价公式. 令 $\tau = T - t, t \in [0, T]$, 则在时刻 t, 投资组合的价值为

$$
\begin{aligned}
V_t &= \mathbb{E}_{\mathbb{Q}}[\mathrm{e}^{-rT} h(S_T) | \mathscr{F}_t] \\
&= \mathbb{E}_{\mathbb{Q}}[\mathrm{e}^{-rt} h(S_t \mathrm{e}^{(r-\frac{1}{2}\sigma^2)\tau + \sigma(\tilde{B}_T - \tilde{B}_t)}) | \mathscr{F}_t].
\end{aligned}
$$

注意到在时刻 t, S_t 是 B_t 的函数, 故有 $\sigma(S_t) \subset \mathscr{F}_t$; 此外, 在概率测度 $\mathbb{Q}$ 下, $\tilde{B}_T - \tilde{B}_t$ 关于 $\mathscr{F}_t$ 独立并具有正态分布. 由条件期望的性质得

$$V_t = f(t, S_t), \quad u(\tau, x) = \mathrm{e}^{-rt} \int_{-\infty}^{+\infty} h(x \mathrm{e}^{(r-\frac{1}{2}\sigma^2)\tau + \sigma y \tau^{\frac{1}{2}}}) \varphi(y) \mathrm{d}y,$$

其中 $\varphi(y)$ 为标准正态分布的密度函数. 对于欧式看涨期权来说,

$$h(x) = (x - K)^+ = \max\{0, x - K\},$$

从而有

$$
\begin{aligned}
u(\tau, x) &= \int_{-z_2}^{+\infty} (x \mathrm{e}^{-\frac{1}{2}\sigma^2\tau + \sigma y \tau^{\frac{1}{2}}} - K \mathrm{e}^{-rt}) \varphi(y) \mathrm{d}y \\
&= x\Phi(z_1) - K\mathrm{e}^{-rt}\Phi(z_2),
\end{aligned}
$$

其中 $\Phi(x)$ 表示标准正态分布的分布函数, 且

$$z_1 = \frac{\ln\left(\dfrac{x}{K}\right) + \left(r + \dfrac{1}{2}\sigma^2\right)\tau}{\sigma\sqrt{\tau}}, \quad z_2 = z_1 - \sigma\sqrt{\tau}.$$

此时 $u(\tau, x)$ 是偏微分方程 (8.4) 的解. 利用 $V_t = u(T - t, S_t)$, 可得

$$V_0 = u(T, S_0) = S_0 \Phi[d_1(T, S_0)] - K\mathrm{e}^{-rT}\Phi[d_2(T, S_0)],$$

其中

$$d_1(T, S_0) = \frac{\ln(S_0/K) + (r + \sigma^2/2)T}{\sigma\sqrt{T}}, \quad d_2(T, S_0) = d_1(T, S_0) - \sigma\sqrt{T}.$$

随机过程 $V_T = u(T - t, S_t)$ 表示的是自融资的投资组合在时刻 $t(t \in [0, T])$ 的价值, 自融资投资策略 (a_t, b_t) 为

$$a_t = \frac{\partial u(T - t, S_t)}{\partial x}, \quad b_t = \frac{u(T - t, S_t) - a_t S_t}{\beta_t}. \tag{8.7}$$

我们称式 (8.7) 为 **Black-Scholes 期权定价公式**, 可以看到期权价格与平均回报率 μ 无关, 但与波动率 σ 有关.

类似地, 对于欧式看跌期权, $h(x) = (K - x)^+ = \max\{0, K - x\}$, 我们可以得到

$$u(\tau, x) = K\mathrm{e}^{-rt}\varPhi(-z_2) - x\varPhi(-z_1).$$

第 9 章　随机过程在社会学和控制论中的应用

在第 8 章中, 我们考虑了随机过程在数理金融中的应用. 本章继续探讨随机过程的应用, 旨在解释随机过程在谣言传播和控制论中的应用. 虽然随机过程在人工智能、数据分析中都有所体现, 但很难通过模型给予详细介绍, 故我们选择社会学和控制论来探讨随机过程的应用.

9.1　谣 言 传 播

欧洲文艺复兴时期的著名作家、戏剧家、诗人莎士比亚曾经打过这样一个形象的比喻, 说: "谣言是一支凭着推测、猜疑和臆度吹响的笛子." 一般而言, 谣言是指某些人 (或者某个群体、集团甚至于某个国家) 根据特定的愿望和动机, 散布的一种缺乏事实依据, 甚至凭空想象出的并通过一定手段推动传播的言论. 通俗意义上, 谣言是无中生有并广为流传的信息.

谣言总是伴随着一些重大事件的发生而产生. 21 世纪以来, 各种公共危机事件屡有发生. 如 2003 年严重急性呼吸综合征 (SARS) 的出现及蔓延, 2004 年印度洋发生的地震及海啸, 2005 年美国发生的卡特里娜大飓风, 2008 年中国汶川 8 级地震及其带来的后续影响, 2009 年 H1N1 流感的大范围流行, 2011 年日本的地震及海啸与随之而来的核泄漏和核辐射事件, 2017 年中国九寨沟地震及其带来的影响, 2019 年新冠病毒感染疫情的出现. 紧急事件容易诱发各类谣言, 同样, 谣言的传播也会影响紧急事件的演化过程. 例如, 在 2003 年 SARS 病毒传播期间, 就有谣言不断流传, 称抗病毒性口服液、白醋和板蓝根等商品可以预防和控制病毒, 很快此谣言引起了群众疯狂购买上述商品, 导致市场规律失调, 上述商品的价格飙升, 引起了整个社会的恐慌. 又如, 汶川地震后因为互联网上广泛传播紫坪铺水库污染的谣言, 成都发生了一次疯狂的抢水事件, 再加上网上传播了许多虚假的余震预报, 使得数百万群众流落街头避难. 再如, 在日本的地震及海啸引发核泄漏、核辐射之后, 我国的许多省份都出现了群众大量抢购含碘盐的现象. 群众之所以会去抢购含碘盐, 主要是因为听到食用含碘盐能够有效地防辐射以及日本发生的核泄漏事件会导致海水污染进而污染海盐. 谣言一经传开, 不明真相的广大群众纷纷将各大超市的含碘盐抢购一空, 更有一些不法商人趁机哄抬物价, 使得每包食盐的价格从一元涨到了十几元. 这不仅仅引发了群众的慌乱, 更扰乱了社会秩序. 如何及时地解除谣言, 如何有效地控制谣言的传播, 成为政府乃至整个社会尤为关注的重要课题.

如今, 随着互联网技术的飞速发展, 谣言的传播也不再局限于生活中的口口相传, 更多的时候是通过微信、微博、今日头条等社交网络来传播. 通过这些社交网站, 人们可以自由发表自己的言论, 晒出生活中的点点滴滴, 与好友交流互动. 社交网站有利于建立和维护社会关系, 为现实生活中的人们提供一个交流的平台. 然而, 社交网站的出现不仅使得人与人之间的交流沟通摆脱了时空的束缚, 也使得谣言的传播更加方便快捷. 由于谣言是对人、对事的一种不确切信息的传播, 如果没有人及时出来辟谣, 会使大家难以判断真假, 很容易偏听偏信, 甚至不知不觉成为谣言的 "俘虏". 再加上社交网站用户年轻人占比较高, 社交网站上的言论会影响他们的观点和判断. 广大的年轻用户群体是社会创新的核心力量, 假如他们轻信网络上的谣言或者肆意传播谣言, 后果将是灾难性的. 因此, 研究网络中谣言传播模型的动力学特性具有非常重要的现实意义.

9.1.1 国内外研究现状

1947 年, Allport 和 Postman 给出了一个决定谣言的公式: 谣言 =(事件的) 重要性 × (事件的) 模糊性. 公式中指出, 谣言的产生和事件的重要性、模糊性成正比, 事件越重要且越模糊, 谣言产生的效应也就越大: 当重要性和模糊性趋于零时, 谣言也就不会产生. 要想终止谣言的传播, 就要及时披露事件的真相. 关于谣言传播的分析, 最早可追溯到 20 世纪 60 年代, Daley 和 Kendall (1964) 提出了谣言传播的数学模型, 称之为 D-K 模型. 在 D-K 模型中, 人们被分成了三类: 第一类是没听信谣言的人; 第二类是听信谣言并且传播谣言的人; 第三类是听信谣言但是不传播的人. D-K 模型中的传播者和其他人是以双向连接为前提的, 并借助于随机过程来分析谣言传播问题. D-K 模型及其后续的其他改进模型被广泛地运用于谣言传播的研究中. 随后, Maki 和 Thompson (1973) 对 D-K 模型加以改进, 形成了 M-T 模型. 对他们而言, 只有第一个知道并传播谣言的人 (发现是谣言便不会再传播谣言), 才会转变成知道但不传播谣言的人, 即对谣言具有免疫力的人. 而在小世界网络中, Zanette (2001) 首先研究了谣言传播的动态行为, 与传染病模型相似, 他得到了传播的阈值. 此外, 类似于传染病模型, 提出了易染-感染-易染谣言传播模型 (Jia and Lv, 2018; Jia et al., 2018a, 2018b), 以及对易感人群通过教育程度进行分类的谣言传播模型 (Afassinou, 2014).

针对谣言建立的传播模型非常多, 且考虑的因素非常复杂, 我们在这里就不再一一列举. 我们关注的模型来自参考文献 *Dynamic analysis of a stochastic rumor propagation model* (Jia and Lv, 2018):

$$\begin{cases} dS(t) = [A - \beta S(t)I(t) - \mu S(t) + \alpha I^2(t)]dt + \sigma_1 S(t)dB_1(t), \\ dI(t) = [\beta S(t)I(t) - (\mu + \eta)I(t) - \alpha I^2(t)]dt + \sigma_2 I(t)dB_2(t), \end{cases} \tag{9.1}$$

带有初始值

$$\begin{cases} S(0) = s_0, \\ I(0) = i_0, \end{cases}$$

其中 $B_i(t)$ 是标准的布朗运动, $i = 1, 2$, 参数的含义如表 9.1.

表 9.1 模型中参数的含义

参数	含义	参数	含义
$S(t)$	t时刻谣言易感人群的密度	$I(t)$	t时刻谣言感染人群的密度
A	单位时刻进入易感人群的数量	μ	移出易感人群的比例
β	由易感人群转化成感染人群的转化率	η	恢复率
α	感染人群由于相互交流产生的转化率	σ_i	噪声的强度

9.1.2　正解的存在唯一性

对于随机模型 (9.1) 而言, 由于 $S(t)$ 和 $I(t)$ 都表示密度, 从而均为非负. 为了做进一步的研究, 首先给出随机模型 (9.1) 存在唯一正解的条件.

定理 9.1.1　随机模型 (9.1) 满足初值条件 $S(0) > 0$, $I(0) > 0$ 的解 $(S(t), I(t)) \in \mathbb{R}_+^2$ 在 $t \in [0, +\infty)$ 上依概率 1 存在唯一. 也就是说, $(S(t), I(t)) \in \mathbb{R}_+^2$ 对所有 $t > 0$ 几乎必然成立.

证明　由于随机系统 (9.1) 的系数满足局部 Lipschitz 条件, 故对任意初值 $S(0) > 0, I(0) > 0$, 此方程有唯一的局部解 $(S(t), I(t))$, $t \in [0, \tau_e)$, 其中 τ_e 表示爆炸时间, 要证明全局性, 只需证明 $\tau_e = \infty$ a.s..

令 $k_0 \geqslant 1$ 充分大, 使得 $S(0)$ 和 $I(0)$ 的取值在区间 $[1/k_0, k_0]$ 上, 对每个正数 $k \geqslant k_0$, 定义停时: $\tau_k = \inf\{t \in [0, \tau_e) | S(t) \notin (1/k, k)$ 或 $I(t) \notin (1/k, k)\}$, 假定 $\inf \varnothing = \infty$. 显然, 当 $k \to \infty$ 时, τ_k 是单调递增的. 令 $\tau_\infty = \lim\limits_{k \to \infty} \tau_k$, 则 $\tau_\infty \leqslant \tau_e$ a.s.. 若能证明 $\tau_\infty = \infty$ a.s., 即可得 $\tau_e = \infty$ a.s. 对所有 $t > 0$, $(S(t), I(t)) \in \mathbb{R}_+^2$ a.s.. 用反证法证明.

假设 $\tau_\infty \neq \infty$ a.s., 则存在常数 $T > 0$ 和 $\epsilon \in (0, 1)$ 使得

$$\mathbb{P}\{\tau_\infty \leqslant T\} > \epsilon.$$

故存在一个整数 $k_1 \geqslant k_0$, 使得对所有的 $k \geqslant k_1$, 有

$$\mathbb{P}\{\tau_k \leqslant T\} \geqslant \epsilon. \tag{9.2}$$

定义函数

$$V(S, I) = \left(S - a - a\ln\frac{S}{a}\right) + (I - 1 - \ln I),$$

其中 a 是下文所求的正常数, 由

$$u - 1 - \ln u \geqslant 0,$$

对任意的 $u > 0$ 可知,

$$V(S, I) = \left(S - a - a\ln\frac{S}{a}\right) + (I - 1 - \ln I),$$

函数是非负的. 令 $k \geqslant k_0$ 且对任意的 $T > 0$, 运用 Itô 公式有

$$dV(S, I) = \left(1 - \frac{a}{S}\right)dS + \left(1 - \frac{1}{I}\right)dI + \frac{1}{2}\frac{a}{S^2}(dS)^2 + \frac{1}{2}\frac{1}{I^2}(dI)^2$$

$$= (1 - \frac{a}{S})\{[A - \beta SI - \mu S + \alpha I^2]dt + \sigma_1 S(t)dB_1(t)\}$$

$$+ \left(1 - \frac{1}{I}\right)\{[\beta SI - (\mu + \eta)I - \alpha I^2]dt + \sigma_2 I(t)dB_2(t)\}$$

$$+ \frac{1}{2}\sigma_1{}^2\frac{a}{S^2}S^2 dt + \frac{1}{2}\sigma_2{}^2\frac{1}{I^2}I^2 dt$$

$$= \left[A - \beta SI - \mu S + \alpha I^2 - \frac{Aa}{S} + a\beta I + a\mu - \frac{a\alpha}{S}I^2\right.$$

$$+\beta SI - (\mu + \eta)I - \alpha I^2 - \beta S + \mu + \eta + \alpha I\bigg]\mathrm{d}t$$

$$+\frac{1}{2}a\sigma_1{}^2\mathrm{d}t + \frac{1}{2}\sigma_2{}^2\mathrm{d}t + (S-a)\sigma_1\mathrm{d}B_1(t) + (I-1)\sigma_2\mathrm{d}B_2(t)$$

$$=\bigg[A - \mu S - \frac{Aa}{S} + a\beta I + a\mu - \frac{a\alpha}{S}I^2 - (\mu+\eta)I - \beta S + \mu + \eta + \alpha I$$

$$+\frac{1}{2}a\sigma_1{}^2 + \frac{1}{2}\sigma_2{}^2\bigg]\mathrm{d}t + \sigma_1(S-a)\mathrm{d}B_1(t) + \sigma_2(I-1)\mathrm{d}B_2(t)$$

$$=LV(S,I)\mathrm{d}t + \sigma_1(S-a)\mathrm{d}B_1(t) + \sigma_2(I-1)\mathrm{d}B_2(t),$$

其中

$$LV(S,I) = A - \mu S - \frac{Aa}{S} + a\beta I + a\mu - \frac{a\alpha}{S}I^2 - (\mu+\eta)I$$

$$-\beta S + \mu + \eta + \alpha I + \frac{1}{2}a\sigma_1{}^2\mathrm{d}t + \frac{1}{2}\sigma_2{}^2$$

$$=\bigg[A + a\mu + \mu + \eta + \frac{1}{2}a\sigma_1{}^2 + \frac{1}{2}\sigma_2{}^2\bigg] - (\mu+\beta)S + (a\beta - \mu - \eta + \alpha)I$$

$$-\frac{Aa}{S} - \frac{a\alpha}{S}I^2$$

$$\leqslant \bigg[A + a\mu + \mu + \eta + \frac{1}{2}a\sigma_1{}^2 + \frac{1}{2}\sigma_2{}^2\bigg]$$

$$-(\mu+\beta)S + (a\beta - \mu - \eta + \alpha)I - \frac{Aa}{S}. \tag{9.3}$$

选择 $a = \dfrac{\mu + \eta - \alpha}{\beta}$ 使得 $(a\beta - \mu - \eta + \alpha)I = 0$, 则

$$LV(S,I) \leqslant \bigg[A + a\mu + \mu + \eta + \frac{1}{2}a\sigma_1{}^2 + \frac{1}{2}\sigma_2{}^2\bigg] - (\mu+\beta)S - \frac{Aa}{S}$$

$$\leqslant A + a\mu + \mu + \eta + \frac{1}{2}a\sigma_1{}^2 + \frac{1}{2}\sigma_2{}^2$$

$$\leqslant K,$$

其中 $k > 0$ 是常数, 故有

$$\mathrm{d}V(S,I) \leqslant K\mathrm{d}t + \sigma_1(S-a)\mathrm{d}B_1(t) + \sigma_2(I-1)\mathrm{d}B_2(t). \tag{9.4}$$

两边从 0 到 $\tau_k \wedge T$ 取积分和期望得

$$\mathbb{E}[V(S(\tau_k \wedge T), I(\tau_k \wedge T))] \leqslant V(S(0), I(0)) + K\mathbb{E}(\tau_k \wedge T).$$

因此

$$\mathbb{E}[V(S(\tau_k \wedge T), I(\tau_k \wedge T))] \leqslant V(S(0), I(0)) + KT. \tag{9.5}$$

对 $k > k_1$, 令 $\Omega_k = \{\tau_k \leqslant T\}$, 结合式 (9.2) 可得 $\mathbb{P}(\Omega_k) \geqslant \epsilon$. 对所有的 $\omega \in \Omega_k$ 有 $S(\tau_k, \omega)$ 和 $I(\tau_k, \omega)$ 等于 k 或 $\dfrac{1}{k}$, 故

$$V(S(\tau_k,\omega),I(\tau_k,\omega)) \geqslant [k-1-\ln k] \wedge \left[\frac{1}{k}-1+\ln k\right].$$

由式 (9.5) 可得

$$V(S(0),I(0)) + KT \geqslant \mathbb{E}[I_{\Omega_k}(\omega)V(S(\tau_k,\omega),I(\tau_k,\omega))]$$
$$\geqslant \epsilon[k-1-\ln k] \wedge \left[\frac{1}{k}-1+\ln k\right],$$

其中 I_{Ω_k} 是 Ω_k 的指示函数, 令 $k \to \infty$, 有

$$\infty > V(S(0),I(0)) + KT = \infty.$$

故有 $\tau_\infty = \infty$ a.s.. □

9.1.3　熄灭性与持久性

在确定性的谣言传播模型中, 我们对两件事情感兴趣: 一件是谣言的消失, 一件是谣言的流行. 为此, 我们定义

$$\langle x(t) \rangle = \frac{1}{t}\int_0^t x(s)\mathrm{d}s.$$

定理 9.1.2　设 $\mu > \dfrac{(\sigma_1{}^2 \vee \sigma_2{}^2)}{2}$, 令 $(S(t),I(t))$ 是初值为 $S(0) > 0$ 和 $I(0) > 0$ 的随机模型(9.1)的解, 若 $\tilde{R}_0 < 1$, 则

$$\lim_{t\to\infty}\frac{\ln I(t)}{t} \leqslant (\mu+\eta)(\tilde{R}_0-1) < 0 \quad \text{a.s.},$$

此外

$$\lim_{t\to\infty}\langle S(t)\rangle = \frac{A}{\mu} = S_0 \quad \text{a.s.,} \tag{9.6}$$

其中

$$\tilde{R}_0 = \frac{\beta A}{\mu(\mu+\eta)} - \frac{\sigma_2{}^2}{2(\mu+\eta)}. \tag{9.7}$$

换言之, $I(t)$ 以指数方式趋向于 0, 即谣言感染用户的密度依概率 1 趋向于零.

定理的证明留给感兴趣的读者, 请参考文献 *Dynamic analysis of a stochastic rumor propagation model* (Jia and Lv, 2018).

其次, 我们考虑谣言的持久性. 首先, 我们给出了持久性的定义.

定义 9.1.1　若

$$\liminf_{t\to\infty}\langle S(t)\rangle > 0, \quad \liminf_{t\to\infty}\langle I(t)\rangle > 0 \quad \text{a.s.},$$

则系统 (9.1) 是持久的.

定理 9.1.3　假设 $\mu > \dfrac{(\sigma_1{}^2 \vee \sigma_2{}^2)}{2}$. 令 $(S(t),I(t))$ 是初值为 $S(0) > 0$ 和 $I(0) > 0$ 的系统(9.1)的解, 若 $\tilde{R}_0 > 1$, 则

$$\lim_{t\to\infty}\langle S(t)\rangle = S^*, \quad \lim_{t\to\infty}\langle I(t)\rangle = I^* \quad \text{a.s.,}$$

其中

$$S^* = S_0 - \frac{(\mu+\eta)\left[\beta S_0 - \left(\mu+\eta+\frac{1}{2}\sigma_2{}^2\right)\right]}{\beta(\mu+\eta)+\mu\alpha}, \quad I^* = \frac{\mu(\mu+\eta)(\tilde{R}_0-1)}{\beta(\mu+\eta)+\mu\alpha}.$$

定理的证明留给感兴趣的读者, 请参考文献 *Dynamic analysis of a stochastic rumor propagation model* (Jia and Lv, 2018).

9.2 混杂随机时滞系统的镇定控制

自美国学者诺伯特·维纳 (Norbert Wiener) 于 1948 年发表《控制论》以来, 控制的思想方法取得了蓬勃发展, 几乎应用到自然科学和社会科学各领域. 控制与系统是相伴随的, 控制是针对系统的, 控制实施后构成的也是系统, 即通常所说 "被控对象" 和 "控制系统". 简言之, 系统是控制的出发点和结果, 控制是系统实现目标的途径 (席裕庚, 2021). 在理论上, 我们通常使用一个微分方程 (组) 去描述一个系统. 因而, 控制科学是一门典型的交叉学科, 横跨数学、系统科学、信息科学、工程科学等诸多学科, 具有重要的理论和应用价值. 对此, 张旭 (2017) 的报告《数学控制论浅谈》做了很好的介绍.

现实系统不可避免地受到噪声的干扰, 从而成为不确定性系统 (uncertain system), 而服从某种随机过程统计规律的随机 (stochastic) 噪声是一类重要的不确定因素. Brown 运动是描述随机噪声的一个理想模型. 随机系统普遍存在于日常生活和实际工程中, 并由于其复杂的演化方式、丰富的动力学内涵, 以及与生产、生活中的实际问题紧密的联系, 在随后的几十年里, 吸引着众多学者的广泛关注, 一直是研究的重要课题.

9.2.1 国内外研究现状

反馈控制, 特别是状态反馈控制是现代控制理论中的一个重要内容. 此外, 系统的镇定性问题是一个源于长时间行为的基本问题. 系统的镇定性是研究系统、控制系统的首要前提. 17 世纪出现的托里拆利 (Torricelli) 原理中就蕴含着镇定性的概念, 拉普拉斯 (Laplace)、拉格朗日 (Lagrange) 和庞加莱 (Poincaré) 等也都采用过这一概念, 但都没有给出精确的数学定义. 直到 1892 年, 俄国数学家李雅普诺夫 (Lyapunov) 在他的博士论文《运动稳定性的一般问题》(Lyapunov, 1950) 中才给出了运动镇定性的严格理论基础, 并奠定了一套理论基础, 即现在所称的 "Lyapunov 理论". 廖晓昕 (2010) 编著了相关领域一本很好的中文教材《稳定性的理论、方法和应用》.

通常情况下, 噪声会破坏系统的镇定性, 因此随机系统的镇定性理论一直是系统控制、随机分析领域的研究重点. 其实, 随机系统的镇定性理论早在 20 世纪 60 年代随机微分方程理论形成初期就出现了, 随后却陷入了长久的停滞期. 一个主要障碍是利用 Itô 公式时, 二阶项 (即海森函数项) 的出现导致研究随机系统的 Lyapunov 理论面临瓶颈. 2001 年, Deng 等 (2001) 进一步发展了 Lyapunov 函数法, 提出了一套行之有效的方法, 成为之后众多工作的理论基础. 自从 Khasminskii (2012)、Arnold 等 (1983)、Scheutzow (1993) 和 Mao (1994) 等使用噪声去镇定一个由常微分方程 (ordinary differential equation, ODE) 或随机微分方程 (stochastic differential equation, SDE) 描述的系统后, 越来越多的学者意识到噪声并非总是对系统的镇定性起到破坏作用以及成为不镇定性因素的来源之一, 它也可被用于镇定一个不镇定的系统或者使系统达到更强意义下的镇定.

我们援引毛学荣所举的一个例子 (Mao, 2016), 来具体说明噪声的作用. 考虑一个曾获诺贝尔经济学奖的、用于描述股票价格的 Black-Scholes 模型. Black-Scholes 模型被一个标量线性 SDE 描述为 $dz(t) = \alpha z(t)dt + \sigma z(t)dB(t)$, 其中 α 表示增长率, σ 表示波动率. 整体的 (或平均的) 股票价格 $x(t) := \mathbb{E}z(t)$ 满足微分方程 $\dot{x}(t) = \alpha x(t)$, 若增长率 $\alpha > 0$, 则股票价格将指数增长. 但是, 当波动率 σ 足够大 (即 $0.5\sigma^2 > \alpha$) 时, 则单个价格 $z(t)$ 将会依概率 1 趋于 0. 这揭示了一个重要的现象: 尽管整体的股票市场在增长, 单个的股票价格在较大的波动情形下将会下降, 这就是数字金融领域的一个重要概念 "波动稳定市场"(volatility-stabilized markets).

由于现实环境的复杂性, 系统也许会面临突然的变化. 因此, 包含连续变量 Brown 运动和离散变量 Markov 切换的混杂系统, 成为描述此类参数或结构突变现象的良好模型. 近年来, 由于 Mao 和 Yuan (2006) 及 Yin 和 Zhu (2010) 的专著奠定了混杂随机系统 (hybrid stochastic differential equation, 或称为具有 Markov 切换的随机微分方程) 的理论基础, 混杂系统的镇定控制也吸引了广泛关注. 基于离散时间状态观测, You 等 (2015) 设计反馈控制, 实现了混杂随机系统的指数镇定、H_∞ 镇定和渐进镇定等多种镇定性意义下的镇定.

本节我们将考虑给定一个不镇定的混杂随机时滞微分系统, 设计一个基于离散时间状态观测的反馈控制使其镇定.

9.2.2　主要结果

给定一个 $t \geqslant 0$ 上的不镇定混杂随机时滞微分方程 (SDDE):

$$dx(t) = f(x(t), x(t-\theta), r(t), t)\,dt + g(x(t), x(t-\theta), r(t), t)dB(t), \tag{9.8}$$

其中状态 $x(t)$ 取值于 $\mathbb{R}^n$, 且 $B(t)$ 是一个定义在概率空间 $(\Omega, \mathscr{F}, \{\mathscr{F}_t\}_{t\geqslant 0}, \mathbb{P})$ 上的标准 Brown 运动. 系数 $f: \mathbb{R}^n \times \mathbb{R}^n \times \mathcal{S} \times \mathbb{R}_+ \to \mathbb{R}^n$ 和 $g: \mathbb{R}^n \times \mathbb{R}^n \times \mathcal{S} \times \mathbb{R}_+ \to \mathbb{R}^{n\times m}$ 都是 Borel 可测函数. $r(t)(t \geqslant 0)$ 是一个右连续 Markov 链, 取值于 $\mathcal{S} = \{1, 2, \cdots, N\}$. 此外, 我们总假设 $B(t)$ 与 $r(t)$ 是互相独立的.

本章所要讨论的镇定问题是: 设计一个基于离散时间状态观测的随机控制策略, 使得如下受控系统镇定:

$$dx(t) = [f(x(t), x(t-\theta), r(t), t) + u(x(\delta_t), r(t), t)]\,dt + g(x(t-\theta), r(t), t)\,dB(t), \tag{9.9}$$

其中对 $\forall t \geqslant 0, \delta_t = [t/\tau]\tau$. 此外, 初值定义为 $x(v) = \xi(v) \in \mathcal{C}([-\theta, 0], \mathbb{R}^n)$, 其中 $v \in [-\theta, 0]$, 且 $r(0) = r_0 \in \mathcal{S}$.

为了说明受控系统全局解的存在唯一性、镇定性, 我们引入下列假设.

假设 9.2.1　系统系数 f 和 g 是 Borel 可测且全局 Lipschitz 连续的, 即存在正常数 K_1, 使得对任意的 $(x, y, i, t), (\bar{x}, \bar{y}, i, t) \in \mathbb{R}^n \times \mathbb{R}^n \times \mathcal{S} \times \mathbb{R}_+$, 有

$$|f(x, y, i, t) - f(\bar{x}, \bar{y}, i, t)| \vee |g(x, y, i, t) - g(\bar{x}, \bar{y}, i, t)| \leqslant K_1 (|x - \bar{x}| + |y - \bar{y}|).$$

此外, 我们假设对任意的 $(x, y, i, t) \in \mathbb{R}^n \times \mathbb{R}^n \times \mathcal{S} \times \mathbb{R}_+$, 存在一个正常数 K_2, 使得

$$|f(x, y, i, t)| \vee |g(x, y, i, t)| \leqslant K_2 (|x| + |y|).$$

假设 9.2.2　控制器 u 是 Borel 可测且全局 Lipschitz 连续的, 即存在正常数 K_3, 使得

对任意 $(x,i,t),(\bar{x},i,t)\in\mathbb{R}^n\times\mathcal{S}\times\mathbb{R}_+$, 有

$$|u(x,i,t)-u(\bar{x},i,t)|\leqslant K_3|x-\bar{x}|.$$

进一步地假设, 对 $\forall(i,t)\in\mathcal{S}\times\mathbb{R}_+$, $u(0,i,t)=0$, 从而可得线性增长条件, 即对 $\forall(x,i,t)\in\mathbb{R}^n\times\mathcal{S}\times\mathbb{R}_+$, 有

$$|u(x,i,t)|\leqslant K_3|x|.$$

类似于文献 *Stabilization of continuous-time hybrid stochastic differential equations by discrete-time feedback control* (Mao, 2013) 性质 (9), 由于时滞 θ 的出现, 系统 (9.9) 的解过程 $x(t;\xi,r_0,0)$ 不再具有一般的 Markov 性. 对此, 我们参考文献 *Almost sure exponential stability of stochastic differential delay equations* (Guo et al., 2016) 性质 (2.4), 知系统 (9.9) 具有如下性质:

对 $t\geqslant 0$, 定义 $x_t=\{x(t+\nu):\nu\in[-\theta,0]\}$, 显然 x_t 是一个 $\mathscr{F}_t$ 适应的、$\mathcal{C}([-\theta,0];\mathbb{R}^n)$ 值的随机过程. 对 Markov 链, 简记 $r(t)=r_t\ (t\geqslant 0)$, 则对任意 $0\leqslant s\leqslant t<\infty$, 我们可以将 $x(t)$ 视为系统 (9.9) 在时刻 s、以 x_s 和 r_s 为初值在 $t\geqslant s$ 上的解, 即

$$x(t)=(t;x_s,r_s,s).\tag{9.10}$$

为了实现控制的目标, 我们对控制器 u 提出如下设计规则.

规则 9.2.1 设计控制器 $u:\mathbb{R}^n\times\mathcal{S}\times\mathbb{R}_+\to\mathbb{R}^n$, 使得存在实数 $a_i,b_i\ i\in\mathcal{S}$, 成立不等式

$$x^{\mathrm{T}}[f(x,y,i,t)+u(x,i,t)]+\frac{1}{2}|g(x,y,i,t)|^2\leqslant a_i|x|^2+b_i|y|^2,$$

且 $\mathcal{A}:=-2\mathrm{diag}(a_1,\cdots,a_N)-\Gamma$ 是非奇异 M-矩阵, 记

$$(\theta_1,\cdots,\theta_N)^{\mathrm{T}}=\mathcal{A}^{-1}(1,\cdots,1)^{\mathrm{T}},\tag{9.11}$$

且

$$\Theta=\max_{i\in\mathcal{S}}2\theta_i b_i.\tag{9.12}$$

现在, 我们引入一个辅助系统, 设 $y(t)$ 是如下传统受控系统的解:

$$\begin{aligned}\mathrm{d}y(t)=&[f(y(t),y(t-\theta),r(t),t)+u(y(t),r(t),t)]\,\mathrm{d}t\\&+g(y(t),y(t-\theta),r(t),t)\mathrm{d}B(t).\end{aligned}\tag{9.13}$$

与现有的大量工作类似, 本章使用的第一个关键技术是 Lyapunov 函数法, 据此对辅助系统 (9.13) 进行分析.

首先, 定义一个函数空间 $\mathcal{C}^{2,1}(\mathbb{R}^n\times\mathcal{S}\times\mathbb{R}_{-\theta};\mathbb{R}^+)$ 表示所有 $\mathbb{R}^n\times\mathcal{S}\times\mathbb{R}_{-\theta}$ 上的非负函数 $V(x,i,t)$ 组成的函数空间, 且对任意 $i\in\mathcal{S}$, 函数 V 关于时间 t 是一次连续可微的, 关于状态 x 是二次可微的.

对 $t\geqslant\theta$, 定义 $\hat{y}_t:=\{y(t+v):-2\theta\leqslant v\leqslant 0\}$. 注意到, $\hat{y}_t$ 取值于 $\mathcal{C}([-2\theta,0];\mathbb{R}^n)$, 这与 $y(t)$ 是不同的.

定义一个函数 $U:\mathbb{R}^n\times\mathcal{S}\to\mathbb{R}_+$, 形如

$$U(y,i)=\theta_i|y(t)|^2,\ 其中\ (x,i)\in\mathbb{R}^n\times\mathcal{S}.\tag{9.14}$$

同时定义一个关于系统 (9.13) 的函数 $\mathcal{L}_1U(x,y,i,t):\mathbb{R}^n\times\mathbb{R}^n\times\mathcal{S}\times\mathbb{R}_+\to\mathbb{R}$, 形如

$$\mathcal{L}_1U(x,y,i,t)=2\theta_i x^{\mathrm{T}}(t)\left[f(x,y,i,t)+u(x,i,t)\right]$$

$$+\theta_i|y(x,y,i,t)|^2 + \sum_{j=1}^{N}\gamma_{ij}\theta_j|x|^2. \tag{9.15}$$

由控制器设计规则 9.2.1, 知

$$\mathcal{L}_1 U(x,y,i,t) \leqslant 2\theta_i a_i|x|^2 + 2\theta_i b_i|y|^2 + \sum_{j=1}^{N}\gamma_{ij}\theta_j|x|^2$$

$$= -|x|^2 + \Theta|y|^2. \tag{9.16}$$

引理 9.2.1　在假设 9.2.1 和假设 9.2.2 成立的条件下, 依据规则 9.2.1 设计控制器 u. 假设常数 $\varepsilon > 0$ 和时滞 $\theta > 0$ 足够小, 使得 $\varepsilon - 1 + \theta + (\Theta+\theta)\mathrm{e}^{\varepsilon\theta} < 0$. 令 $\xi \in \mathcal{C}([-\theta,0];\mathbb{R}^n)$ 为任意初值, 且记 $y(t;\xi,r_0,0) = y(t)$, 则对任意 $t \geqslant 0$, SDDE 式 (9.13) 的解满足

$$\mathbb{E}|y(t)|^2 \leqslant C_1 \mathrm{e}^{-\varepsilon t},$$

其中 C_1 是一个随后将被明确的正常数.

证明　引入如下形式的 Lyapunov 函数:

$$V(\hat{y}_t,\hat{r}_t,t) = U(y(t),r(t)) + I(t), \quad t \geqslant 0,$$

其中 $U:\mathbb{R}^n \times \mathbb{R}_+ \to \mathbb{R}_+$ 如式 (9.14) 所定义, 且

$$I(t) = \int_{t-\theta}^{t}\int_s^t \left(|y(v)|^2 + |y(v-\theta)|^2\right)\mathrm{d}v\mathrm{d}s. \tag{9.17}$$

显然, 由广义 Itô 公式得,

$$\mathrm{d}U(y,i) = \mathcal{L}_1 U(y(t),y(t-\theta),i,t)\mathrm{d}t + \mathrm{d}M(t), \tag{9.18}$$

其中 $M(t)$ 是一个连续鞅且 $M(0) = 0$. 与之前章节类似, 这里及本章以下部分, 我们不会写出 $\mathrm{d}M(t)$ 的具体形式, 而是统一使用这一符号, 因为其形式不影响证明的继续.

另一方面, 由微积分的基本理论, 我们知

$$\mathrm{d}I(t) = \theta(|y(t)|^2 + |y(t-\theta)|^2) - \int_{t-\theta}^t \left(|y(v)|^2 + |y(v-\theta)|^2\right)\mathrm{d}v. \tag{9.19}$$

结合式 (9.14)~ 式 (9.19), 对 $\mathrm{e}^{\varepsilon t}V(\hat{y}_t,t)$ 运用 Itô 公式, 有

$$\mathrm{e}^{\varepsilon t}\mathbb{E}V(\hat{y}_t,\hat{r}_t,t)$$

$$= V(\hat{y}_0,\hat{r}_0,0) + \int_0^t \mathrm{e}^{\varepsilon s}\mathbb{E}\varepsilon V(\hat{y}_s,\hat{r}_s,s)\mathrm{d}s + \int_0^t \mathrm{e}^{\varepsilon s}\mathbb{E}\mathcal{L}_1 U(y(s),y(s-\theta),s)\mathrm{d}s$$

$$+ \int_0^t \mathrm{e}^{\varepsilon s}\mathbb{E}\mathrm{d}I(s)\mathrm{d}s$$

$$\leqslant V(\hat{y}_0,\hat{r}_0,0) + \int_0^t \mathrm{e}^{\varepsilon s}\mathbb{E}\varepsilon|y(s)|^2\mathrm{d}s + \int_0^t \mathrm{e}^{\varepsilon s}\mathbb{E}\varepsilon I(s)\mathrm{d}s - \int_0^t \mathrm{e}^{\varepsilon s}\mathbb{E}|y(s)|^2\mathrm{d}s$$

$$+ \Theta\int_0^t \mathrm{e}^{\varepsilon s}\mathbb{E}|y(s-\theta)|^2\mathrm{d}s + \int_0^t \mathrm{e}^{\varepsilon s}\mathbb{E}\theta\left(|y(s)|^2 + |y(s-\theta)|^2\right)\mathrm{d}s$$

$$- \int_0^t \left[\mathrm{e}^{\varepsilon s}\int_{s-\theta}^s \mathbb{E}\left(|y(v)|^2 + |y(v-\theta)|^2\right)\mathrm{d}v\right]\mathrm{d}s, \tag{9.20}$$

其中

$$\int_0^t e^{\varepsilon s}\mathbb{E}\varepsilon I(s)\mathrm{d}s = \int_0^t e^{\varepsilon s}\left[\mathbb{E}\varepsilon\int_{s-\theta}^s\int_w^s(|y(v)|^2+|y(v-\theta)|^2)\mathrm{d}v\mathrm{d}w\right]\mathrm{d}s$$

$$\leqslant \varepsilon\theta\int_0^t\left[e^{\varepsilon s}\int_{s-\theta}^s\mathbb{E}\left(|y(v)|^2+|y(v-\theta)|^2\right)\mathrm{d}v\right]\mathrm{d}s. \tag{9.21}$$

注意到 $\varepsilon-1+\theta+(\Theta+\theta)e^{\varepsilon\theta}<0$, 则将式 (9.21) 代入式 (9.20), 得

$$e^{\varepsilon t}\mathbb{E}V(\hat{y}_t,\hat{r}_t,t)$$

$$\leqslant V(\hat{y}_0,\hat{r}_0,0) + (\varepsilon\theta-1)\int_0^t\left[e^{\varepsilon s}\int_{s-\theta}^s\mathbb{E}\left(|y(v)|^2+y(v-\theta)|^2\right)\mathrm{d}v\right]\mathrm{d}s$$

$$+(\varepsilon-1+\theta)\int_0^t e^{\varepsilon s}\mathbb{E}|y(s)|^2\mathrm{d}s + (\Theta+\theta)\int_0^t e^{\varepsilon s}\mathbb{E}|y(s-\theta)|^2\mathrm{d}s$$

$$\leqslant V(\hat{y}_0,\hat{r}_0,0) + \theta(\Theta+\theta)e^{\varepsilon\theta}\sup_{-\theta\leqslant s<0}\mathbb{E}|y(s)|^2$$

$$+(\varepsilon-1+\theta+(\Theta+\theta)e^{\varepsilon\theta})\int_0^t e^{\varepsilon s}\mathbb{E}|y(s)|^2\mathrm{d}s$$

$$\leqslant C_1,$$

其中 $C_1 = V(\hat{y}_0,\hat{r}_0,0) + \tau(\Theta+\theta)e^{\varepsilon\theta}\|\xi\|^2$. 显然, $\mathbb{E}V(\hat{y}_t,t)\geqslant\mathbb{E}|y(t)|^2$. 因此,

$$\mathbb{E}|y(t)|^2\leqslant C_1 e^{-\varepsilon t}.$$

引理即证. $\qquad\qquad\qquad\qquad\qquad\qquad\qquad\qquad\qquad\qquad\qquad\qquad\square$

对于受控系统 (9.9), 我们有如下结论.

引理 9.2.2 在引理 9.2.1 条件成立的基础上, 对任意 $t\geqslant\theta$, $p\in(0,2]$, 系统 (9.9) 的解 $x(t)$ 满足

$$\mathbb{E}\left[\sup_{0\leqslant r\leqslant\tau}|x(t+r)-x(t)|^p\right]\leqslant H_1(p,\theta,\tau,t)\|\xi\|^p,$$

其中

$$H_1(p,\theta,\tau,t)=\left[3\tau(4K_2^2(\tau+4)+\tau K_3^2)\Xi\right]^{p/2},$$

$$\Xi=\left(1+K_2\theta+2K_2^2\theta\right)e^{(4K_2+4K_2^2+2K_3)(t+\tau)}.$$

下列引理的主要目标是对系统 (9.9) 和式 (9.13) 之间的误差过程 $x(t)-y(t)$ 作估计.

引理 9.2.3 在引理 9.2.2 成立的基础上, 记 $x(t;\xi,r_0,0)=x(t)$, $z(t;\xi,r_0,0)=z(t)$. 则对任意 $p\in(0,2]$, $t\geqslant0$, 误差过程 $x(t)-y(t)$ 满足

$$\mathbb{E}|x(t)-y(t)|^p\leqslant H_2(p,\theta,\tau,t)\|\xi\|^p, \tag{9.22}$$

其中

$$H_2(p,\theta,\tau,t)=\left[3K_3\tau e^{[4K_1(1+K_1)+3K_3]t}\Upsilon\right]^{p/2},$$

$$\Upsilon=(1+K_2\theta+2K_2^2\theta)\frac{4K_2^2(\tau+1)+\tau K_3^2}{4K_2+4K_2^2+2K_3}\left(e^{(4K_2+4K_2^2+2K_3)t}-1\right).$$

上面两个引理的证明类似于引理 9.2.1 的证明, 我们把具体细节留给有兴趣的读者.

定理 9.2.1   在引理 9.2.1~ 引理 9.2.3 中条件成立的基础上, 令 $\tau \in (0, \tau^*)$, 其中 τ^* 是如下方程的唯一正根:

$$H_1(p, \theta, \tau, \tau+T) + H_2(p, \theta, \tau, \tau+T) = 1 - \varepsilon_1, \tag{9.23}$$

其中 $T \geqslant 2p^{-1}\varepsilon^{-1}\ln\left(C_1^{p/2}\varepsilon_1^{-1}\|\xi\|^{-p}\right)$, 则系统 (9.9) 的解满足

$$\limsup_{t\to\infty} \frac{\ln|x(t; 0, \xi)|}{t} < 0, \quad \text{a.s.,}$$

这意味着, 基于离散时间状态观测的随机反馈控制可以保障受控系统 (9.9) 实现几乎必然指数镇定.

证明   我们首先注意到, 当 p, θ 和 T 是固定的, 方程 (9.23) 的左端是一个关于 $\tau \geqslant 0$ 的连续增函数, 且当 $\tau = 0$ 时, 等于 0; 当 $\tau \to \infty$ 时, 趋于 $+\infty$. 因此方程 (9.23) 必有一唯一正根 τ^*. 则对 $\tau \in (0, \tau^*)$, 存在一个常数 $\rho > 0$, 使得

$$\varepsilon_1 + H_1(p, \theta, \tau, \tau+T) + H_2(p, \theta, \tau, \tau+T) = \Psi = e^{-\rho(2\tau+T)} < 1, \tag{9.24}$$

其中 $\rho = (2\tau+T)^{-1}\ln\Psi^{-1}$.

利用赫尔德 (Hölder) 不等式, 由引理 9.2.1 可得 $|y(t)|^p \leqslant C_1^{p/2}e^{-\frac{p\varepsilon}{2}t}$. 我们进一步地有

$$\mathbb{E}|x(\tau+T)|^p \leqslant \mathbb{E}|y(\tau+T)|^p + \mathbb{E}|x(\tau+T) - y(\tau+T)|^p$$
$$\leqslant \left[C_1^{p/2}e^{-\frac{p\varepsilon}{2}(\tau+T)}\|\xi\|^{-p} + H_2(p, \theta, \tau, \tau+T)\right]\|\xi\|^p.$$

结合 T 的定义和引理 9.2.2, 有

$$\mathbb{E}\|x(\Delta)\|^p \leqslant \mathbb{E}|x(\tau+T)|^p + \mathbb{E}\left[\sup_{0\leqslant r\leqslant\tau}|x(\tau+T+r) - x(\tau+T)|^p\right]$$
$$\leqslant \left(\varepsilon_1 e^{-\frac{p\varepsilon}{2}\tau} + H_2(p, \theta, \tau, \tau+T) + H_1(p, \theta, \tau, \tau+T)\right)\|\xi\|^p$$
$$\leqslant \left(\varepsilon_1 + H_1(p, \theta, \tau, \tau+T) + H_2(p, \theta, \tau, \tau+T)\right)\|\xi\|^p$$
$$\leqslant e^{-\rho\Delta}\|\xi\|^p,$$

其中为简洁起见, 记 $\Delta = 2\tau + T$.

现在, 我们考虑系统 (9.9) 在 $t \geqslant \Delta$ 上的解 $x(t)$. 这可以被视为系统 (9.9) 从 $t = \Delta$ 时刻、状态 $x(\Delta)$ 开始的解. 由于系统 (9.9) 的性质 (9.10), 即可得

$$\mathbb{E}\|x(2\Delta)\|^p \leqslant e^{-\rho\Delta}\mathbb{E}\|x(\Delta)\|^p.$$

重复上述过程, 对 $\forall k = 1, 2, \cdots$, 我们有

$$\mathbb{E}\|x(k\Delta)\|^p \leqslant e^{-k\rho\Delta}\|\xi\|^p, \tag{9.25}$$

显然, 这一不等式对 $k = 0$ 仍然成立.

运用式 (9.25), 即可得

$$\mathbb{E}\left[\sup_{k\Delta\leqslant t\leqslant(k+1)\Delta}|x(t)|^p\right] \leqslant C_2\mathbb{E}\|x(k\Delta)\|^p \leqslant C_2 e^{-k\rho\Delta}\|\xi\|^p,$$

对 $k = 0, 1, 2, \cdots$ 成立, 其中 $C_2 = \left[(1 + K_2\theta + 2K_2^2\theta)\mathrm{e}^{(4K_2 + 4K_2 + 2K_3)\Delta}\right]^{p/2}$.

对 $k \geqslant 0$, 从而有

$$\mathbb{P}\left(\sup_{k\Delta \leqslant t \leqslant (k+1)\Delta} |x(t)|^p \geqslant \mathrm{e}^{-0.5k\rho\Delta}\right) \leqslant C_2 \mathrm{e}^{-0.5k\rho\Delta}\|\xi\|^p. \tag{9.26}$$

由 Borel-Cantelli 引理, 我们知道对几乎所有 $\omega \in \Omega$, 存在一个整数 $k_0 = k_0(\omega)$, 使得

$$\sup_{k\Delta \leqslant t \leqslant (k+1)\Delta} |x(t)|^p \leqslant \mathrm{e}^{-0.5k\rho\Delta},$$

易得

$$\limsup_{t \to \infty} \frac{\ln|x(t,\omega)|}{t} \leqslant -\frac{k\rho\Delta}{2p} < 0, \tag{9.27}$$

对几乎所有 $\omega \in \Omega$ 成立. 定理即证. □

9.2.3 数值案例

为了阐述所提方法的有效性和合理性, 我们给出一个例子.

考虑如下 $t \geqslant 0$ 上的混杂随机时滞系统:

$$\mathrm{d}x(t) = f(x(t), r(t), t)\mathrm{d}t + g(x(t-\theta), r(t), t)\mathrm{d}B(t), \tag{9.28}$$

取时滞 $\theta = 0.19$, 对 $t \in [-0.19, 0]$, 定义初值 $x(t) = 0.5$, 其中系数 f 和 g 定义为

$$f(x, 1, t) = 0.1x, \quad g(y, 1, t) = -0.1y,$$

$$f(x, 2, t) = 0.1x, \quad g(y, 2, t) = 0.1y.$$

这里, $B(t)$ 是一个标量 Brown 运动, $r(t)$ 是取值于状态空间 $\mathcal{S} = \{1, 2\}$ 上的一个 Markov 链, 生成元为

$$\Gamma = \begin{pmatrix} -2 & 2 \\ 1 & -1 \end{pmatrix}.$$

系统 (9.28) 是不镇定的, 见图 9.1.

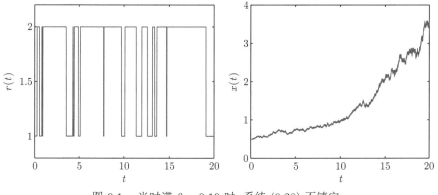

图 9.1 当时滞 $\theta = 0.19$ 时, 系统 (9.28) 不镇定

显然, 假设 9.2.1 关于 $K_1 = K_2 = 0.1$ 成立. 我们设计如下控制函数:

$$u(x, 1, t) = -0.3x, \quad u(x, 2, t) = -0.1x.$$

从而, 假设 9.2.2 关于 $K_3 = 0.3$ 成立. 因此, 我们进一步有

$$x^{\mathrm{T}} \left[f(x, i, t) + u(x, i, t) \right] + \frac{1}{2} |g(y, i, t)|^2 = \begin{cases} -0.2x^2 + 0.005y^2, & \text{若 } i = 1, \\ 0.005y^2, & \text{若 } i = 2, \end{cases}$$

且

$$\mathcal{A} = \begin{pmatrix} 2.4 & -2 \\ -1 & 1 \end{pmatrix}$$

是一个非奇异 M-矩阵. 注意到, $(\theta_1, \theta_2)^{\mathrm{T}} = \mathcal{A}^{-1}(1, 1)^{\mathrm{T}} = (7.5, 8.5)^{\mathrm{T}}$, 我们可得 $\Theta = 0.085$.

取定 $\varepsilon = 0.5$, 结合 $\varepsilon - 1 + \theta + (\Theta + \theta)\mathrm{e}^{\varepsilon\theta} < 0$, 我们可以得到此控制器对时滞的容忍程度, 即时滞的上界 $\theta^* \approx 0.19337$, 这就表明了控制设计方法是可行的. 下面, 我们继续计算两个连续状态观测之间的间隔.

简单计算, 我们可取常数 $C_1 = 1.98$. 当 $p = 2$, $\varepsilon_1 = 0.5$ 时, 根据定理 9.2.1, 计算得 $T = 5.525$, 据此得到两个连续的离散观测的间隔上限, 约为 $\tau = 0.0664$. 由定理 9.2.1 知, 受控系统镇定, 参看图 9.2.

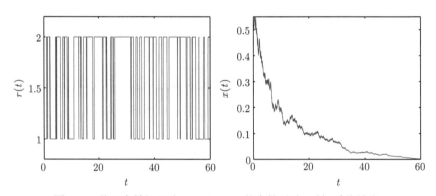

图 9.2　基于离散间隔为 $\tau = 0.0664$ 的离散反馈, 受控系统镇定

参 考 文 献

布林斯基 A B, 施利亚耶夫 A H. 2008. 随机过程论 [M]. 李占柄, 译. 北京: 高等教育出版社.

成世学. 2002. 破产论研究综述 [J]. 数学进展, 31(5): 403-422.

何声武. 1999. 随机过程引论 [M]. 北京: 高等教育出版社.

胡适耕, 黄乘明, 吴付科. 2008. 随机微分方程 [M]. 北京: 科学出版社.

黄志远. 2001. 随机分析学基础 [M]. 2 版. 北京: 科学出版社.

匡继昌. 2004. 常用不等式 [M]. 3 版. 济南: 山东科学技术出版社.

廖晓昕. 2010. 稳定性的理论、方法和应用 [M]. 2 版. 武汉: 华中科技大学出版社.

林元烈. 2002. 应用随机过程 [M]. 北京: 清华大学出版社.

蒲兴成, 张毅. 2010. 随机微分方程及其在数理金融中的应用 [M]. 北京: 科学出版社.

钱敏平, 龚光鲁. 1997. 随机过程论 [M]. 2 版. 北京: 北京大学出版社.

申鼎煊. 1990. 随机过程 [M]. 武汉: 华中理工大学出版社.

佟孟华, 郭多祚. 2018. 数理金融: 资产定价的原理与模型 [M]. 3 版. 北京: 清华大学出版社.

席裕庚. 2021. 控制科学漫谈——基本思路和观点 [EB/OL]. 系统与控制纵横, 2: 52-60.

严加安. 1998. 测度论讲义 [M]. 北京: 科学出版社.

叶中行, 林建忠. 2010. 数理金融——资产定价与金融决策理论 [M]. 2 版. 北京: 科学出版社.

张波. 2001. 应用随机过程 [M]. 北京: 中国人民大学出版社.

张旭. 2017. 数学控制论浅谈 [M]//席南华, 冯琦, 张晓, 等. 数学所讲座 2014. 北京: 科学出版社: 1-38.

Durrett R. 2014. 随机过程基础 [M]. 2 版. 张景肖, 李贞贞, 译. 北京: 机械工业出版社.

Lawler G F. 2010. 随机过程导论 [M]. 2 版. 张景肖, 译. 北京: 机械工业出版社.

Ross S M. 2013. 随机过程 [M]. 2 版. 龚光鲁, 译. 北京: 机械工业出版社.

Afassinou K. 2014. Analysis of the impact of education rate on the rumor spreading mechanism[J].
    Physica A: Statistical Mechanics and Its Applications, 414: 43-52.

Anderson W J. 1991. Continuous-Time Markov Chains: An Applications-Oriented Approach[M].
    New York: Springer.

Arnold L, Crauel H, Wihstutz V. 1983. Stabilization of linear systems by noise[J]. SIAM Journal on
    Control and Optimization, 21(3): 451-461.

Daley D J, Kendall D G. 1964. Epidemics and rumours[J]. Nature, 204: 1118.

Deng H, Krstic M, Williams R J. 2001. Stabilization of stochastic nonlinear systems driven by noise
    of unknown covariance[J]. IEEE Transactions on Automatic Control, 46(8): 1237-1253.

Guo Q, Mao X R, Yue R X. 2016. Almost sure exponential stability of stochastic differential delay
    equations[J]. SIAM Journal on Control and Optimization, 54(4): 1919-1933.

Iketa N, Watanabe S. 1989. Stochastic Differential Equations and Diffusion Processes[M]. Amsterdam:
    Elsevier.

Jia F J, Lv G Y. 2018. Dynamic analysis of a stochastic rumor propagation model[J]. Physica A:
    Statistical Mechanics and Its Applications, 490: 613-623.

Jia F J, Lv G Y, Wang S F, et al. 2018b. Dynamic analysis of a stochastic delayed rumor propagation
    model[J]. Journal of Statistical Mechanics: Theory and Experiment, (2): 023502.

Jia F J, Lv G Y, Zou G A. 2018a. Dynamic analysis of a rumor propagation model with Levy noise[J]. Mathematical Methods in the Applied Sciences, 41(4): 1661-1673.

Kallenberg O. 2002. Foundations of Modern Probability[M]. New York: Springer.

Kannan D. 1979. An Introduction to Stochastic Processes[M]. New York: Elsevier North Holland, Inc.

Karlin S, Taylor H M. 1975. A First Course in Stochastic Processes[M]. 2nd ed. New York: Academic Press.

Khasminskii R. 2012. Stochastic Stability of Differential Equations[M]. 2nd ed. Berlin: Springer.

Lamberton D, Lapeyre B. 1996. Introduction to Stochastic Calculus Applied to Finance[M]. London: Chapman and Hall.

Le Gall J F. 2016. Brownian Motion, Martingales, and Stochastic Calculus[M]. Cham: Springer.

Le Gall J F. 2022. Measure Theory, Probability and Stochastic Processes[M]. Cham: Springer.

Lyapunov A W. 1950. The general problem of the stability of motion[D]. Moscow: Fizmatgiz (in Russian).

Maki D P, Thompson M. 1973. Mathematical Models and Applications: With Emphasis on the Social, Life, and Management Sciences[M]. Upper Saddle River: Prentice-Hall.

Mao X R. 1994. Stochastic stabilization and destabilization[J]. Systems & Control Letters, 23(4): 279-290.

Mao X R. 2013. Stabilization of continuous-time hybrid stochastic differential equations by discrete-time feedback control[J]. Automatica, 49(12): 3677-3681.

Mao X R. 2016. Almost sure exponential stabilization by discrete-time stochastic feedback control[J]. IEEE Transactions on Automatic Control, 61(6): 1619-1624.

Mao X R, Yuan C G. 2006. Stochastic Differential Equations with Markovian Switching[M]. London: Imperial College Press.

Metropolis N, Rosenbluth A W, Rosenbluth M N, et al. 1953. Equation of state calculations by fast computing machines[J]. The Journal of Chemical Physics, 21(6): 1087-1092.

Øksendal B. 2003. Stochastic Differential Equations: An Introduction with Applications[M]. 6th ed. Berlin: Springer.

Scheutzow M. 1993. Stabilization and destabilization by noise in the plane[J]. Stochastic Analysis and Applications, 11(1): 97-113.

Tierney L. 1994. Markov chains for exploring posterior distributions[J]. The Annals of Statistics, 22(4): 1701-1728.

Yin G G, Zhu C. 2010. Hybrid Switching Diffusions: Properties and Applications[M]. New York: Springer.

You S R, Liu W, Lu J Q, et al. 2015. Stabilization of hybrid systems by feedback control based on discrete-time state observations[J]. SIAM Journal on Control and Optimization, 53(2): 905-925.

Zanette D H. 2001. Critical behavior of propagation on small-world networks[J]. Physical Review E, Statistical, Nonlinear, and Soft Matter Physics, 64(5 Pt 1): 050901.